中青年学者经济学研究成果论丛

东北大学"985工程"建设专项经费资助

本书获得教育部人文社会科学项目
（15YJA790093）、国家自然科学基
金项目（71673041，71273045）资助

生产者责任延伸（EPR）：
理论、政策与实践

郑云虹◎著

Extended Producer Responsibility (EPR):
Theory, Policy and Practice

中国经济出版社
CHINA ECONOMIC PUBLISHING HOUSE
北 京

图书在版编目（CIP）数据

生产者责任延伸（EPR）：理论、政策与实践 / 郑云虹 著.
北京：中国经济出版社，2018.3
ISBN 978-7-5136-4996-4

Ⅰ.①生… Ⅱ.①郑… Ⅲ.①企业环境管理—责任制—研究—中国 Ⅳ.①X322.2

中国版本图书馆 CIP 数据核字（2017）第 284383 号

责任编辑　赵静宜
责任印制　巢新强
封面设计　久品轩

出版发行　中国经济出版社
印　刷　者　北京建宏印刷有限公司
经　销　者　各地新华书店
开　　　本　710mm×1000mm　1/16
印　　　张　16.5
字　　　数　253 千字
版　　　次　2018 年 3 月第 1 版
印　　　次　2018 年 3 月第 1 次
定　　　价　62.00 元

广告经营许可证　京西工商广字第 8179 号

中国经济出版社 网址 www.economyph.com 社址 北京市西城区百万庄北街3号 邮编 100037
本版图书如存在印装质量问题，请与本社发行中心联系调换（联系电话：010-68330607）

目　录

第一章 绪论

本章首先介绍了研究的背景，然后通过考察整个产品生命周期中的资源环境管理与环境风险，指出传统环境治理中存在两个"管理缺口"，解决该环境治理缺陷可通过构建生产者责任延伸制度而实现，最后概要介绍了本书研究的主要内容。

1.1 研究背景

人类进入工业化社会以来，尤其是 20 世纪 70 年代以来，一方面，由于生产、消费活动中资源使用的无节制性和向环境排放污染物的随意性，使得人们从自然环境中获取的资源大大超过其补给与再生增殖能力，从而造成资源的严重枯竭和生态环境的严重退化；另一方面，由于排入自然环境的工业和生活废弃物远远超过了自然环境的自净能力，干扰和破坏了物质循环系统的正常循环和交换方式，导致了全球变暖、臭氧层破坏、酸雨、淡水资源危机、能源短缺、森林资源锐减、土地荒漠化、物种加速灭绝、垃圾成灾、有毒化学品污染等一系列环境问题，严重威胁人类的生存和发展。以电子废弃物为例，由于规模化的生产、激烈的竞争和技术的不断革新，使包括电脑、家用电器在内的电子电气设备日益普及，成为现代家庭和办公场所不可或缺的必备品。同时，技术的飞速进步和人们购买力的提高，也加速了电子电气设备的淘汰速度。新一代产品的问世往往激发新一轮的消费热潮，使原来的旧机型被淘汰而成为废弃物。这种生产和消费的繁荣直接导致了电子废弃物数量的迅速增长。科学研究已经证实，如果电子电气设备所使用的镉、铅、汞等重金属和一些化学物质被直接释放到土壤、大气、水体，会污染环境，危害动植物生长，如果直接被人体吸收，会有害人体健康。通常情况下，电子电气设备中的物质都是以某种稳定状态存在的，不会对环境和人体造成直接危害。但是，当电子电气设备成为废弃物被直接焚烧或填埋时，这些物质便会被释放到环境中或转化为对环境和人体有害的物质，危害环境和人类健康。据检测，废弃物填埋场土壤中的铅，有40%来自被填埋的电子废弃物。当被焚烧时，电子废弃物中的六价铬会随着焚烧产生的烟尘进入大气并易于溶解。多溴联苯（PBB）虽不溶于水，但是焚烧后的残渣如被不适当地堆放或填埋（例如，不采取任何防止泄漏、渗漏的封闭措施），其中的有害物质还是会随着其他填埋废物所产生的沥出液污染土壤和水体。目前，电子废弃物所含化学成分中还有相当一部分可能对环境具有尚未查明的潜在威胁。

随着中国工业化、城市化的发展以及人民生活水平的提高，废弃物产生的数量与废弃物造成的严重资源浪费、环境污染已经成为影响中国经济社会可持续发展的突出问题。据统计，2000年中国城市固体废弃物中可回收资源总量为9,600万吨，可回收资源总量与1990年相比增长50%，其中废纸、废塑料比1990年增长300%左右，废金属、织物增长260%以上，废玻璃增长210%。随着中国经济的持续增长和人民生活水平的不断提高，废弃物中的可回收物质和可利用价值将持续增长。然而，与高速增长的废弃物产出量相对比，中国目前废弃物回收再利用水平还很低，资源浪费十分严重。资料显示，中国每年约有300万吨废钢铁、200万吨废纸、200万吨废塑料、100万吨碎玻璃没能得到回收利用，浪费的资源价值高达300多亿元。中国废旧资源回收形势非常严峻。

与严重的废弃物问题密切相关的是废弃物管理体制落后的问题。长期以来，中国的废弃物管理基本处于无序状态，没有对废弃物问题涉及的责任主体做出明确规定，对废弃物的回收与处理完全是在经济利益的驱动下自发进行。废物回收以个体从业人员走街串巷回收为主，辅以生产厂家以旧换新回收、环保部门从生活垃圾中回收等方式。许多城市废旧物资市场长期被大批外来人员回收队伍占据，处于一种分散经营状态，未形成回收网络。由于缺乏完善的管理和组织体系及相关政策的扶持、约束，废弃物回收的分类处理与再制造、再利用脱节，回收处理技术落后，多采用人工操作，加工程度低，资源回收率低，回收成本高。多数回收利用工厂未采取无害化处理技术，严重危害环境。而个别国家试点地区耗费巨资建立起的废弃物加工回收点，由于废弃物回收渠道和回收体系不健全以及处理成本居高不下，普遍处于"等米下锅"、连续亏损的尴尬局面。

全球范围内的资源环境问题引发了人们对环境治理理论与方法的关注，生产者责任延伸概念的适时提出，为解决全球性资源环境问题开辟了新的思路。我国正是在这一背景下提出了发展循环经济的战略，并在2009年正式颁布的《循环经济促进法》中明确规定建立延伸生产者责任制度。生产者责任延伸在我国已经不再停留在理论层面，已经由理念倡导、试验示范发展到全面推进的阶段。

1.2 环境治理中的两个"缺口"

与传统的"资源开发—生产和消费—废弃物"的资源单向流动、线性的经济模式不同，循环经济寻求以环境友好的方式利用自然资源，强调自然资源按照"资源开发—生产和消费—再生资源（废弃物）—再生产和再消费"方式进行反馈式闭环流动和利用，所有的资源在循环中得到合理和持久的利用，各个企业之间不再是独立的线性运作过程，而是相互依赖和利用、横向耦合、纵向闭合的网络关系。自然资源的消耗速度小于或等于其自身的更新增长速度。整个世界的资源绝对量不是随着人们的生产活动而减少，而是保持静止甚至不断的增长。

循环经济是可持续发展战略下的一种理想的经济发展模式。然而传统经济模式下环境责任主体的缺失，无疑是制约由传统经济向循环经济发展的瓶颈问题。

循环经济的概念建立在"3R"原则基础之上，这三个原则之间并非是一种并列关系，它是从产品的生产阶段就开始进行污染的预防，到对生产过程中产生的副产品进行综合利用，再到产品消费后成为废弃物时进行循环再利用的产品全生命周期环境管理。如图1.1所示，横轴表示一条完整的产业链，包括从自然资源的开采，到产品的设计、制造、分配、消费，再到废弃物的产生，因此，这也是一个线性的产品生命周期示意图。从产品生命周期角度看，传统上，企业的环境管理资源主要配置在生产环节的污染排放上。如果我们考察整个产品生命周期中的环境管理情况，就会发现，企业环境管理的努力与产品生命周期的前进方向之间呈现出一条"倒U"曲线。在产品生命周期上游的资源开采环节，环境管理的强度并不高。但随着产品到达生产制造环节时，生产过程所排放的污染物（如废气和废水）成为企业和公共部门的重点治理对象，大量的环境管理资源被投入到这个中间环节。当产品到达生命周期的末端成为废弃物时，企业投入到废弃物处置方面的环境管理资源相对于生产环节来说几乎为零，该环节的环境管理资源投入主要是由公共部门来完成。因此，在产品生命周期的两端，环境管理资源的投入都较低，环境管理资源被大量配置到产品生命周期的中间（生产制造）环节。即环境管理资源在产品生命周期上的投入特点可以用图1.1中的"倒U"曲线来表示。

产品生命周期的潜在环境风险是不同的，图1.1中的虚线就表示了这种情况。在产品生命周期的两端阶段，潜在环境风险相对较大，而中间阶段的潜在环境风险较小。在产品生命周期上，潜在的环境风险与产品移动的方向间呈"U型"曲线关系。在资源开采阶段，如果对这些资源的开采过程管理不当，不仅会浪费资源并造成环境污染，而且由于生产所需的原材料（如矿物质）通常是不可更新资源，不当的资源管理将对资源造成永久不可恢复的损害。因此，在资源开采阶段存在较大的潜在环境风险。同样，在产品生命周期的末端，不当的废弃物处置方式的潜在环境风险也是非常大的。这是因为废弃物中可能包含了大量有毒有害物质（如重金属元素），而且这些废弃物往往不能自我更新、不能被消灭，只能在环境中逐渐积累起来，因此，不当的废弃物处置方式所造成的环境影响是长远的、潜在的。相对来说，在产品生命周期的生产阶段，环境风险的潜在影响较少。与产品生命周期的最初阶段与最末阶段所面临的环境问题不同，生产阶段的环境问题主要是产生污染排放。而污染排放问题可以通过两种途径来缓解：一是采用能够减少污染的技术；二是自然界的自我修复能力能够吸收一部分污染。故生产过程的污染问题一旦产生，一般来讲也是可以被控制的。例如，一些发达国家生产过程的污染排放已经得到较好的控制。而且生产过程污染问题的影响也通常是"实时"表现出来的，而不是潜在性的。但产品生命周期两端的环境问题产生后就很难控制，其影响是长时间积累后的爆发，而爆发前是处于潜在的状态。所以，图1.1中产品周期中潜在的环境风险曲线呈"U"形。

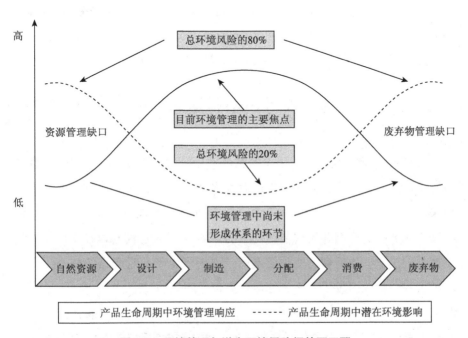

图 1.1 环境管理与潜在环境风险间的不匹配

沿着产品生命周期的流程，环境管理资源投入的"倒U"曲线与潜在的环境风险"U"曲线相交，形成两个环境治理上的"缺口"。在资源开采与产品设计阶段，潜在的环境风险较大，而环境管理资源的投入相对较低，形成"资源管理"上的"缺口"。这里将产品设计阶段也划入"资源管理缺口"，是因为产品设计是从源头上对资源进行"减量化"以及实现产品"再循环""再利用"的关键环节，因此由产品设计形成的潜在环境风险也较大。但产品设计阶段对环境问题的考虑还没有受到广泛的关注，无论是企业还是公共部门投入的环境管理资源都十分有限，由此就在环境管理资源投入与潜在的环境风险之间形成了一个"缺口"。相类似的，在产品生命周期的废弃物阶段，潜在的环境风险与投入的环境管理资源间也会形成一个"废弃物管理缺口"。

在传统环境治理中存在的两个"管理缺口"，实际上是由环境管理资源在潜在的环境风险上的配置不当所造成的。为了提高环境管理资源的配置效率，需要一种全新的环境管理理念，它要能够将现有主要针对生产过程污染排放的"污染者付费"原则（Polluter Pays Principle，PPP）继续向产品生命周期的上游与下游延伸。"延伸生产者责任"（Extended Producer Responsibility，EPR）的概念就是在这个背景下提出来的。

1.3 延伸生产者责任（EPR）概念的提出

1975 年，瑞典政府在关于废物循环利用和管理的议案中提到："生产过程中产生的废弃物，应该由生产者首先从环境保护和资源节约的角度加以关注。在产品生产之前，就应该考虑如何对产品废弃后进行适当处理，以减少对环境的影响并实现节约资源的目的。"这种思路与以往生产者只负责产品的制造、流通和消费阶段不同，强调了生产者对产品的整个生命周期的责任，从此引发了关于延伸生产者责任问题的讨论。

1990 年，瑞典环境经济学家托马斯（Thomas Lindquist）首次提出延伸生产者责任（EPR）概念。托马斯认为，EPR 制度实际上是对责任进行了重新分配，将原来由消费者和政府机构所承担的废弃物管理责任转嫁给生产者承担，尤其是产品的回收、循环和最终处置责任。这一概念的提出反映了环境保护理念的三大趋势：强化了产品生命周期的思想、注重末端产品预防措施的先后顺序、从命令控制型手段向目标导向性手段转变。这也意味着，EPR 制度下生产者扮演着至关重要的角色，即生产者的责任贯穿于整个产品生命周期，尤其是产品设计阶段的源头预防责任。可见，EPR 制度与循环经济理论、产品生命周期理论是一脉相承的，并且是后两者的扩展和深化。

之后，经济合作与发展组织（OECD）于 2001 年对 EPR 制度进行了重新定义：作为一种预防性的环境政策，EPR 规定生产者对其产品所负有的物质责任和财务责任延伸至消费后的废弃物回收处置阶段。OECD 的定义凸显了两个特性：一是将末端产品的回收处置责任从政府全部或部分转移至生产者；二是促使生产者改善产品设计，提高产品的环保性。此外，该定义侧重强调了"物质责任和财务责任"，说明生产者可自行回收处置其末端产品，也可向他人或企业付费委托其进行回收处置活动，这就给予了生产者相当大的自由度来选择履行延伸责任的方式。因此，OECD 对 EPR 制度的定义具有一定的灵活性，适用范围更广。

随着 EPR 制度逐渐被人们接受和认可，其内涵和理念也因地域文化的不同而发生变化。欧盟对其定义为："生产者必须负责产品废弃时的回收、再生利用和处置责任，即末端产品管理的全部责任归于生产者"。与 OECD 的定义相比，欧盟更侧重于将生产者的责任向下游废弃物市场延伸，但其本质仍是以生产者为中心。而美国的 EPR 制度则是以产品为中心。这种派生于 EPR 制度的"产品全程服务"理念更加强化了产品生命周期的思想，认为减少产品对环境的影响应是产品全生命周期内所有参与者的共同责任，包括生产者、零售商、消费者和处理商等。与"延伸生产者责任"相比，"产品全程服务"更带有自愿性的色彩，其概念如今在加拿大和澳大利亚也常被使用。

总的来说，无论是"延伸生产者责任"，还是"产品全程服务"，都是派生于 EPR 制度的两个概念，不同之处仅在于实施的环节和各阶段参与者的责任分配，但二者的本质是相同的，都旨在实现最大限度地减少产品对环境所造成的负外部性影响。

1.4 EPR 制度的实施对象

作为一种预防性环境政策，EPR 制度并非适合所有的废弃产品。因此，确定适用对象是实施 EPR 制度的首要问题。根据产品回收价值和废弃物对环境的影响，OECD 工作组提出了判断产品是否适合实施 EPR 制度的决策矩阵，如图 1.2 所示。

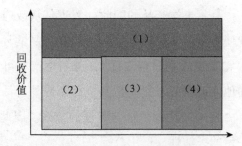

图 1.2 EPR 制度的决策矩阵

图 1.2 中：

（1）所代表的产品对环境的影响程度或大或小，但因其回收价值高，在利益的驱使下可以自发地形成回收处理体系；

（2）所代表的产品对环境的影响程度低，且回收价值低，其回收处理活动很大程度上依赖于生产者的社会责任或消费者的环保行为，具有强烈的自愿性色彩；

（3）所代表的产品对环境的影响程度一般，回收价值不高，其回收处理问题需要政府的干预，与生产者协议解决；

（4）所代表的产品对环境影响程度很大，但回收价值低，其回收处理活动缺乏利润空间，必须借由政府的强制措施来降低该类产品对环境所造成的负面影响。

从 EPR 制度实施角度而言，第（4）类产品是 EPR 制度首选对象。

1.5 主要研究内容

延伸生产者责任（EPR）结合了"源头消减""预防优先""产品生命周期"等先进的固体废弃物管理理念，成为近 20 年来，全球环境领域最重要的一项政策创新，在欧盟、日本、美国等发达国家得以迅速推广，并日益受到包括中国在内的发展中国家的重视。

国外对 EPR 的研究主要围绕理论与实践两个方面展开。对 EPR 理论的研究主要集中于生产者应承担的责任内容范围；对于 EPR 实践的研究主要涉及对各国 EPR 的应用状况的讨论。结合国内外研究，本研究回答了以下问题：

（1）废弃物问题产生的根本原因？

（2）EPR 制度如何有效解决废弃物问题？

（3）现行 EPR 政策效果如何？

（4）国内外 EPR 制度的运行特点及效果？

本研究分为七个部分。第一章为绪论；第二章剖析废弃物问题及其产生的经济根源，探寻废弃物管理政策的理论依据；第三章系统地概述了 EPR 的理论基础及其 EPR 理论的产生及发展过程；第四章运用博弈理论分析了 EPR 作为废弃物管理政策对生产者的激励机理，比较分析了 EPR 制度下生产者承担延伸责任的模式及其模式选择决策机理；第五章考察和比较分析了包括押金返还、投入产出税、循环补贴、标准管制等 EPR 政策工具及其激励效果；第六章系统阐述了发达国家 EPR 实践并总结了各国 EPR 实践经验；第七章对中国应对废弃物问题的政策演变及其政策缺陷进行了梳理与总结，分析了 EPR 在中国实践中的问题，并结合发达国家 EPR 经验给出了解决问题的思路。

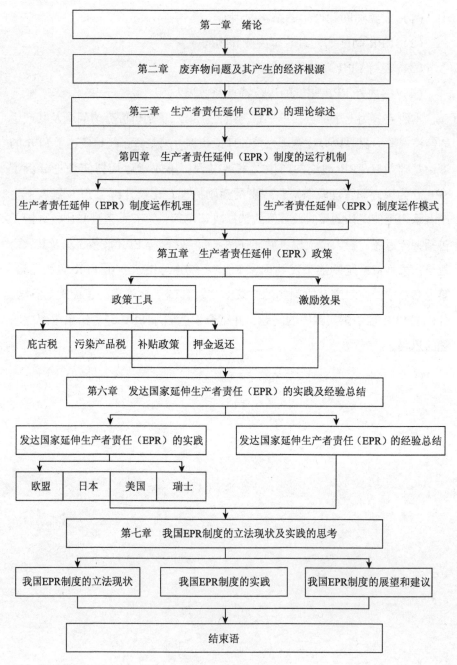

图 1.3　研究框架

第二章　废弃物问题及其产生的经济根源

EPR 是解决消费终端废弃物问题的一项环境制度。本章对废弃物的概念进行了界定，梳理了废弃物的环境影响，分析了废弃物产生的原因，在此基础上，剖析了产生废弃物问题的经济根源，为 EPR 制度的制定与实施给出理论依据。

2.1　废弃物问题的产生

2.1.1　废弃物的定义

《简明牛津字典》将废弃物（Waste）定义为："没有用途或价值""无用的剩余物"。实际上，废弃物是人类活动的副产品，从物质上来说，它含有在有用的产品中存在的同样的物质，它与有用产品唯一不同的就是缺乏价值。很多情况下，缺乏价值可归因于废弃物的混合性，并且常常不知道其构成。如果回收的物质可以得到使用，则从废弃物中分离物质将会增加它们的价值。混合度与价值之间的关系可以如下公式表示：价值 = f（1/ 混合度），这一反比关系是废弃物的一个重要属性。

物质在社会中的运动过程揭示了废弃物的产生路径。人类社会的物质运动是一种特殊的循环过程。人类从自然中取用一部分资源，经过加工和使用之后，再重新返回到自然（图2.2）。图2.2 显示，人类社会所使用的原料来源可以分为三个途径：①从地球直接开发的自然资源；②产品生产制造过程产生的废料；③产品消费后废旧产品（EOL）的回收。物质和能源消耗量越多，废弃物产生量就越大。进入经济体系中的物质，仅有10%~15%以建筑物、工厂、装置、器具等形式积累留存，其余都变成了废弃物。废弃物的处理处置途径通常有三种：①用于生产能源或作为原料返回生产过程；②对消费终端的 EOL 产品直接回收再用；③作为废弃物加以最终处置。物质在社会中的运动是一个封闭的循环系统。对于自然环境，只有一个输入和一个输出，物质和自然环境存在着一个相互作用的界面，从自然获取原材料和最终向自然排放废弃物。

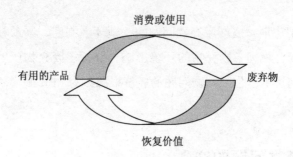

图 2.1 废弃物与价值之间的关系

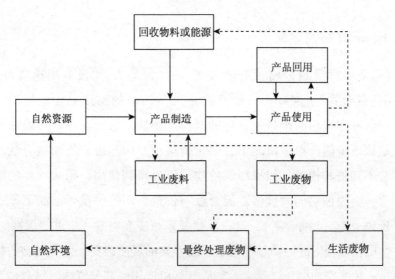

图 2.2 社会中物流运动的示意

资料来源：汪群慧. 固体废物处理及资源化［M］. 北京：化学工业出版社。

关于废弃物的概念，有关组织和研究者也给出了解释。

经济合作与发展组织（OECD）把废弃物笼统地定义为："当前或不远的将来没有经济需求并且要求处理和（或）处置的不可避免的物质。"

联合国环境署（UNEP）对废弃物的定义是：拥有者不再想要、需要或使用的，要求处理和（或）处置的物体。

欧共体给出的废弃物的广义定义（91/156/EEC 法令）为：持有者抛弃或打算抛弃或要求抛弃的各种类型的物质或物体。

叶文虎，张勇（2006）将废弃物定义为人类从自然环境开采出自然资源进行加工、流通、消费过程上与过程结束后产生并排放到自然环境中的物质。这些废弃物进入自然环境后，会在环境中迁移、扩散、转化，可能造成环境污染，威胁人类和其他生物的生存和发展。

本书中所涉及的废弃物，具有鲜明的时间特征与空间特征。从时间上讲，所谓废弃物，仅仅表示在目前的科学技术与经济条件下，人类暂时不能或不愿利用，但随着科学技术的不断发展与不可再生资源的日渐短缺，今天的废弃物必将成为明天的资源。从空间上看，废弃物仅仅相对于某一过程或某一方面没有使用价值，而非在一切过程或一切方面都没有使用价值，某一过程的废弃物往往可能是另一过程的原料，某一地点的废弃物，又可能在另一地点发挥其作用。因此，理论上任何废弃物都不是无用之物，只是"放错地方的资源"。

2.1.2 废弃物的分类

废弃物可根据多种方式归类。根据物理状态（气体、液体、固体），然后对于固体废弃物则可以根据其最初应用（包装材料废弃物、食物废弃物，等等），根据材料（废旧玻璃、废纸等），根据物理属性（易燃的、可作堆肥的、可循环的，等等），根据人类排放的活动或部门（工业废弃物、农业废弃物和城市生活废弃物，等等）或者根据安全等级（危险的、无危险的）等。

1. 气体废弃物

气体废弃物一般也称为废气，产生于人类活动或自然过程，直接或经过处理后排放入大气。当废气进入大气中达到足够的时间，呈现出足够的浓度，以致破坏生态系统和人类正常生存和发展的条件，对人或物造成危害的时候，就造成了大气污染。虽然大气污染物也包括天然污染物，但引起公害的往往是人为污染物，也就是平常人们所说的废气。

2. 液体废弃物

液体废弃物也称为废水，是指在使用过程中混入各种污染物，导致使用价值丧失而废弃排放的水。当排放废水中的污染物在数量上超出了水体的自净能力，而导致水体物理、化学和生物特征发生不良变化，破坏了水体中固有的生态系统以及水体的正常功能之时，就导致了水污染。与大气污染相同，水污染也有两类，一类是自然污染，另一类是人为污染。当前对水体危害较大的是人为污染。

3. 固体废弃物

固体废弃物指人类在生产建设、日常生活和其他活动中产生的，在一定时间和地点无法利用而被丢弃的，以固态、半固态存在的物质。按《中华人民共和国固体废弃物污染环境防治法》，可将固体废弃物分为城市固体废弃物、工业固体废弃物和危险废弃物。

城市固体废弃物（Municipal Solid Waste，MSW）又称为城市垃圾，它是指在城市居民生活、商业活动、市政建设、机关办公等活动中产生的固体废弃物。它主要包括三部分：①生活垃圾，是在城市居民日常生活中或为城市日常生活提供服务的活动中产生的固体废弃物，包括废纸、废塑料、废织物、废金属、废玻璃、废家具、废旧家电等；②城建渣土，指生产建设中的废砖瓦、碎石、渣土、混凝土碎块等；③商业固体废弃物，包括废弃物、各种废旧包装材料、丢弃的食品饲料等。尽管 MSW 在全部固体废弃物流中占相当少的比例（根据 OECD1997 年研究结果，不到 10%），但由于 MSW 与普通公众息息相关，且就其本性而言，MSW 是最难有效管理的废弃物来源之一，它包含完全混合在一起的各种各样的物质，如玻璃、金属、纸、家用电器、塑料、有机物，等等。

工业固体废弃物是指工业部门在生产过程中产生的各种固体与半固体废弃物，是废弃物中产生量最大的一类。通常意义上，它主要包括以下几类：①冶金工业固体废弃物；②能源工业固体废弃物，如粉煤灰、炉渣等；③石油化学工业固体废弃物，如废有机溶剂、废药品、废催化剂等；④矿业固体废弃物，如采矿废石、尾矿等；⑤轻工业固体废弃物，如各种污泥、废酸、废碱等；⑥其他工业固体废弃物，如各种金属碎屑、废料等。

危险废弃物是指列入国家危险废弃物名录或者根据国家规定的危险废弃物鉴别标准和鉴别方法认定具有危险特性的废弃物。它通常具有易燃性、腐蚀性、化学反应性、毒害性、生物变异性等特性，会对人类和环境产生极大的危害。在工业固体废弃物中有不少属于危险废弃物，估计在工业固体废弃物中，危险废弃物占 3%～5%。在城市生活垃圾中，也有不少危险废弃物，如废电池、废家电、废日光灯等。

相比废气、废水，固体废弃物种类繁多、数量庞大、不易降解、处理困难。固体废弃物不但侵占土地，淤塞河床，影响环境卫生，造成水体、大气、土壤污染和引起其他危害，而且它正通过土壤污染和生物链的富集作用，悄悄地危害着人体的健康。特别是随着中国工业的发展，有毒有害废弃物在不断地增长，大都未经过严格无害化或科学的安全处置就直接被排入自然环境中，对自然环境和人类健康构成了极大威胁。

2.1.3 EPR 制度对废弃物的界定

EPR 制度所确定的废弃物属于城市固体废弃物范畴。根据资源回收利用和处理处置方式划分，可分为四大类：可回收废品、易腐品、可燃物和无机废物。归入 EPR 制度管理的废弃物特指城市固体废弃物中的可回收废品，由于从生产的角度来看，其处于产品生命周期的末端，因此称其为末端（End-of-Life，EOL）产品，本书中废弃物为 EOL 产品。

EOL 产品种类繁多，将 EOL 产品按产品类别可分为耐用消费品、非耐用消费品、包装与容器等（表 2.1）。

EOL 产品一般应具备如下一些基本属性：①必须是经过一定人工处理的物品。所谓人工处理包括制造、加工、采集、拣选、提炼、开采、鉴别等，即必须凝聚了人类的一定的劳动。这些经过一定的人工处理的物品往往会带有名称、商标、产地、规格、等级、成分等标识，这些标识往往成为 EPR 制度实施过程中确定与识别"生产者"的重要依据。②具备一定的物理形态（一般为固态），并且这种物理形态可以保持到产品的废弃处置阶段。因为只有具备一定物理形态的产品才便于其生产者"回收、处置与循环利用"。③必须已经进入消费领域。所谓进入消费领域是指该物品已经按照生产者的意愿被销售（或转移）给了生产者之外的某一产品消费者，否则，废弃物便不可能存在需要其生产者将其"回收"的问题。④物品占有人放弃对其继续占有。所谓放弃即是指报废、作废、抛弃、丢弃、弃置不管等意思。占有人如不放弃对其产品的继续占有，废弃物便不可能被"回收"。物品被废弃的原因就在于处于消费后阶段的物品对使用者来说已不存在原有的使用价值并无法被使用者继续利用，或虽未丧失利用价值但仍被使用者抛弃或者弃置。

因此，EPR 制度下 EOL 产品一般包括两大类：一是丧失原有利用价值并无法被使用者继续利用的产品；二是虽未丧失利用价值但仍被使用者抛弃或者弃置的产品。EOL 产品问题凸显于产品生命周期的废弃处置阶段，也即消费后阶段。按照产品生命周期理论，产品在一个完整的生命周期内，需要历经产品原料获取、产品设计、产品制造、产品储运、产品使用与产品废弃处置等多个阶段，即产品从"摇篮"到"坟墓"的整个生命过程。

产品在其原料获取、产品设计、产品制造、产品储运、产品使用与产品废弃处置等阶段都有产生废弃物或废旧物资的可能，所不同的是 EOL 产品产生于消费后阶段，EOL 产品问题凸显于产品生命周期的废弃处置阶段，也即产品消费后阶段，区别于产品原料获取、产品制造、产品储运与产品消费阶段所产生的废弃物问题。

表 2.1　EOL 产品按产品类别分类体系示意

组　分	产品类别
耐用消费品 （使用寿命为 3 年或更长的产品）	汽车，大家电（"白色家电"，包括电冰箱、洗衣机、微波炉、空调等），小家电（吸尘器、电熨斗、电子钟、电子秤、剃须刀、吹风机等），IT 及通信设备（大型主机、小型机、打印机、个人电脑、复印机、计算器、传真机、电话机、手机等），家具，地毯，橡胶轮胎，汽车铅酸蓄电池，其他耐用品（消费用电子产品，如电视机、收音机、录像机、音响设备等，体育用品）

组　分	产品类别
非耐用消费品 （使用寿命低于3年的产品， 大多数使用当年即报废）	纸类产品：报纸，书籍，杂志，办公用纸，黄页地址簿，标准信封，其他商业印刷品，面巾纸，纸盘子，纸杯子，可丢弃尿布，其他非包装纸
	塑料制品：塑料盘子、塑料杯子、垃圾袋
	纺织品：衣服、鞋类、毛巾、被单、枕头
容器和包装材料： 包括初次包装（用于盛放、食物、饮料化妆品等产品的容器）、二次包装和三次包装（用于运输和展示时的包装）	玻璃容器：啤酒和饮料瓶、酒瓶、食物罐和其他瓶罐
	钢制容器：啤酒和饮料罐、食物罐和其他听罐、其他铁制听罐
	铝制容器：啤酒和饮料罐、其他听罐、薄层和封罩
	纸张和纸板包装：纸箱、牛奶硬纸盒、折叠箱、纸袋、包装纸张、其他纸包装
	塑料包装：软饮料瓶、牛奶瓶、袋子、包装膜、其他塑料包装
	其他包装材料

笔者整理。

2.1.4　废弃物的自然环境问题

废弃物的产生是现代人类社会生产和生活活动各个环节所具有的普遍特征。当今世界产生的废弃物总量巨大且分布广泛。例如，根据中国2003年环境状况公报，2003年各类固体废物产生总量达：城市固体废物约1.5亿吨，一般工业固体废物10.0亿吨，工业危险废物1171万吨。在欧盟每人每年平均产生430千克城市固体废弃物（OECD，1999）。这些废弃物必须以某种方式在某个地点来处理掉，而已知的废弃物治理和处理方法对环境都有影响。尽管固体废物的产生总量远远低于废水和废气的产生量，但固体废物是一种高浓缩态的废弃物，单位排放量所携带的污染物负荷远远高于相同排放量的废水与废气，对环境的危害非常显著。

1. 废弃物带来了严重的环境问题

工业化生产和消费产生的源源不断的废弃物是导致环境恶化的重要因素。据有关统计资料显示，仅经济合作与发展组织（Organization for Economic Cooperation and Development，OECD）国家，在1980—1997年，城市废弃物排放量就增加了40%。随着废弃物数量与种类的日益增多，废弃物对环境的潜在致污能力以及对人类及其他生命健康的损害程度也日渐增强。

长期以来，当产品进入消费后阶段时通常被作为废弃垃圾采用露天堆放、自然填埋等原始方式处置。例如，2004年中国城市周围堆存的垃圾量达到70亿吨，人均垃圾堆存量达5.38吨，全国661座城市中有1/3被垃圾包围。与日俱增的废弃物不仅有损环境美观，影响市容市貌，而且严重污染土壤和农田，增加了土壤中的重金属含量，从而对土地造成永久性的破坏。同时堆放在环境中的废弃物对人体也会产生极为有害的影响，例如，"白色污染"废塑料、"黑色污染"废轮胎，以及"废电池""电子废弃物"等，均含有对人体有害的物质，而且在环境中难以降解，潜在危害极大。例如，一粒纽扣电池的液体泄漏后可污染60万升水，相当于一个人一生的饮水量。如果废弃物得不到及时、科学、有效的处置，将造成严重的土壤污染、水体污染和大气污染。中国环境监测总站的调查资料显示，呼和浩特市废弃物填埋场地下水中汞含量超出标准值3倍，哈尔滨韩家洼子垃圾填埋场附近地下水中铁含量超过饮用水标准2/3，锰超标3倍，汞超标竟达29倍。废弃物原始野蛮的处理方式造成饮用水、农作物、动植物等内附有毒有害物质（如一些重金属元素和有机物），这些物质通过生物链、食物链等各种途径进入人体，沉积下来，严重危害人体健康。例如，镉通过破坏染色体结构导致人们患上痛痛病（见图2.3）。

2. 废弃物带来了严重的资源浪费问题

传统的经济模式是一种粗犷的、掠夺性的经济模式，在这种经济模式下，人们不计成本、不计代价，只追求单位经济利益的获得、国家综合国力的增强，通过反向的自然代价实现经济的数量型增长。采用的是物质单向流动的线性的经济发展模式，以"资源—生产—消费—废弃"的特征，对资源的利用常常是粗放、一次性的。在产品最终废弃阶段，不考虑废弃产品的回收、循环利用及妥善处置，废弃产品所包含的资源不能重新返回物质链中实现循环与转化。资源利用率极为低下，资源浪费严重。同时，不能回收再利用的废弃产品作为垃圾堆放侵占了大量土地，造成土地资源浪费。由于快速发展经济所需要的巨大的资源与能源供求存在巨大矛盾，并已在一定程度上制约了我国的发展，所以废弃物所凸显的资源浪费问题亟待解决。

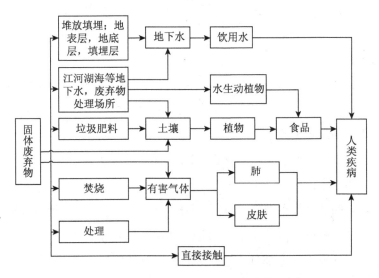

图 2.3 固体废弃物危害人体健康的主要途径

2.1.5 导致废弃物问题的原因

1. 内在原因

（1）产品本身存在潜在污染性。随着科学技术的发展和生产力水平的提高，生产者生产产品的能力得以不断增强，不仅可以以资源的形式从自然界取得食物、原材料和燃料，生产原始、简单的产品，也有能力生产涉及复杂技术与材料的产品，而且产品更新换代速度加快，如汽车、电脑、彩电、冰箱、手机等产品的生产都经历了多次更新换代。但是，虽然涉及消费的产品款式新颖、设计精巧，但其所包含的复杂成分中有一些不仅对人体有害而且难以被环境降解和吸纳。例如，制造一台电脑需要 700 多种化学原料，而这些化学原料一半以上对人体有害；一台 15 英寸电脑显示器中含有铅、镉、汞、六价铬、聚氯乙烯塑料和溴阻燃剂等多种有害物质。当这些产品进入废弃阶段却不能得到有效回收和管理时，废弃产品中的有害物质可能会转入大气、水体和土壤，参与生态系统的物质循环，对人类具有潜在的、长期的危害性。可见，产品本身就是可能的污染源泉。

（2）产品本身的资源性。制造产品的原料本身就是资源。原料被生产加工为产品，所以产品就成了资源的新载体。即便产品到了废弃处置阶段，它依然是一种新形态的资源。根据国家环保总局公布的信息，生产一台电脑所需用的材料中：钢铁约占54%，铜铝约占20%，塑料约占17%，线路板中金、银、钯等贵重金属约占8%，其他约占1%。汇集如此之多材料和资源的产品，在其废弃阶段，其中许多资源仍然具有使用价值。因此，消费和使用过的产品，理应成为自然循环的一部分。而且基于物质运动层次与能量的角度，退出自然循环的物质越少，世界就越趋于永恒。

2. 外在原因

废弃物问题产生的外部原因是对于废弃产品的不当处置。长期以来，人类对于废弃物的处置往往是一部分不经过任何处置（自然处置）就被随意地丢弃于环境中，大部分通过简单的垃圾填埋和焚烧进行处理。

（1）自然消解。一般来说，自然处理废弃物不会产生环境污染问题与资源浪费问题，但前提是人们所需处置的废弃物绝对不能超过自然界的承载能力。实际上，现代社会人们为满足日益增长的生存与发展需求，大量使用生化技术与化工原料用以制造产品，例如，塑料制品、玻璃制品。这些产品大多结构复杂，成分多元，不易分解，在废弃之后很难成为其他有机体的"食物"，基本不可能进入自然生态系统的食物链，也不可能通过自然处置方式实现物质和能量的循环与转化。所以，这些废弃物质如果未经任何处置就被弃置于自然环境中，它们基本不能被转变成其他生产和消费过程中的可用材料和能源。同时，人类毫无节制的生产、消费导致废弃产品数量剧增，这些废弃产品超过自然环境的承载能力时，必然会产生环境污染，久而久之将造成环境恶化和资源匮乏。

（2）填埋。填埋处置是最古老的固体废物处理方式。填埋处置废弃物方式一般包括陆地填埋和海洋填埋两种方式。由于废弃物中大多含有铅、汞、镉或者其他有毒化学物质，运用填埋处置方式往往产生严重的水体和土壤污染，进而给人体带来危害。例如，当雨水或废料的水渗入填埋地，各种废弃物之间发生相互作用产生酸性物质，从而产生沥出液。沥出液中往往包含有毒物质，如镉、汞、多氯苯酚等，一旦填埋地的存水能力超负荷，沥出液可能流入附近地表水和地下水层，污染生态系统和饮用水，直接危害人类健康。例如，旧电视机的荧光屏和电池中均含有汞，而汞是一种对人体有毒有害的物质，20世纪60年代，震惊世界的日本水俣病事件①就是源于汞中毒。同时被填埋于地下的废物与微生物的厌氧性分解会自然产生甲烷，甲烷可以通过耗尽土壤中的氧气和营养从而杀死填埋地附近的植物，造成土壤毁灭性灾难。同时大量的土地用于填埋处置废弃物，给本来就稀缺的土地资源造成了巨大的浪费。

（3）焚烧。采用焚烧处置方式处理废弃物是通过对废弃物焚烧使其能量发生转化，使废弃物不复存在。传统的焚烧方式简单易行，但在焚烧过程中散发的气体成为影响环境的基本因素。在废弃物焚烧过程中往往产生大量的烟尘、废气，甚至会产生呋喃、多氯联苯、二噁英等有害物质（氯化合物材料、金属、塑料在燃烧过程中均会产生以上物质），而二噁英是公认的剧毒和致癌物质，会导致肝癌、甲状腺癌、皮肤癌，还可能导致甲状腺功能低下，免疫系统下降，胎儿发育异常、畸形乃至死亡。在对我国7个废弃物焚烧厂进行调查发现，57.1%的焚烧厂废气排放中二噁英严重超标，超标倍数在5.4~99之间。因此，采用这种焚烧方式处置废弃物无疑会进一步造成环境污染。而且，由于废弃物中大多含有铅、汞、镉或者其他化学物质，采用焚烧的方式处置废物显然不利于资源节约。随着科学技术水平的提高，一些发达国家采用新型的焚烧技术实现了焚烧废弃物的"零排放"，同时焚烧过程产生的能量也得到了有效利用，但是新型技术伴随着巨

① 日本水俣病事件因发生在日本熊本县水俣镇而得名。1956年，水俣湾附近发现了一种奇怪的病。这种病症最初出现在猫身上，被称为"猫舞蹈症"。随后此地也发现了患这种病症的人。患者轻者口齿不清、步履蹒跚、面部痴呆、手足麻痹、感觉障碍、视觉丧失、手足变形，重者神经失常，或酣睡，或兴奋，身体弯弓高叫，直至死亡。这种"怪病"就是轰动世界的水俣病，是最早出现的由于工业废水排放造成水污染的公害病。"水俣病"的罪魁祸首是当时处于世界化工业尖端技术的氮生产。日本的氮产业始创于1906年，其后由于化学肥料的大量使用而使化肥制造业飞速发展，但由此产生的水污染却给当地居民生存环境带来了无尽的灾难。由于在制造过程中要使用含汞的催化剂，这使排放的废水含有大量的汞，当汞在水中被水生物食用后，会转化成甲基汞。这种剧毒物质只要有挖耳勺的一半大小就可以致人于死命，而当时由于氮的持续生产，已使水俣湾中甲基汞含量达到了足以毒死日本全国人口2次都有余的程度。水俣湾里被污染的鱼虾通过食物链进入动物和人类体内，鱼虾的甲基汞被肠胃吸收，侵害脑部和身体其他部分导致脑萎缩，侵害神经细胞，破坏掌握身体平衡的小脑和知觉系统。据统计，有数十万人食用了水俣湾中被水污染的鱼虾。自1956年首例"水俣病"患者被确诊到之后的50年，先后有2265人被确诊（其中有1573人已病故），另外有11540人虽然未能获得医学认定，但其身体或精神也遭受到水俣病的影响。

大投入，高额焚烧成本是影响该项技术在世界各国普及的主要障碍。

2.1.6 解决废弃物问题的焦点

人类生产产品的资源需求量、废弃物的潜在致污能力的无限增长与自然环境自身的有限性之间的矛盾日渐突出并逐步尖锐使废弃物问题逐渐演变为全球关注的问题，人类逐渐在自然环境基础上对废弃物问题进行积极探索与努力。

解决废弃物问题，人类需要面对两大难题。

1. 废弃物的处置方法

科学有效的废弃物处置方法往往会对废弃物问题的解决具有事半功倍的效果。传统的处置方法主要包括：①通过立法对消费者的随意丢弃行为进行法律约束。②依靠自然生态系统的吸收与再生能力。废弃物进入自然生态系统，借助自然生态系统巨大而复杂的食物链进行物质和能量的循环与转化。③焚烧。把收集的废弃物加以焚烧。④填埋。把收集的废弃物填埋于垃圾填埋场。以上方法实践证明存在受自然界的承载能力限制以及焚烧和填埋造成了二次污染的问题。

2. 废弃物责任主体问题

废弃物的处置需要有责任主体承担相应的责任与具体负责实施，否则，即便方法科学有效也难以真正解决废弃物问题。责任主体问题主要是解决责任主体的范围、责任如何分担等问题，实际上就是一个制度安排问题。长期以来，各国除了通过立法约束消费者的随意丢弃行为外，其他"责任主体空缺"，从而导致了"公地悲剧"出现，造成了愈来愈严重的资源浪费与环境污染问题。为了解决该问题，政府从维护社会公共福利和利益出发，承担废弃物管理的责任，采用焚烧处置、填埋处置等方法来应对废弃物问题，从而导致政府的财政支出增加，政府又往往通过税收等方法将这一增加的支出分摊给纳税人和社会公众。而因生产销售产品受益的生产者却基本不承担责任，解决废弃物问题呈现出"国家承担，公众分摊，生产者不管"的不合理现象。

人类技术进步、科技创新能够解决废弃物的处置方法问题，而废弃物责任主体问题则需要通过剖析废弃物产生的经济根源来寻求答案。

2.2 废弃物问题产生的经济根源

废弃物等环境问题产生的经济学原因主要可以从公共物品理论和外部性理论中得到解释。

2.2.1 公共物品理论

公共物品（public goods）是经济学上的重要概念，保罗·萨缪尔森在其经典性著作中将公共物品定义为：消费中不需要竞争的非专有货物。

公共物品与私人物品的区别主要体现在以下几个方面：第一，排他性与非排他性，私人物品具有很强的排他性，而公共物品排斥其他人的消费几乎是不可能的；第二，使用或消费的非共同性与共同性，私人物品不具有消费的共同性，而公共物品尽管被一个人使用了，其他人依然可以使用，而且数量不会减少；第三，衡量尺度的确定性与不确定性，私人物品是可以衡量的，而公共物品是很难直接计算该物品的总产量的；第四，消费选择的自由与非自由，私人物品用户可选择消费或不消费，但公共物品用户别无选择，有时候个人甚至可能被迫消费对其有消极影响的公共物品；第五，配置决策的市场化与非市场化，私人物品的价格和分配决策是在市场上做出的，而公共物品的共用性、非排他性决定了只要实施自愿选择的规则，某些人就有积极性充当免费得到公共物品的"搭便车者"。以上几点既是私人物品与公共物品的区别，同时也体现了公共物品的特点。

基于公共物品的特点，尤其是它的非排他性与消费的共同性，导致人们有动机在别人没有获取这份财产之前尽可能地汲取这份财产能够带来的好处，每个人都这样做，那么最后的结果就是过度地使用了该公共物品。

公共物品理论可以解释废弃物等环境问题产生的原因。环境产权具有公共物品（非竞争性和不可分割性）的性质。环境产权的公有性主要表现在环境资源的所有权和使用权的泛化及管理权的淡化上，任何社会、团体或个人都可以根据自己的利益来利用环境资源。在产权不具有排他性的情况下，对环境资源的开发、利用、治理和保护的责权利关系就无法确定。

由于存在"免费乘车"和信息不完全的约束，当某些决策者在做出某项环境决策时，那些处于决策之外的人并不知情，或者即使知情，也无法与其他受损失者联合起来维护自己的权益，因而不得不承担该决策的某些后果。例如，生产企业在公共领地上排放废弃物，而受影响的其他行为主体却没有办法向排污者索取赔偿。

因此，环境产权的公共物品性质导致了每个人都在追求自身利益的最大化，从而产生了"公地悲剧"，造成了现在一系列的环境问题。

2.2.2 外部性理论

资源环境问题的根本原因在于市场失灵和政府失灵。市场失灵表现在市场不能对环境资源进行合理定价以及将环境成本纳入产品价格；政府失灵表现在政府政策不能纠正甚至造成或加剧市场失灵。市场失灵的根源可以追溯到环境成本的外部性。外部性①是指一个经济主体的行为对另一个经济主体的福利所产生的效应，而这种效应并没有通过货币或市场反映出来。环境污染和环境资源使用的成本大部分是外部成本，主要由社会承担，而不是由污染者承担，这就使得环境资源使用的私人成本低于社会成本，使厂商按利润最大化原则确定的产量与按社会福利最大化原则确定的产量严重偏离。这种偏离就是资源过度使用、污染物过度排放以及有污染的产品过度生产的低效率产出。

20世纪20年代，庇古（A. C. Pigou）系统研究了外部性问题②。庇古认为，在经济活动中，如果某企业给其他企业或整个社会造成不须付出代价的损失，那就是外部不经济，这时企业的边际私人成本会小于边际社会

---

① 外部性思想最早可以追溯到1740年休谟在论及"公地悲剧"问题关于"效用最大化的个人行为会导致公共资源质量的下降"的表述以及亚当·斯密关于"在追求本身利益时，也常常促进社会利益"（Smith，1776）的表述。但最先提出外部性概念的是剑桥学派的西奇威克（Sidgwick）和马歇尔（Marshall）。马歇尔在《经济学原理》中写道："对于经济中出现的生产规模扩大，可将其分为两种类型：一是'外部经济'，即生产扩大依赖于产业的普遍发展；二是'内部经济'，即生产扩大来源于单个企业自身资源组织和管理的效率。"

② 在庇古的著作《福利经济学》中，提出了"内部不经济"和"外部不经济"的概念，从社会资源最优配置的角度出发，应用边际分析方法，提出了边际社会净值和边际私人净产值，形成了相对完美的外部性理论。

成本（Pigou，1932）。马歇尔（Alfred Marshall）的外部经济概念主要是指企业从外部受到的影响（而且主要是着重于正向的影响），而庇古的外部性概念则是指企业活动对外部的影响（偏重于负的影响）。将外部性从一个受动性概念转化为主动性概念，这应当是庇古的一个重要贡献。此后，学者多遵循庇古的解释和分析思路。

此后，许多经济学家对外部性问题展开了研究。萨缪尔森（P. A. Samuelson）和诺德豪斯（W. D. Nordhaus）认为（1990），外部性是指那些生产或消费对其他团体强征了不可补偿的成本或给予了无须补偿收益的情形。对环境资产而言，所谓外部性不过是不完全市场的一种经典案例（阿罗，1969）。当一个人的消费行为影响到其他消费者的效用函数，或者某厂商的生产活动对其他厂商的生产函数产生影响时，导致资源配置帕累托最优的条件就不再成立。值得注意的是，这种外部效应该是通过影响效用或者利润函数，而不是通过市场价格来起作用的。之所以说市场不完全，是因为人们无法通过市场或者某种交易制度来为获得的外部收益付费，或者因为带给别人外部成本而向其支付补偿金。界定外部性主要基于两点：一是不同经济主体之间由于行为或其后果存在"直接强加"效应；二是这种"直接强加"效应没有得到价值补偿。

根据生产和消费活动给其他人带来的影响是否有利，可将外部性分为两类，外部经济性（External Economy）和外部不经济性（External Diseconomy）。外部经济性是指某个行为主体的一项经济活动给社会上其他人带来好处，但自己却不能由此而得到相应的收益，例如，植树造林活动，就是典型的外部经济性；外部不经济性是指某个人的一项经济活动给社会上的其他人带来危害，但他自己却并不为此而支付足够的成本，现在产生的各种资源环境问题就是典型的外部不经济性。根据产生阶段的不同，又可将外部性分为生产外部性和消费外部性。生产外部性是生产过程中给他人带来的有利或不利的影响，消费外部性是消费过程中给他人带来的有利或不利的影响。

环境资源作为公共物品，具有非排他性和非竞争性两个基本特征，这使环境资源的成本通过市场难以内部化，形成"外部不经济性"，即由于生产企业给社会造成了负面的影响，而又不为此承担任何成本，因此是典型的生产外部不经济性问题。由于外部不经济性的存在，使企业所承担的私人成本小于承担的社会成本，因此会导致资源的浪费，见图2.4。

表2.2 外部性的概念及分类

	分 类		定 义	举 例	后 果
外部性	外部不经济性	生产的外部不经济性	当一个生产者的经济活动使他人付出了代价，而又未给他人以补偿	企业排污使周围环境受到污染，附近的人们或整个社会遭受损失	私人成本低于社会成本，或私人收益大于社会收益，将导致资源存量的浪费
		消费的外部不经济性	当一个消费者进行的活动使他人付出了代价，而又未给他人以补偿	吸烟人的吸烟行为危害了被动吸烟者的健康	
	外部经济性	生产的外部经济性	当一个生产者采取的经济活动对他人产生了有利的影响，而自己却不能从中得到报酬	企业培训的技术工人到别的单位工作，该企业不能得到任何形式的补偿	私人成本高于社会成本，或私人收益小于社会收益，导致激励不足
		消费的外部经济性	当一个消费者进行的活动对他人产生有利的影响，而自己却不能从中得到补偿	某个人把自己的孩子培养成更值得信赖的人，使整个社会得到了好处	

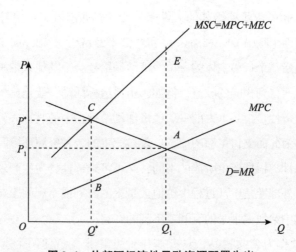

图2.4 外部不经济性导致资源配置失当

在图 2.4 中，D 曲线是排污企业的需求曲线和边际收益曲线，MPC 表示其私人边际成本，由于存在负外部性，社会边际成本 MSC 高于 MPC，两条线间的垂直距离即边际外部成本，也就是这个活动给社会造成的成本。企业为了追求利润最大化，将产量定在 MPC 与 MR 的交点所决定的 Q_1 上，使社会利益达到最大的产量应该是 MSC 与 MR 的交点所决定的 Q^*。因此，环境问题即生产的外部不经济性导致生产过多，超过了帕雷托效率所要求的水平 Q^*。由于环境问题具有外部性，单纯依靠市场进行调解会造成资源配置不当而且不能自动解决市场失灵。正是基于此，所以需要政府通过一定的政策措施，将环境成本纳入生产成本，消除外部不经济性，实现社会福利最大化。实践证明，政府的环境规制是解决资源环境问题的重要举措。

2.3 废弃物管理政策的理论依据

以上分析了环境问题的经济学根源，环境的公共物品性质和外部不经济性，导致了环境问题的产生，究其原因就是造成的环境污染与破坏无人来承担责任，也就是说经济组织或个人的环境损害行为如果政府不加以规制，就会放任自流。因此，解决环境问题的根本是通过政府规制将环境的外部不经济性内部化，即让环境污染者承担责任。

关于政府规制解决环境的外部不经济性的经济原理可通过政府征收庇古税来说明。

庇古认为，发生外部性时，单纯依靠市场不能自动解决市场失灵，需要政府采取适当的政策消除损害，实现社会福利最大化。通过对产生负外部性的经济主体实施征税（税收等于边际损害，即社会边际成本与个人边际成本之间的差额），即可实现外部性的内部化。这种税收后来被称作"庇古税"。

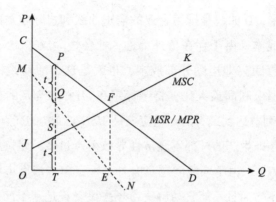

图2.5 庇古税矫正外部性的经济原理

如图2.5所示，横轴 Q 代表经济主体 A 的行为水平，A 对社会造成的损害与该行为水平相关。曲线 CD 是 A 的个人边际收益（不考虑正外部性情况下，个人边际收益 MPR 等于社会边际收益 MSR），曲线 JK 是 A 行为的社会边际成本 MSC。这里暂不考虑 A 行为的个人边际成本[①]。没有其他外部约束的情况下，A 的效用最大化行为将导致其行为水平为 OD，此时个人边际收益等于个人边际成本（等于零）。曲线 CD 与 JK 相交于 F 点，此时社会边际收益等于社会边际成本。因此，A 的行为水平为 OE 时，实现社会帕累托最优产出。产出 ED 是社会过量产出。现在，假设一个公共部门对 A 行为的外部性进行管制。一个可行的管制政策是对 A 的行为征收相当于社会边际成本的税收。其效果等价于使 A 的边际收益变动为曲线 MN，MN 就是交纳庇古税后的个人边际收益[②]。A 的效用最大化行为将导致其行为水平为 OE，此时个人边际收益等于个人边际成本，同时，社会边际收益等于社会边际成本，实现社会帕累托最优产出[③]。这也是经济学上废弃物外部性管制的理论依据。

由于环境破坏的不可逆性以及严重性，人们已经意识到污染预防的重

---

① 在个人不用按垃圾抛扔量付费的现实情况下，这是一个合理的假设。

② 由于庇古税等于社会边际成本，因此征收庇古税后的个人边际收益等于原个人边际收益减去社会边际成本。即在图2.5中，对任一行为水平，都有 $TQ = TP - ST$，从而 $PQ = ST = t$。当行为水平为零时，$OJ = CM$；当行为水平为 OE 时，$PQ = ST = EF$。

③ 此时，经济主体 A 交纳的税收总额为面积 $OJFE$，即 $MCFE$。

要性。废弃物如果不进行处置，将对环境和人类健康造成损害，因此，应该产生废弃物的时候、甚至是在生产产品的时候，就应该想到要对它进行处置，那么处置废弃物也就是环境的外部成本就应该由从生产销售产品的经济活动中得到利益的人来承担，因为这些人是产生废弃物、造成环境污染的最根本责任人。

EPR 制度的推出是废弃物管理阶段因市场手段失灵而引发的对政策手段的依托，通过对产品消费后废弃物循环利用责任的追加，实现废弃物管理阶段环境成本的内部化。从整个产品的生命周期来看，造成外部不经济性的不仅仅是生产者，还包括销售者和消费者等，因此，从产品中获益的主体都应当承担产品回收利用所增加的成本。

EPR 制度的推出也是通过强制性政策的实施实现废弃物管理阶段环境负外部性成本内部化的过程。EPR 制度的出现正是生产者私人利益与公共利益出现分歧不协调时，需要从公共利益出发建立新的法律秩序，由政府对不利于公共利益的个人活动和私人利益进行适当的限制和矫正，通过对产品消费后处理处置循环利用责任的追加，实现废弃物管理阶段环境成本内部化的过程。

2.4 废弃物环境责任的界定

生产者生产产品而产生的废弃物会对环境产生影响，从而带来生产的负外部性。除了生产负外部性之外，因为废弃物所产生的负外部性可能还包含部分消费负外部性。这种消费负外部性包括因消费者的随意丢弃行为所引发的消费负外部性，以及因消费者的消费行为增加了潜在致污能力所引发的消费负外部性。这种因废弃物所引发的环境负外部性应当主要源于生产者的产品生产行为，一般都属于生产负外部性。所以，欧盟在电气电子废弃物（WEEE）法案中曾明确指出："首要的污染者不是消费者，而是生产者。"

EPR 的核心思想就是将产品在消费后环节的责任由消费者和地方政府转移给产品的生产者（Producer）。因此，各国的生产者责任延伸制度几乎都把界定承担延伸责任的生产者作为建构生产者责任延伸制度的一个首要问题。如果承担延伸责任的生产者未得到明确、具体的界定，那么法律法规或规章所确立的延伸责任的承担便可能出现相互推诿或责任主体空缺现象。

经济学意义上的生产者即为产品的供应者、制造者。生产者的含义有狭义和广义之分，狭义的生产者是指实际生产者和将自己的姓名、商标或商号等标示以表明自己是该产品制造者的"准生产者"。广义的生产者，主要又可分为三种：一是实际生产者，包括成品的生产者、原材料生产者、零部件生产者；二是推定的生产者，主要指不能查明商品生产者的销售者，以及商品的进口者；三是"准生产者"，即将自己的姓名、商标或商号等标示以表明自己是该产品的制造者。另外，产品形成过程中的设计者、制作者、加工者、组装者、安装者、包装者也可视为生产者。

EPR 被正式提出以后，特别是 20 世纪 90 年代后期，"谁是生产者"的问题一度成为 EPR 研究和争论的焦点问题。对于 EPR 中生产者的界定，相关学者持有不同的观点。Lindquist（1990）直接将产品制造商定义为生产者。Davis（1994）将这一概念扩展到产品的"制造商与进口商"。瑞典生态循环委员会（1996）的界定比较原则性，他们认为产品的制造者或者提供者应该被定义为生产者。美国 PSCD（1996）强调共享责任的必要性，认为产品链上的所有主体都应该对产品系统整个生命周期的环境影响承担责任。

Lindquist（1997）在之后的研究中指出：为了推动产品系统的根本性变革，特别是汽车、电子电器产品等复杂产品的变革，责任共享是非常重要的。但是他同时指出必须有一个主体承担最终的责任，而且必须对所有相关主体进行清晰的界定。Lindquist 与 Ryden（1997）、Timonen（1997）等学者通过研究表明，生产者掌握了与产品有关的大量信息，这些信息是产品链条上的其他主体无法获知的，例如，产品的技术专利、性能信息以及其他产品知识。拥有这些信息与技术知识，产品生产者最有可能促进产品的改进以满足 EPR 项目的目标要求。因此，EPR 中的生产者应是产品的制造商。

OECD（2001）提出了最终责任的概念，认为那些被明确规定承担了最终责任的主体即为生产者。OECD 还提出了以下界定生产者的基本原则：对于耐用消费品，生产者将是品牌的拥有者或进口商；在包装材料领域，生产者则是产品容器或包装材料的填充者，而不是制造商；如果品牌拥者不能被清晰界定，则生产者应被确定为制造商。

结合上述学者的研究，本研究认为，一般意义上的生产者为产品的制造者（包括进口商），即产品商标上所标示的生产者；包装材料的生产者指包装材料的使用者而非制造者，即生产的商品使用包装材料的商品制造商。但是并非所有的废弃物都能在法律上鉴别出生产者，例如，"孤儿"产品和"既存"产品。① 本研究认为，对于无主的"孤儿"产品，参照瑞典的做法由现有的生产商承担生产者责任，现有的生产商根据市场份额按比例分担回收责任；历史"既存"产品由于没有具体的生产者承担延伸责任，其延伸责任可由政府承担或者由目前市场占有者按比例分摊。

2.5 生产者承担延伸责任的合理性

按照产品生命周期理论，一件产品在一个完整的生命周期内，一般需要经历产品原料获取、产品设计、产品制造、产品储运、产品销售、产品使用与产品废弃处置等多个阶段和过程，其相关主体有供应商、制造商（生产者）、流通商、销售商、消费者和政府等。废弃物问题的产生，既与生产者的生产行为有关，也与消费者的随意丢弃行为有关，还与国家的废弃物管理法律规范的缺失以及废弃物处置方法的失当有相当大的关系，因此，废弃物问题的相关主体众多。然而，在众多的相关主体当中，为何强调或者立法要求最终承担延伸责任的主体是生产者？关于这一问题，国外学者明确指出，生产者具有从源头（即产品设计阶段）减少产品整个生命周期的环境影响的能力，是生产者而非其他主体在设计阶段就决定了产品

---

① "孤儿产品"是指由于厂家倒闭或者退市后，市场上已经销售出的产品。这些产品要么所属的生产厂商已经倒闭，要么所属的生产厂商已经终止或转移相关的业务，一旦出现使用问题，往往由于包修、维修等善后事宜找不到负责方，在生产者责任延伸情况下，废弃后也找不到为其负责的生产者，从而成为无人认领的"孤儿"。"既存"产品是指在要求生产者承担延伸责任之前就已经存在的历史废弃产品。对于此类废弃物，没有具体的生产者承担延伸责任。

的特性（Tajo，2004）。这是从理论上对生产者承担延伸责任原因的解释。进一步研究可以发现，由生产者承担延伸责任的原因还在于：

1. 废弃物问题的产生主要源于生产者的生产行为

在生产活动中，生产者决定生产产品的类别和生产方式。生产者对产品的设计和选材，直接关系到产品的资源承载量和产品潜在的致污能力。而生产者的生产方式，即其采用的装备和技术，直接影响到在生产过程中产生的废水、废气、废渣等物质的量和污染程度。同时，承载着资源和潜在致污能力的产品在储运、销售、消费过程中，也会对环境产生影响。因此，生产者的生产行为导致废弃物的产生，从而产生资源浪费和环境污染问题。所以，理应由生产者承担延伸责任的主体。

2. 生产者在产品价值链中的核心地位决定了其承担延伸责任具备有利条件

生产者在产品生产链中处于价值链的核心位置，其生产行为会影响上下游的生产与消费行为。对上游企业而言，最终产品生产者可以通过对自身产品工艺和流程的选择与设计，直接对其上游的零部件生产供应商、材料加工供应商、资源开采者的生产和运行方式的选择产生影响；对于生产者自身而言，其生产工艺和生产流程更是直接决定资源的生产利用率和环境危害性的大小；对于价值链下游的客户和消费者而言，生产者产品的设计、选材、工艺对产品的运输配送、产品的使用、消费、废弃产品的回收再利用和最终处置等活动都有直接的影响。因此，生产者在价值链中的核心地位决定了其有条件实现从输入端控制、过程控制和输出端控制全方位的废弃物管理。在输入端，为了达到减量化的资产管理目标，生产者从价值链的角度对废弃物进行逆向分解，在产品的设计阶段开展绿色产品设计（Green Product Design，GPD），将循环理念纳入其中，从产品的耐用性、可拆卸、可修复、可回收、可降解等方面综合考虑，从源头上减少废弃物进入环境造成污染的可能性。在过程控制和输出控制方面，生产者除了通过控制生产过程减少废弃物的排放，还具有信息优势可实现对废弃产品的物理化改造的再利用、化学性改造的循环再生、回收的零部件或材料二次投入生产制造系统，从而减少对环境的废物输出和经济体系对自然界输入资源的依赖；对最终排入自然环境的废弃物，通过有利于环境的废物处置，实现自然界对废弃物的同化。

3. 废弃物处置是生产者的直接责任而非其社会责任

传统理论上认为，处置废弃物是生产者的社会责任。企业作为一个经济组织，在追求自身利润最大化的同时，应对所有利益相关者（Stakeholders）负责，即企业应承担其社会责任。很明显，废弃物处置是企业对环境、资源的保护与合理利用，是企业社会责任的体现。然而废弃物的处置不只是企业社会责任的体现，更是企业增加股东利润的行为，原因在于：良好的生态环境是保证企业长期发展和自身利益实现的基本条件；良好的社会形象更容易获得消费者的认可和青睐，从而增加产品销售；对废弃物的回收再利用，可降低生产成本或直接取得经营性收入。因此，处置废弃物也是企业追求股东利益最大化的一种直接活动。此外，由于废弃物问题主要是产品生产的外部性造成，而外部性的存在导致了生产者的成本小于社会成本，为了真正体现产品生产的实际成本，应当将生产者的环境成本内部化。因此，生产者承担废弃物处置责任只不过是将其外部性问题内部化的一种措施。

4. 由生产者承担延伸责任有利于政府的统一监控和管理

市场机制在处理日益严重的资源短缺和环境污染问题时存在着市场失灵，因此需要政府的介入和干预。对于广大而分散的消费者以及数量多、规模小、流动性大的经销商，政府对其进行便捷、有效的统一管理的运行成本巨大，因此是不现实的。生产者责任延伸（EPR）制度中政府直接对生产者进行控制，后者再通过责任追加、成本追加的方式追溯消费者的责任，使得整个社会所负担的产品废弃物处置成本及其环境外部成本的内部化得以实现。同时，EPR 的实施也有利于生产者之间相互监督，解决了搭便车（Hitchhike）问题。例如，荷兰的生产者责任组织（Producer Responsibility Organization，PRO）会向没有加入 PRO 的生产者告知法定义务并邀请其加入，如果该生产者既没有自己的废弃物处置系统又没有加入 PRO，则该生产者的名字就会被告知政府，政府就会派人到该公司调查，必要时对该公司进行罚款甚至提起诉讼。这种合作将生产者责任组织在辨别搭便车者时的优势和政府主管当局严厉的处罚相结合，取得了很好的效果（Tajo，2003）。

　　在生产者责任延伸制度中，生产者是承担延伸责任的主体，但生产者并非产品环境责任的唯一承担者。生产者延伸责任的成功实施需要产品全生命周期内的材料供应商、生产者、经销商、消费者、废弃物处理商和政府等各方相关者共同参与和诚信合作。生产者环境责任的主体性还体现在，基于其在产品价值链及产品影响半径之内的契约核心连接者的特殊地位对产品生命周期中的以上各个参与者进行环境责任的组织、分配与协调，从而确保总体环境目标的最终实现。生产者在与环境相关的责任和利益的关系契约之中，比政府拥有更多的信息优势和交易成本优势。因此，生产者承担延伸责任的主体地位在本质上是要求生产者在承担主要环境责任的同时，组织与协调各方利益相关者的环境责任，并确保企业的环境成本得以内部化、社会环境目标得以实现的综合责任。

第三章　延伸生产者责任的理论综述

生产者责任延伸的理论基础主要是产品生命周期理论、循环经济理论、外部性内部化理论、环境规制理论。其中，产品生命周期理论、循环经济理论说明延伸生产者责任的原因，外部性内部化理论揭示延伸生产者责任的经济学根源，环境规制理论表明实现延伸生产者责任的途径。

3.1　延伸生产者责任的理论基础

3.1.1　产品生命周期理论

传统的产品生命周期是指产品"从摇篮到坟墓"（cradle-to-grave）的全过程，即产品的"生产—销售—消费—废弃物"这一线性过程。以循环经济为指导来重新审视产品生命周期，不仅考虑产品的生产、销售、消费问题，还必须考虑生产前的原材料、能源的开发和获取，以及消费以后的废弃物的处理问题，因此，产品的生命周期应扩展成"从孕育到再现"（pregnancy-to-reincarnation）的所有阶段，即"资源—生产—销售—消费—废弃物转化为再生资源"的一个循环过程。

产品生命周期（Product Life Cycle，PLC）理论最早由美国经济学家西奥多·李维特（Theodoer Levit）在 1965 年《哈佛管理评论》的一篇文章中提出，后来经过多位学者加以完善和推广，使之成为一种较为成熟的理论。传统的产品生命周期是指产品"从摇篮到坟墓"（cradle-to-grave）的全过程，即产品的"生产—销售—消费—废弃"这一线性过程，包括产品从自然环境中获取最初资源和能源，经过设计、开采、冶炼、加工、再加工等生产过程形成最终产品，又经过产品贮运、销售、消费、使用等过程，直至产品报废和处置，从而构成了一个物质转化的生命周期。

随着科学技术和人类社会的发展，大量消费品的生命周期缩短，导致废旧产品数量猛增，环境污染严重，资源日益匮乏。人们对发展中带来的危机进行了深刻的反思后提出了可持续发展观。可持续发展观要求人们对传统的产品生命周期重新进行思考和认识。从环境保护、资源利用和可持续发展的角度考虑，产品的报废、回收和循环再造也是产品生命周期应该包括的重要内涵。因此，传统的产品生命周期得以大大地延伸，从而得出产品的全生命周期理论：产品的全生命周期是指从资源开采，设计加工到生产制造、运输流通、消费使用以及使用废弃后的回收、再用及处理处置的生命周期全过程，是从"摇篮到再生"的闭环过程，即产品的"资源—生产—销售—消费—废弃物转化为再生资源"的一个循环过程。

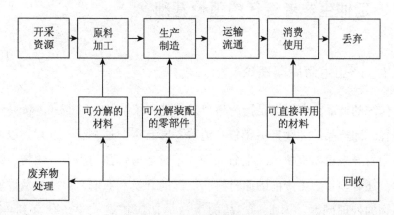

图 3.1　产品生命周期全过程

产品生命周期的每一个阶段，都对应有相应的责任和责任主体，所以，针对产品后期处理阶段的责任是明确存在的。从现行的法律制度看，产品在生产、流通、使用过程中的责任都比较明确，而后期回收处理阶段却出现了责任缺失，这对环境造成了巨大的威胁。EPR 制度正是针对这一点所提出的，它把对产品的后期处理定义为一种延伸责任，并将生产者设置为该责任的责任主体。从产品生命周期的角度看，这一制度保证了产品责任的完整性，使得产品在任何一个阶段出现问题都能有法可依。

3.1.2 循环经济理论

"循环经济"（Recycling Economy），是由美国经济学家 K·波尔丁在 20 世纪 60 年代提出的。20 世纪 90 年代以来，随着各国可持续发展战略的推出，循环经济的思想也随之崛起。循环经济是对物质闭环流动型（Closing Materials Cycle）经济的简称，本质上是一种生态经济，代表着先进的经济发展模式。循环经济从经济增长和环境保护相结合的角度考虑问题，变消极的产品污染治理为积极的产品全程管理。循环经济模式可概括为：自然资源—清洁生产—绿色消费—再生资源。循环经济在实际操作中须遵循 3R 原则，即指减量化（Reduce）、再利用（Reuse）和资源化（Resource）。减量化原则属于输入端方法，它要求在生产过程中通过管理和技术的改进，尽量减少进入生产和消费过程的物质和能量流量，同时又不影响既定的生产、消费目的的实现。再利用原则属于过程性方法，要求企业在设计、生产产品过程中，考虑增加产品的通用性及产品的耐用强度，以便使用过程中可重复利用。资源化原则是输出端方法，指通过适当的加工处理，使废弃物成为资源再次得到循环利用。3R 原则的重要性呈现以下顺序：减量化、再利用、资源化。这种先后顺序的排列反映了循环经济的基本思想：首先，从源头控制可能产生的废弃物的量；其次，对于进入生产、消费过程的产品应尽可能地延长其时间强度；最后，当产品已不具备重复使用的可能性时，对其进行适当的加工处理，使其作为资源投入到下一生产循环中。

在 EPR 制度下，生产者要在产品生命周期的消费后阶段，承担废弃产品的回收、处置等有关的法律义务。该制度通过利益机制和直接强制，促使企业在生产过程中采取保护环境的预防措施，最大限度地利用进入生产和消费系统的物质和能量，达到经济发展与节约资源、保护环境相协调，进而实现循环经济所要求的"减量化""再利用"和"再循环"的"3R"目标。EPR 制度秉承了循环经济理念，强调对产品的全过程控制，最大程度地减少产品的环境负效应，主张对产品消费后阶段所产生的环境污染负责，明确对废弃物的排放、回收、再生利用各主体的责任，使得延伸责任不再全部转嫁到政府和社会的身上，符合公平理念，有利于实现最佳经济利益和环境利益。

3.1.3 外部性内部化理论

公共物品理论和外部性理论是解释环境问题产生的经济学原因的主要理论，其中外部性理论是阐释环境问题产生原因的最有力的理论。

萨缪尔森在《公共支出的纯粹理论》（1954）中指出，公共物品是指每个人对该商品的消费不会造成其他人消费的减少。公共物品具有效用的不可分性、消费的非竞争性和受益的非排他性。受益的非排他性即众多消费者共同消费同一公共物品，要将其中的任何人排除在对该物品的消费之外是技术上不可能的或经济上无效率的；消费上的非竞争性是指增加额外一个人消费，该公共产品不会引起产品成本的任何增加。

一方面非排他性使得每个人不管付费多少，都能得到数量相同的公共物品，即每个人都具备刺激因素成为搭便车者，而追求利润最大化的生产者不具有提供公共物品的动机，因为一旦提供了该产品，无法排除搭便车者的消费，从而公共物品的投资无法收回。另一方面，由于非竞争性使得消费者增加带来的公共物品的边际成本为零，按照帕累托最优所要求的边际收益等于边际成本的边际成本定价原则，这些产品必须免费提供，这也是私人企业难以接受的。

分析资源环境问题的另一个重要理论即外部性理论。外部性是指在实际经济活动中，生产者或消费者的活动对其他消费者和生产者的超越活动主体范围的利害影响。按照传统福利经济学的观点，外部性是一种经济力量对于另一种经济力量的"非市场性"的附带影响，是经济力量相互作用的结果。

环境资源作为公共物品，具有的非排他性和非竞争性两个基本特征使环境资源的成本通过市场难以内部化，形成"外部不经济性"，即由于生产企业给社会造成了负面的影响，而又不为此承担任何成本，因此是典型的生产外部不经济性问题。由于外部不经济性的存在，使企业所承担的私人成本小于承担的社会成本，因此会导致资源的浪费。环境的公共物品性质和外部不经济性，导致了环境问题的产生，究其原因就是环境污染和破坏的责任主体界定不明确，政府是环保责任主体的最后一道防线，它的缺位将使得环境破坏无人问津。因此，解决环境问题的根本是将环境的外部不经济性内部化，明确界定环保责任主体，平衡环保责任主体间的利益诉求和责任承担。

由于环境破坏的不可逆性以及严重性，人们已经意识到污染预防的重要性。废弃物如果不进行处置，会对环境和人类健康造成损害，因此，废弃物处置应着手于其所产生的产品生产阶段，处置成本即环境的外部成本应由废弃物污染的最根本责任人——产品销售的经济利益获得者来承担。

EPR 制度的推出是废弃物管理阶段因市场手段失灵而引发的对政策手段的需要，通过对产品消费后废弃物循环利用责任的追加，实现废弃物管理阶段环境成本的内部化。从整个产品的生命周期来看，造成外部不经济性的不仅仅是生产者，还包括销售者和消费者等，因此，从产品中获益的相关主体都应当承担产品回收利用所增加的成本。

EPR 制度的推行也是通过强制性政策的实施实现废弃物管理阶段环境负外部性成本内部化的过程。EPR 制度的出现正是生产者私人利益与公共利益出现分歧不协调时，需要从公共利益出发建立新的法律秩序，由政府对不利于公共利益的个人活动和私人利益进行适当的限制和矫正，通过对产品消费后处理处置循环利用责任的追加，实现废弃物管理阶段环境成本内部化的过程。

3.1.4　环境规制理论

"政府规制"一词来源于英文"Government Regulation"。日本著名经济学家植草益从一般意义上将规制定义为："规制是在以市场机制为基础的经济体制条件下，以矫正、改善市场机制内在的问题（广义市场失灵）为目的，政府干预经济主体（特别是企业）活动的行为。"具体来说，就是政府以法律手段为主、以行政经济和其他手段为辅，以市场经济规律为根本指导，在特定时期对特定市场和特定企业的活动进行直接的、具有强制力的政府行为。政府规制是解决外部性问题的有效手段。在外部性存在的情况下，增加对负外部性（外部不经济性）的税费征收，正外部性（外部经济性）的补贴，都可能导致倾向社会偏好的资源配置状态。总之，当市场失灵出现时，从理论上讲，规制有可能带来社会福利的提高。如果自由市场在有效配置资源和满足消费者需求方面不能产生良好绩效，政府将规制市场以纠正这种情形。

按照政府规制的不同手段，植草益将规制分为间接规制和直接规制。间接规制主要指对不公平竞争的规制，即司法机关通过反垄断法、民法、商法等法律对垄断等不公平竞争行为进行间接制约。而直接规制则是由行政和立法机关直接实施的干预行为，又分为经济规制和社会规制。经济规制是针对特定产业的规制，如对自然垄断产业的规制。社会规制是不分产业的规制，对应于外部性、非价值性物品等问题，由政府对企业进行限制，以防止公害，保护环境，保证健康、生产安全等。

环境规制属于社会规制，在经济学上有其特定的含义，它是指明确产权以使有效市场的出现和包含环境成本的价格占主导地位，也就是对环境外部成本进行估价，并将它们内化到生产和消费商品与服务的成本中，从而体现资源的稀缺性，消除其外部性。环境规制的目的，是使生产者和消费者在做出决策时将外部成本考虑在内，从而将他们的行为调节到社会最优的生产和消费组合。

环境规制是一把双刃剑。环境规制的实施既会产生环境效果（使环境污染负外部性内部化），也会产生经济绩效效果（由于改变了资源配置方式而对经济绩效的影响）。对社会而言，环境与经济是不可或缺的两个组成部分，如何制定有效的环境规制制度是经济目标与环境目标处于平衡状态时从社会整体需要出发应予以关注的。由于企业是社会经济发展的微观基础，因此，环境与经济之间的替代关系也可反映为环境与企业竞争力之间的替代关系。如果环境规制导致企业污染内部化的成本大幅度提高，因而影响了企业的获利性和市场竞争能力，尤其是当相互竞争的企业面临程度不同的环境规制时，环境规制对企业竞争力的影响也成为需要关注的问题。并且，环境规制对企业竞争力的影响直接关系着环境规制的环境效果。以庇古与科斯为代表的传统观点认为，环境规制必然会提高企业的成本，减少企业的盈利空间，进而削弱企业的竞争力。而迈克尔·波特所倡导的"双赢理念"认为，有效的环境规制在提高企业成本的同时，可通过创新补偿（Innovation Offsets）与先动优势（First-mover Advantage）等途径为企业创造收益，部分或全部弥补企业遵循环境规制的成本，甚至会给企业带来净收益，即环境规制与企业竞争力之间呈现双赢关系。两种不同观点源于不同的假设，但在实践中对企业行为产生了不同的影响。

为了消除负外部性导致的社会问题，政府可能会运用多种环境规制手段。环境规制手段按照其对经济主体污染行为的不同约束分为命令控制型环境规制（Command and Control，CAC）（又称直接规制）手段和以市场为基础的激励性环境规制（Market-based Incentives，MBI）（又称间接规制）手段。命令控制型规制手段是旨在直接影响污染者的环境绩效的制度措施，通过建立和实施法律或行政命令来规制被管制者必须遵守的排污目标、标准和技术。这种规制模式的主要特征是污染者几乎没有选择权，主要是机械的遵守规制制度，否则将面临来自法律或制度的处罚。以市场为基础的激励性环境规制也称为环境规制的经济工具，利用市场机制设计制度，借助市场信号引导被管制者的污染行为。一般来说，它不直接规定被管制者必须干什么或者禁止干什么，而是通过一定的政策工具改变被管制者进行决策时的外部条件、影响被管制者进行不同经济行为的成本和收益来间接调节被管制者的行为，引导和促使被管制者根据自己获益的大小自愿地、灵活地对各种法律手段做出有利于或不利于社会的行为反应，例如，收税、收费、负外部性权利交易、押金返还制度等。

按照外部性理论分析，EPR制度实质上就是一种对生产者的生产负外部性的政府规制，包括各种直接规制手段与间接规制手段。目前，EPR制度所采取的直接规制是政府根据相关的法律、规章和排放标准，直接规定被管制者产生外部不经济性的允许数量及其方式（例如，设定最低循环利用目标、替代原料利用率、回收率和回收时间、能源效率标准、处理禁止和限制、原料禁止和限制、产品禁止和限制等），并对违反或不遵守管制的活动者进行制裁或处罚。直接规制手段是世界各国在面临环境资源问题时首选的法律手段。EPR制度的间接规制是政府根据价值规律，基于市场机制，利用各种经济调节手段引导、促使生产者承担延伸责任，包括押金返还手段、预收处理费手段、财政信贷优惠手段、环境标志手段、税收减免、优惠与循环补贴手段等。经济手段可以影响生产者进行不同经济行为的成本和收益，促使生产者根据自己获益的大小自愿地、灵活地对各种调控手段做出反应。

3.2 对生产者责任认识的演进

3.2.1 传统意义上的生产者责任

生产者（Producer）是生产活动的主要承担者，同时也在市场交易活动中扮演着重要角色。传统企业理论强调生产者是"经济人"，所谓"经济人"，指的是"人是追求私人利益的有理性的经济动物"。在古典学派的经济理论中，"经济人"是以利己心为出发点的，凡人莫不为自己的经济利益而努力，不是将公共利益放在私人利益之前，而是由私人利益导出公共利益。简而言之，"经济人"是只受经济理性驱使的人，他们是经济活动的主体，被视为一般人的代表，具有人类的一切经济意义上的特征，应以利润最大化作为自己应追求的目标，其他目标都是附带的或者为企业实现利益最大化服务的。

生产者责任（Producer Responsibility，PR），最初也称为产品责任（Product Responsibility），是指产品制造者将一种产品投入市场后，因为产品具有缺陷，致使与此产品接触之人的人身或财产权益遭受损害时，生产者应承担的损害责任。这一问题的责任名称在各国法律的表述上并不一致，概括而言，如果从责任主体出发，则称为"生产者责任"（Producer Responsibility）；如果从责任客体着眼，则称为"产品责任"（Product Responsibility）。依据现代产权经济学的理论，责任是发生在人与人之间的权利关系，即责任主体之间的关系。因此，生产者责任的提法较为科学。

对生产者课以何种责任将会影响到交易双方的预期，从而对他们形成不同的激励，并最终影响到整个经济运行的绩效。纵观生产者责任演变的历史，可以发现对生产者责任的认识和界定经历了合同责任、过失责任和严格责任三个阶段。合同责任阶段是处于交换关系比较简单、市场较不发达、企业社会化和专业化程度不高的时期。在这一阶段，交易双方的地位较为平等，产品性能和质量等方面不存在严重的信息不对称，双方的讨价还价能力相差无几，因此该阶段在产品责任领域内交易双方通过双方协商的合同来确定彼此的责任；随着社会分工的发展，产品的生产与流通环节日益复杂，生产者与产品的最终使用者间的合同关系难以确定。按照"契约当事人关系"原则，无合同即无责任，此时以合同作为确定生产者责任的依据显然不利于保护作为弱者的消费者的利益。生产者责任开始从合同法的框架进入侵权法的框架。消费者可以直接起诉缺陷产品的制造商，而不再受制于合同关系的束缚，即生产者责任进入过失责任阶段。过失责任指生产者因过失导致产品缺陷造成对消费者的损害，消费者证明其有过失从而请求赔偿的一种归责原则。过失责任突破了传统合同原则，让生产者能够积极地将行为中的潜在过失可能造成的负外部性纳入到其绩效预期之中。随着生产规模的不断扩大，生产者为市场提供的产品日趋丰富，同时，由于产品缺陷导致消费者利益和安全受到侵害的现象日益普遍，对生产者课以严格责任，以保护广大消费者利益，促进企业不断提高产品质量的呼声日益高涨。严格责任规定，不论生产者在准备或销售产品的过程中是否有疏忽行为，也不论生产者同使用者或消费者之间是否有合同关系，生产者都要对其产品给直接消费者或使用者造成的人身伤害或财产损失承担责任。

从生产者责任的演变过程发现，随着社会经济的发展，市场交易中生产者和消费者之间的地位日益不对等。为了保护处于弱势地位的消费者，避免其独自承受由于缺陷产品所带来的负外部性，同时为了发挥和挖掘生产者在产品性能提高和质量改进方面所拥有的专业知识优势，相关法律对经济活动中生产者应承担的责任做出了日益严格的规定。

3.2.2 生产者的社会责任

生产者社会责任（Producer Social Responsibility）的观念最早可以追溯到古代社会的商人社会责任观，包括《圣经》中的博爱以及中世纪教会对商人施舍的要求等内容。

资本主义世界的经济大发展与企业追求利润最大化的变本加厉，产生了需求与供给、信息占有与信息需求，以及经济参与者之间、宏观层面的经济发展利益与微观层面的经济个体利益之间、个体利益与公共利益之间等几大类基本矛盾，出现了大量的经济危机、环境污染、能源匮乏、消费者权益损害等社会问题，企业不得不放慢自己追求经济利益的脚步，对它所带来的不良社会影响进行反思与应对，渐渐开始关注企业行为对社会的影响，并采取措施协调企业与社会各方利益群体的关系。

1929 年，通用电器公司的欧文·扬（Owen D. Young）便在一次演说中指出，不仅股东，雇员、顾客和广大公众（General Public）在公司中都有一种利益（An Interest），而公司的经理们有义务保护这种利益。这是有关企业对其利益相关者负责之观念中最早和最为典型的表达之一。此类观点一经提出，立即获得了理论界的激烈回应。一些激进的学者向传统的企业理论和公司法理论提出了挑战，他们一改过去那种唯股东利益至上的观念，力图就企业对其所有利益相关者负责做出理论上的说明和制度上的设计。在此过程中，他们将企业的利益相关者区分为追求利润最大化情形下的股东以及其他利益相关者（后者通常被称为非股东利益相关者），并在此基础上将研究的视点重点放在企业对后者利益的保障方面，同时把企业对后者利益的关注的责任称为企业社会责任。

20 世纪 30 年代，美国哈佛大学法学院的多德（Dodd）教授提出了关于企业社会责任的观点，他指出："企业（公司）对雇员、消费者和公众负有社会责任，尽管这些社会责任未必见诸法律而为企业的法定义务，但应当成为企业（公司）管理人恪守的职业道德。"

20 世纪 60 年代，弗里曼提出了"利益相关者理论"，承认企业是一定的组织环境和社会关系中的存在，主张企业对其行为可能产生影响的团体都负有一定的责任。

1971 年，美国经济发展委员会（CED）在一个具有划时代意义的说明中指出："企业的职责要得到公众的认可，企业的基本目标就是积极地服务于社会的需要——达到社会的满意。"

企业的社会责任是指企业在谋求股东利润最大化之外所担负的维护和

增进社会利益的义务。包括对雇员的责任、对消费者的责任、对债权人的责任、对环境、资源的保护与合理利用的责任、对所在社区经济社会发展的责任、对社会福利和社会公共事业的责任。

归纳以上观点，企业社会责任应当主要是指企业对社会发展所应承担的责任或企业在谋求股东利润最大化之外应对社会所负的责任。

3.2.3 生产者的环境责任

企业对环境、资源的保护与合理利用的责任是企业社会责任的重要内容，是企业对环境和资源所有现实的和潜在的受益人所承担的一项责任。

利益相关者理论认为："公司应当就其行为对社会公众以及社会整体负责。尤其是，它有道德义务保证不伤害那些受其行为影响的人。"这种义务在环境资源法领域，主要表现为三个方面：①不危害与他人共享的环境。企业有义务保证对空气与水的污染不超过社会可以接受的范围，并控制其噪声污染；②有义务处理那些有害的腐蚀性废物，做到不伤害他人；③如果公司的运作危害了环境，它就应该赔偿并将其造成的影响控制在社会可以承受的限度内。由于企业对环境、资源的保护与合理利用的责任源于企业社会责任，所以也被称为企业的环境社会责任。企业对环境、资源的保护与合理利用责任得以确立，是基于人们对环境资源问题的逐步深入认识和高度重视的结果。

传统的工业生产过程是产生环境资源问题的根源。企业作为社会物质财富的主要创造者和自然环境资源的主要使用者，在环境污染与自然资源枯竭、生态破坏中扮演了主要角色，一方面利用先进技术，滥用自然资源，获取高额利润；另一方面又造成社会公害泛滥，空气、水质严重污染，公众的健康、安全面临威胁，给社会环境带来巨大损害。企业既是污染来源的主体，也是资源浪费的主体。企业的这种过度消耗资源与能源，排泄大量的污染物和废弃物的行为成为造成环境危害的主要来源，严重破坏了生态平衡和人类赖以生存发展的地球环境。

20 世纪六七十年代以来，随着环境问题的日益严重与环境意识的普遍觉醒，环境保护逐渐成为各国政府所需承担的一项重要职责。而环境问题的日益扩张，使得各种法律所赋予各类企业的法定义务与法律责任，亦存在日益加重与扩张的趋势。一些发达国家呈现出以企业社会责任为导向的法律变革运动，不仅使企业社会责任在传统的环境法、自然资源法、消费者保护法、劳动法等社会立法或经济立法的基础上获得了新的法律根基，而且为企业社会责任的贯彻提供了强有力的保障与支持。例如，美国通过制定《清洁空气法》《水污染防治法》等对企业的环境保护责任作了明确规定。

随着企业社会责任观念的形成与企业社会责任理论的确立，企业责任的内涵得到扩展，即生产者不仅有谋求股东利润最大化的责任，还负有保护与合理利用环境资源的责任，不仅有提供环保、安全、适用产品的责任，还负有减少废弃产品的环境影响的责任。生产者为应对废弃产品问题承担延伸责任（源头预防责任，废弃产品回收、处置与循环利用责任）是企业对环境、资源的保护与合理利用承担责任的一项具体内容，当然也属于企业社会责任的具体内容。生产者责任延伸制度的核心内容就是生产者必须为了应对废弃产品问题承担延伸责任，各国建立与实施生产者责任延伸制度的终极目标也就在于实现人类对环境、资源的保护与合理利用。由此可见，生产者责任延伸制度是落实企业承担企业社会责任之环境、资源的保护与合理利用责任的具体制度。

所以，企业社会责任理论实际上是生产者责任延伸制度的理论基础，生产者承担的延伸责任，属于企业社会责任的一个组成部分。

3.3 延伸生产者责任的含义

3.3.1 EPR 概念的产生与发展

延伸生产者责任（Extended Producer Responsibility，EPR）的思想最早可追溯到瑞典政府 1975 年关于废物循环利用 1975（32）号议案："从环境保护和资源节约的角度来看，产品制造者应负责以适当方式处理生产过程中产生的废弃物。制造者在开始制造产品之前，就应知道作为生产过程产物的废弃物该被如何处理，并应知道产品在被废弃后该被如何处理。"这一思想与以往生产者责任所强调的产品责任有所不同，它强调了生产者对产品在整个生命周期的责任，从此开创了延伸生产者责任制度的新纪元。

从 1988 年 EPR 概念提出到现在的 20 多年间，国内外研究机构与研究人员针对 EPR 概念，展开了广泛的研究，EPR 经历了概念的提出、发展和成熟三个阶段。

1. 第一阶段：1988—1992 年，EPR 概念的提出阶段

1988 年，瑞典的隆德大学（Lund University）环境经济学家 Thomas Lindquist 在给瑞典环保署（Swedish Environmental Protection Agency）提交的一份报告中首次提到了 EPR 这一名词。

随后在 1990 年，Thomas Lindquist 在提交给瑞典环保署的关于产品环境影响的研究报告中正式提出了 EPR 的概念，并将其作为一项政策性战略进行了界定。Thomas Lindquist 认为：EPR 是一项环境保护战略，旨在降低产品的环境影响。它通过使产品制造者对其产品的整个生命周期，特别是对废弃产品的回收（take-back）、循环利用（recycling）和最终处置（disposal）承担责任来实现。Thomas Lindquist 对 EPR 责任的描述涵盖了生产者对产品环境安全损害、产品的清洁生产（cleaner production）、提供产品环境安全信息、废物回收、再循环利用等产品整个生命周期链条上的责任，并特别强化了产品消费后阶段生产者预防和治理废弃产品污染环境、影响环境安全的责任。

1990 年，联合国经济合作与发展组织（Organization for Economic Cooperation and Development，OECD）对 EPR 做出如下解释："EPR 是一项环境保护战略，它的主要目的是通过规定生产者对产品整个生命周期负责，特别是产品消费后阶段回收、再循环和最终的处理处置，以减少产品对环境的影响。"可以发现，OECD 对 EPR 的定义实际上继承了 Thomas Lindquist 对 EPR 最初的定义内涵。

2. 第二阶段：1993—1999 年，EPR 概念的发展阶段

这一时期不同国家的众多学者及机构对 EPR 的概念表述进行了激烈的探讨和争论，形成了以欧盟和美国为代表的两大主要派别。以欧盟为代表的研究派别强调生产者在整个产品生命周期的"延伸责任"，在产品链条各主体中突出强调生产者对于 EOL 产品的回收和再循环利用责任；而以美国为代表的研究派别对于 EOL 产品问题的解决思路是"分享责任"，强调由产品链条上的所有相关主体——制造商、进口商、分销商、消费者及处置者共同承担产品废弃后的环境绩效责任。

关于生产者的"延伸责任"责任，学者们针对其含义展开了积极的研究与探索。

1993 年，Reindeers 将 EPR 定义为"生产者对消费后废弃物负责的原则"，他认为，EPR 是指将生产者"当前对生产过程中废弃物的责任"扩展为"对废旧产品带来的废弃物责任"。这一概念是针对 EPR 基本原则的描述性定义，突出了生产者对产品废弃后的环境影响负责，但没有体现产品生命周期的思想。

1994 年，Davis 认为 EPR 是"一种正在兴起的全新的污染预防政策，它关注的是产品系统而不是生产设施"。他将 EPR 定义为："产品的制造商和进口商要对其产品的整个生命周期的环境影响承担一定的责任，包括上游阶段产品的原料选择、产品的生产过程以及下游阶段的产品使用和处置对环境的影响。生产者应在设计阶段即考虑最小化产品生命周期的环境影响，同时对无法通过设计消除的环境影响承担相应的法律、实物以及经济责任。"Davis 给出的 EPR 概念从责任的范围与类型的角度对 EPR 做出的详细阐述，突出了生产者对产品整个生命周期各个环节的环境绩效的责任。

1995 年，Thomas Lindquist 在对报废汽车回收项目研究基础上，对 EPR 定义进行了修订："EPR 是一项制度原则，主要通过将生产者责任延伸至产品的整个生命周期，特别是产品消费后的回收、处理处置以及再循环阶段，以促进产品整个生命周期过程的环境友好。"此次修订，Thomas 强调了生产者的延伸责任主要存在于产品的消费后阶段，使延伸责任的内容与范围更加具体化，

1998 年，OECD 在其《EPR 第二阶段框架报告》中对 EPR 定义做出了较为完整的阐释：EPR 是指产品的生产商和进口商必须对产品整个生命

周期的环境影响负大部分责任，包括原材料选取和产品设计的上游影响，生产过程的中游影响以及产品消费后回收处理处置的下游影响。

总结学者们给予"延伸责任"的认识，可以发现以欧盟为代表的研究派别对于 EPR 中责任主体的界定是生产者（或进口商），承担责任的范围涵盖整个产品生命周期全过程。

关于 EPR 的"分享责任"，其主要观点是"由产品生命周期中所有相关主体共同承担从设计到处置的产品整个生命周期的环境影响责任"。

1995 年，美国华盛顿废物减量化工作组会议将 EPR 定义为："生产者针对产品应将承担较为明显的责任，该责任不仅仅限定在产品废弃后和废物处理过程对环境的影响上，还包括产品的上游设计阶段对原材料选取责任"。该定义首次明确指出了生产者应在产品生命周期的初级阶段就应该考虑未来产品对环境的影响。

1996 年，美国可持续发展总统委员会（President's Council on Sustainable Development, PSCD）在 EPR 政策建议书中将 EPR 定义为："一种新兴的实践模式，它考虑从设计到处置的产品整个生命周期，识别资源节约与污染预防的机会。在生产者延伸责任制的基础上，产品及废弃物的环境影响的责任将由制造商、供应商、用户（公共及私人用户）及处置单位共同承担。生产者延伸责任制度的目标是识别最有能力降低某一产品环境影响的责任主体，可能是原材料的制造商，也可能是最终用户。"

1997 年，美国国际贸易委员会（U. S. Council for International Business）将这一概念直接称作"生产者分享责任"（Shared Producer Responsibility），即由产业链上的所有主体共同承担责任并发挥各自作用，"使那些对产品生命周期每一阶段的关键性决策具有影响的主体或环节承担责任"。

由此可见，以美国为代表的"分享责任"认为，对废旧产品的回收与再循环利用负责的不仅仅是该产品的生产者，还应包括产品链条上的其余相关主体。

3. 第三阶段：2000 年至今，EPR 概念的成熟阶段

在前期对 EPR 概念探讨趋于明朗的基础上，此阶段人们研究的焦点更多地关注于 EPR 的本质与核心。

2000 年，Thomas Lindquist 对自己前期提出的 EPR 概念进行了修正，他认为："EPR 制度是将产品制造商的责任延伸到产品整个生命周期的各个阶段，特别是产品回收、循环以及最终处置阶段，由此改进产品系统整个生命周期环境绩效的一种政策原则。"

2001 年，OECD 第三阶段的最终报告《EPR：政府工作导则》将 EPR 定义为："生产者延伸责任制是将生产者对于一个产品的责任延伸到产品生命周期的消费后环节的一种环境政策，在该项政策中生产者对产品的有形责任或经济责任将被延伸至产品生命周期过程的消费后阶段。"

从以上针对 EPR 的定义讨论可以发现，无论"延伸责任"派别还是"分享责任"派别，其对 EPR 的认识已经由一项单纯解决产品消费后阶段固体废物污染环境问题的环保措施，逐步完善为一项对产品整个生命周期全过程控制的清洁生产政策。

对比欧盟的"延伸责任"和美国的"分享责任"，"延伸责任"更侧重于界定责任主体，强调了生产者对于废弃物的回收处理责任，从而迫使追求利润最大化的生产者在产品生命周期的起始阶段考虑其可循环性，从而达到节约资源、减轻环境压力的目的。"分享责任"在实践中倾向于各主体的自愿性而非强制性，缺少对相关主体的法律约束力，结果可能导致生产者失去对产品设计和原料选择的压力和动力，无法从源头解决问题。而且无论从经济风险还是从经营风险的角度考虑，生产企业对于参与废旧产品的回收管理都会有一种本能的排斥，采用以自愿性为原则的"分享责任"处理废弃产品问题，将会出现相关主体的"搭便车"现象。

3.3.2　延伸生产者责任内容的确定

关于 EPR 的内容，在 Thomas Lindquist、OECD 和以美国为代表的研究三方中，Thomas Lindquist 的描述清晰，因此具有代表性。

1992 年，Thomas Lindquist 在其给出的有关实施 EPR 的策略模型中，将生产者责任分为五种基本类型，即物质责任（Physical Responsibility）、经济责任（Financial Responsibility）、产品责任（Liability Responsibility）、所有权责任（Ownership Responsibility）和信息责任（Information Responsibility）。

OECD 在其编著的《政府实施 EPR 的指导手册》中基本沿用了 Thomas 提出的五种责任内容，但特别强调了其中的物质责任和经济责任。

1. 物质责任

生产者负有产品使用期后（消费后阶段）的直接或间接的废旧产品物质管理责任，包括对废旧产品的回收、拆解、再利用及最终无害化处置。

2. 经济责任

生产者需要承担其废旧产品的全部或部分回收处理费用，包括废旧产品的回收、分类、拆解与处置费用，这些费用可直接支付也可通过税负的方式承担。

3. 产品责任

生产者通过确切的行动对已经证实的由产品导致的环境损害承担责任，产品责任不但存在于产品使用阶段，而且存在于产品的最终处置阶段，甚至可能存在于产品生命周期的各个阶段，具体范围由立法来确定。

4. 所有权责任

生产者在产品的整个生命周期中，仅仅出售产品的使用权，而保留对产品的所有权，作为产品的所有者对其生产销售产品的环境影响承担责任。

5. 信息责任

在整个产品生命周期的不同阶段，生产者有责任提供产品生产过程及其产品本身的环境影响特性信息，包括有毒物质披露清单、环境标识、以及在产品的不同部件上清楚的表明所使用的原料和物质成分，以利于产品消费后的回收处理。

针对 EPR 责任内容的确定为责任的划分提供了框架性思路，有助于促使围绕 EPR 的探讨更加明确；同时，通过明确责任，有利于促进废弃产品回收管理水平的提高，为外部成本内部化的实现搭建了渠道，也为生产者行为的改变提供了经济激励。

EPR 突破了传统生产者责任理论和传统法学理论中的生产者仅仅承担"产品质量责任""污染防治责任"的框架，它通过延伸生产者的责任，将生产者在产品生命周期各个阶段所需承担的责任有机地统一在一起。延伸责任是针对资源环境新增的生产者责任，是将产品废弃阶段的环境管理成本负外部性内部化为生产者的生产成本的有效机制。表 3.1 中显示了实施 EPR 前后的生产者责任的变化。

表 3.1　EPR 实施前后生产者责任的变化

产品生命周期阶段	上游 （原料选取、产品设计）	中游 （产品生产、产品消费）	下游 （产品消费后）
资源节约、环境保护的责任内容	①选取的原料无毒、无害 ②设计的产品方便拆解回收再用	①生产过程防止污染产生 ②科学有效地处理工业废物 ③向消费者传递产品环境信息	EOL 产品的回收、处理、再利用及无害化处置
不实施 EPR 的责任主体	无责任主体	生产者	各级政府
实施 EPR 的责任主体	生产者	生产者	生产者

由表 3.1 可以发现，实施 EPR 后，与传统生产者责任相对比，生产者的责任向生产链条的两端延伸，生产者责任内容增加。

EPR 主要针对的是废弃产品的处理责任问题，它要求生产者必须承担产品使用完毕后的回收、再生或弃置责任。这种责任既可以是生产者承担废旧产品的实际回收处置责任，也可以是生产者承担废旧产品回收处置费用责任，即生产者可以以付费的方式将 EPR 下生产者的责任转让给第三方。

尽管 EPR 在实施过程中主要表现为产品生命周期的最后一个阶段的管理问题——废弃产品的回收（take back），其实质却是通过废弃物处置责任的配置来影响产品生命周期上游阶段的设计决策。从理论上说，如果要求生产者对其产品生命周期的环境影响负责，那么理性的生产者就有动机改变产品的设计决策以减少末端的处理成本，例如，考虑各种替代性的原材料、投入的减量化、增加产品的可循环性、易于拆卸等。因此，EPR 实际上是一种激励机制，它试图通过对产品生命周期的下游阶段实施环境管制措施，从而达到在产品生命周期的源头——产品设计阶段，实现控制废弃物产生的目的。建立这个从下游到上游的"反馈环"才是 EPR 原则区别于简单的废弃物回收行为的核心内容。

从以上文献研究可以发现，对生产者责任的讨论经历了漫长的发展过程。生产者从仅仅承担产品质量责任演变到生产者须对产品生命周期全过程负责，也正是人类社会从单纯追求经济增长的野蛮、粗放的经济发展模式转变到以保护资源环境为前提，提倡清洁生产、资源综合利用、生态设计和可持续消费的循环经济发展模式，体现了不同历史时期对社会经济微观组织——企业经济行为的客观要求。

中外文献与机构对 EPR 的含义从不同侧面做出解释。本研究认为，作为一项综合性的资源环境政策，针对 EPR 的定义不仅应对生产者承担的责任做出认定，还应指出责任主体从传统的生产者责任转变到延伸生产者责任所发生的变迁。因此，结合以上讨论，本研究对 EPR 概念做出以下界定：EPR 是一项将产品生产者应负担的责任延伸到其产品的整个生命周期，包括考虑资源节约的原料获取和易于回收的产品设计、产品消费后的回收处理和再生利用环节，从而减少生产过程以及整个产品生命周期内的环境影响的一种综合环境保护政策；EPR 实际上是将废弃物管理与处置的责任部分或全部从政府承担而上移至生产者承担，使废弃物管理与处置的成本内部化，从而刺激生产者重新设计其产品，减少原料及有害物质的使用，实现资源的有效利用。因此，EPR 是可持续发展思想在企业层次的反映，是实现可持续发展战略的微观机制。

第四章 延伸生产者责任（EPR）制度的运行机制

尽管利益相关者理论认为，生产企业应当就其行为对社会公众以及社会整体负责，有道德义务保证不伤害那些受其行为影响的人。但是当企业利益与社会公众利益发生冲突时，实践表明，在没有外部力量约束时，企业将牺牲社会公众利益以保全企业自身利益。可见，依赖道德约束解决生产企业的环境问题显然是不现实的。本章运用博弈分析方法，对生产者与生产者、生产者与政府、生产者与市场专业回收商就废弃物问题展开深入研究，探究延伸生产者责任制度的运行机理，为政府 EPR 制度的设计提供决策依据。同时，已有的学术研究及中外厂商 EOL 产品的回收管理实践发现，EPR 制度的运作模式，即厂商回收模式，影响厂商对法定回收任务的完成程度，同时也影响厂商自身的收益。本章在已有文献基础上，梳理厂商可选择的回收模式类别，深入剖析每种模式的特点，并对厂商回收模式的选择机理进行深入研究，指出厂商选择回收模式的总体思路与模式选择的决策标准。

4.1 延伸生产者责任（EPR）制度的运作机理

迈克尔·波特认为，有效的环境规制在提高企业成本的同时，可以通过创新补偿（Innovation Offsets）和先动优势（First-mover Advantage）等途径为企业创造收益，部分或全部弥补企业遵循环境规制的成本，甚至会给企业带来净收益。从该意义上，波特的这一观点被称为环境规制与企业竞争力之间的"双赢"理论。波特的"双赢"理论指出企业的环境行为可为企业获得竞争优势，该假设也得到了部分企业实践的证明。实际上，此类案件的存在导致了一种认识的误区，即认为企业会以对环境友好的方式开展企业运营，而不必政府的干预。许多自由市场的支持者对此深信不疑，因此反对政府的环境规制。实际上，从企业的性质分析，作为"经济人"，企业的根本目标是追求利润最大化。在没有政府规制的情况下，环境外部性的存在导致单个企业没有主动承担环境责任的动力。关于此论点，可通过以下生产企业之间针对 EOL 产品回收问题的反应来说明。

假设有两个某类产品生产企业，企业 A 和企业 B，二者都是理性的经济人，均追求利益最大化；双方的回收竞争能力相同，在 EOL 总量一定、双方均全力回收的前提下，由双方平均瓜分回收市场；除直接利益外，不考虑企业回收行为之外的其他影响；企业承担回收责任时产生的环境效益为各收益值的绝对值，不承担回收责任时产生的环境效益假设为 0；如果企业参与回收，则需在原有收益基础上新增回收费用支出为 100 个货币单位。则 A、B 两个企业在政府不实施环境管制的情况下，双方的收益矩阵如表 4.1 所示。

表 4.1　政府不实施环境管制责任企业之间博弈收益矩阵

策略矩阵		B 责任企业	
		承担回收责任	不承担回收责任
A 责任企业	承担回收责任	-100, -100	-100, 0
	不承担回收责任	0, -100	0, 0

此时责任企业之间的关系与"囚徒困境"博弈类似。

当双方都选择"承担回收责任"策略时，A、B 责任企业的收益均为 -100 个货币单位，这是因为其完成回收时发生了费用支出，而其回收行为在政府未执行 EPR 制度时不能得到政府的补偿，回收费用为单纯支出，应该从其收益中予以扣除。

当 A 责任企业选择"承担回收责任"策略，而 B 责任企业选择"不承担回收责任"策略时，A 责任企业回收废弃物的收益为 -100 个货币单位，因此对原有收益的减少为 100；而 B 责任企业的收益为 0，因为其未开展回收活动，因此没有回收费用发生。

当 A 责任企业选择"不承担回收责任"策略，B 责任企业选择"承担回收责任"策略时，A 责任企业的获利为 0，因为它回避了回收活动，而且由于没有来自政府的罚款，因此没有总收益的减少；而 B 责任企业因为开展回收业务，其收益为-100 个货币单位，因此对原有收益的减少为 100。

当 A、B 责任企业都选择"不承担责任"策略时，两者的收益均为 0 个货币单位，因为两个责任企业均未发生回收行为，均没有回收费用发生，因此对原有收益的减少为 0。

此时存在着纳什均衡："不承担责任，不承担责任"。即在政府未实施 EPR 制度，没有对企业的 EOL 回收行为进行管制时，责任企业将会持消极回收态度，因为它没有受到来自制度的约束，在追求自身利益最大的前提下，其必然选择消极的回收态度和行为，以使其付出的代价最小。

政府在不实施环境管制条件下，责任企业的不同反应导致了不同的环境效益结果（见表 4.2）。

表 4.2　政府不实施环境管制的环境效益

环境效益		B 责任企业	
		承担回收责任	不承担回收责任
A 责任企业	承担回收责任	200	100
	不承担回收责任	100	0

从表 4.2 中可以发现，当责任企业的回收策略均为（不承担责任，不承担责任）时，纳什均衡点的环境效益为 0 个货币单位；远远低于其他策略组合的环境效益，即不存在环境管制的情况下，企业将会处于囚徒困境当中。无法通过偏离现有的均衡获得更高的环境效益，因为一旦某一企业承担回收责任，则其他竞争企业便会获得"搭便车"的收益，因而削弱了企业主动开展回收活动的动力。

在表 4.2 中，当 A、B 责任企业均选择承担责任时，实现的环境效益最大，为 200 个货币单位，从社会理性的角度可谓帕累托最优。但实际上，该帕累托最优在缺乏社会制度约束下是无法实现的，只有强制性的政府规制的实施，才可能使企业回归到最有效率的均衡当中，环境效益因此而增加。

通过以上分析可得到如下结论：波特提出的企业会通过主动环境行为

而获得竞争优势的前提是存在政府规制的约束；在不存在政府规制约束时，企业会将注意力放在主营业务上，以牺牲环境代价获得经济收益和竞争优势。因此企业环境行为的原始驱动力便是政府的环境规制。

企业作为向社会提供商品或劳务而获取盈利，从事生产、流通和其他服务性的经济活动，进行自主经营，实行独立核算，符合法律规定条件的经济组织，其行为必然受到所处社会环境的约束。同时，企业是形成社会经济环境变化的主要因素，其与环境之间相互影响、相互作用。企业的行为能否得到外部环境的支持，取决于企业是否能够针对各种外部环境力量做出正确反应。当企业为环境所提供的收益大于它对环境所造成的成本时，企业所获得外部环境的支持也就更大。企业与社会经济环境的关系如图4.1所示。

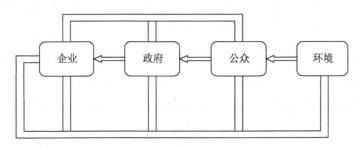

图4.1 企业与社会经济环境的关系

图4.1显示，在企业诸多外部环境中，政府是影响企业行为的一个重要因素。政府通过政策、法令等规制企业的行为，企业对政府规制的反应又影响着政府进一步规制的内容。在发展循环经济过程中，政府担当公共管理者的角色，在不影响公共产品生产和供给的同时，有责任使社会福利（利益）达到最大化。对于企业而言，发展循环经济意味着企业自身需要承担资源环境责任，即在产品整个生命周期考虑降低资源消耗、减少环境污染，从而使企业增加即时生产成本，短期内很难实现收益。由于资源环境影响的外部性，如果没有外在约束，市场机制无法直接引领追求自身利润最大化的企业自发地承担环境责任。也就是说，企业承担环境责任不是其自觉行动，而是在外部环境和社会制度约束下的一种理性选择。针对资源环境的外部性问题，当前各国政府普遍采用环境规制手段，具体在面对

废弃产品问题时，各国的实践证明了 EPR 制度的可行性。EPR 制度是政府针对废弃物问题对责任企业的一种规制，属于社会规制中的环境规制。政府依据相关的法律、规章和排放标准，直接规定生产者产生外部不经济性的允许数量及其方式，并对违反或不遵守管制的生产者进行制裁或处罚，实质上就是国家行政机构强制生产者承担法定延伸责任。EPR 制度下，生产企业是政府环境规制的直接制约对象。在没有政府干预的自由竞争条件下，生产企业主要依据产品价格变动等市场参数进行经济决策。当受到环境规制时，则相当于对这些企业的资源配置行为增加了一些外在限制，谁违反了这些限制，就要受到相应的惩罚。这就迫使企业必须根据规制条例，改变自身的经济决策。

规制是一种安排，具有显著的制度特征，对企业行为起着约束和激励作用。从政府的角度看，规制是政府干预经济生活的手段；从企业的角度看，规制构成了企业运行的外部制度环境，是由政府确定的企业参与经济活动的基本博弈规则，它通过影响企业的博弈行为和博弈策略影响特定产业的市场结构和经济绩效。从一般理论分析，作为规制的主体，政府具有法定权威和绝对优势地位，作为规制的主要对象，企业处于被动和从属的弱势地位。但国内外发展实践充分证明，企业在政府规制中不只是被动服从。EPR 制度的执行过程实质上是政府将自身的价值标准传递或强加给企业的过程，而企业追求利润最大化的个体理性往往与政府追求经济可持续发展的集体理性存在一定的冲突，因此，在 EPR 的制定与执行过程中必然产生政府与生产企业的博弈。

4.1.1　EPR 制度下政府与责任企业的博弈

1. 政府与责任企业的完全信息静态博弈

理论研究和实践发展证明，政府与责任企业是 EPR 系统中 2 个关键主体，政府与责任企业间的利益、特点、合作及博弈结果均对 EPR 的实施具有重要影响。本章通过对政府与责任企业在完全信息条件下静态博弈与动态博弈分析，试图对各种情境下政府及责任企业的最优策略选择进行深入的探讨。

模型假设：

（1）博弈中仅有两个参与者：政府与责任企业，双方都知道对方的策略空间和相应的效用，二者都是理性的经济人，均追求利益最大化。

（2）政府可以选择的策略有两种：面对资源环境管理发展的客观需求，选择"实施EPR"和"不实施EPR"；企业根据自身发展的战略目标和EOL产品回收管理的不同水平，可以选择"承担责任"或"不承担责任"2种策略。政府与企业博弈的策略组合如表4.3所示。

表4.3　关于EPR的政府与企业博弈策略组合

策略矩阵		责任企业	
		承担责任	不承担责任
政府	实施EPR	（实施EPR，承担责任）	（实施EPR，不承担责任）
	不实施EPR	（不实施EPR，承担责任）	（不实施EPR，不承担责任）

（3）参与人都具备共同的知识，即该模型为完全信息博弈。

（4）两个参与者是同时行动的，即该模型为静态博弈。

（5）企业"承担责任"能够减少部分废弃物，改善人类的生存环境，从而使政府减少补救环境污染的成本。在这里，"承担责任"的含义是企业开展自身废旧产品的回收业务。

（6）当企业"不承担责任"时，会造成资源浪费和环境污染，政府将会对其进行惩罚。这里"不承担责任"的含义是企业对自身废旧产品不予以回收。

模型描述及分析：

由模型假设可知，该博弈为完全信息静态博弈。作为理性的经济人，政府和责任企业都将在权衡利益得失后，选择决策行动。其中，政府希望以较小的成本获得较大的资源节约和环境改善，企业则只追求利润最大化。

模型参数设置如下：

M：EOL最终废弃时造成的全部外部成本费用，包括回收处理过程的二次污染以及最终处理产生的环境成本。

C_G：如果政府采取实施 EPR 策略，政府的管制成本，包括实施 EPR 的系统运行管理费用、监督成本、完善 EOL 回收管理的成本。

C_M：责任企业选择承担责任时所需的成本，包括废旧产品回收、拆解的成本、企业改进产品设计及选材的费用。这也是责任企业选择不承担责任的机会收益。

I：责任企业的正常利润。

r：企业承担责任给企业带来的材料节约等收益。

I_1：企业承担责任给企业带来的政府的补贴和奖励、社会形象价值提升的货币表现等收益。

F：企业不承担责任所遭受的政府罚款。

另外，假设只要政府付出足够的实施 EPR 成本，生产企业的不承担责任行为就会被发现并受到处罚。当政府选择"不实施 EPR"的策略时，社会上并不存在对企业承担责任的要求，企业"不承担责任"的行为不会影响其公众形象。根据以上假设，得到表 4.4 所示的收益矩阵。

表 4.4　政府与企业静态博弈收益矩阵

策略矩阵		责任企业	
		承担责任	不承担责任
政府	实施 EPR	$-C_G$, $I+I_1+r-C_M$	$F-C_G-\mid M\mid$, $I-I_1-r-F$
	不实施 EPR	0, $I+r-C_M$	$\mid M\mid$, I

上述模型中，①假定企业承担责任，由于 $0>-C_G$，政府的最优选择是不实施 EPR；假定企业选择不承担责任，当 $F-C_G-\mid M\mid>-\mid M\mid$，政府的最优选择是实施 EPR，反之，则是不实施。②假定政府选定实施 EPR 策略，$I+I_1+r-C_M>I-I_1-r-F$，企业的策略是承担责任，反之，则是不承担责任；假定政府选定不实施 EPR 策略，$I+r-C_M>I$，企业的策略是承担责任，反之，则不承担责任。可见，该博弈过程不存在纯策略的纳什均衡，假设政府以 φ 概率实施 EPR，以 $1-\varphi$ 概率不实施 EPR；企业以 γ 概率承担责任，以 $1-\gamma$ 概率不承担责任，则该模型存在混合战略纳什均衡。

在短期均衡中，我们可以把上述模型视为双方同时行动的完全信息静

态博弈，易得政府、企业的期望效用函数分别为

$$\prod_{G}(\varphi, \gamma) = \varphi[\gamma(-C_G) + (1-\gamma)(F - C_G - |M|)] +$$
$$(1 - \varphi)[\gamma 0 + (1 - \gamma)(- |M|)] \qquad (4.1)$$

$$\prod_{M}(\varphi, \gamma) = \gamma[\varphi(I + I_1 + r - C_M) + (1 - \varphi)(I + r - C_M)] +$$
$$(1 - \gamma)[\varphi(I - I_1 - r - F) + (1 - \varphi)I] \qquad (4.2)$$

对以上两式求导，分别得到政府和企业一阶化的最优条件为

$$\frac{\partial \prod_{G}}{\partial \varphi} = F - C_G - \gamma F = 0$$

$$\frac{\partial \prod_{M}}{\partial \gamma} = \varphi(r + 2I_1 + F) + r - C_M = 0$$

从而得到

$$\gamma^* = 1 - \frac{C_G}{F} \qquad (4.3)$$

$$\varphi^* = \frac{C_M - r}{r + 2I_1 + F} \qquad (4.4)$$

如果企业承担责任的概率 $\gamma < \gamma^*$，则政府的最优选择是实施 EPR；如果企业承担责任的概率 $\gamma > \gamma^*$，则政府的最优选择是不实施 EPR；如果企业承担责任的概率 $\gamma = \gamma^*$，则政府可随机地选择实施 EPR 或不实施 EPR。

如果政府实施 EPR 的概率 $\varphi < \varphi^*$，生产企业的最优选择是不承担责任；如果政府实施 EPR 的概率 $\varphi > \varphi^*$，生产企业的最优选择是承担责任；如果政府实施 EPR 的概率 $\varphi = \varphi^*$，生产企业随机地选择承担责任或不承担责任。

因此，实施 EPR 博弈的混合战略纳什均衡是：$\varphi^* = \dfrac{C_M - r}{r + 2I_1 + F}$，$\gamma^* = 1 - \dfrac{C_G}{F}$，即政府以 $\varphi^* = \dfrac{C_M - r}{r + 2I_1 + F}$ 的概率实施 EPR，生产企业以 $\gamma^* = 1 - \dfrac{C_G}{F}$ 的概率选择承担责任。此均衡的另一个可能解释是：经济体系中有许多

生产企业，其中有 $1 - \dfrac{C_G}{F}$ 比例的生产企业选择承担责任，$\dfrac{C_G}{F}$ 比例的生产企业选择不承担责任。

从 $\gamma^* = 1 - \dfrac{C_G}{F}$ 可知，在政府实施 EPR 成本不能降低的情况下，对生产企业不承担责任的惩罚越重，企业承担责任的概率越高；在政府实施 EPR 成本越低的情况下，企业承担责任的概率往往越高。从 $\varphi^* = \dfrac{C_M - r}{r + 2I_1 + F}$ 可知，生产企业承担责任的成本越大、不承担责任受到惩罚越小、政府实施 EPR 的难度就会越大，反之亦然。

2. 政府与责任企业的完全信息动态博弈

发达国家在资源与环境管理领域的研究与实践表明，环境立法是促进 EPR 实施的最有效途径。即在政府与生产者实际博弈过程中，并非政府与生产者同时行动，往往是政府首先采取行动，而后生产者会根据政府的行为选择和对预期效益的偏好，做出自己的策略选择，即第一阶段由政府进行选择，第二阶段由生产者进行选择，从而形成动态的博弈过程。例如，政府不实施 EPR，由于企业承担环境责任需付出成本支出，而企业不承担责任，就无须付出成本，如果此时企业的环境意识不强，那么企业从其自身利益出发，就会采取不承担环境责任的策略。而随着资源环境问题日益严重，政府开始实施 EPR，对不承担责任的企业实施处罚。企业不承担责任的成本增加到一定程度，企业则会做出承担责任的策略选择。

根据赵一平对政府与责任企业动态二阶段博弈分析得知，只有在政府将资源环境问题作为决定国家能否可持续发展的重大制约因素考虑时，政府将对企业的废旧产品回收行为严加管制，大幅度提高对责任企业违规行为的处罚力度和执法力度，此时，"政府实施 EPR，企业承担责任" 才成为政府与企业博弈的最优策略组合。即政府对企业环境违规行为的惩罚力度直接影响着责任企业的环境行为。本节中作者借鉴许颖关于废旧家电逆向物流的博弈思想，对 EPR 制度下生产者的回收态度进行进一步研究，寻找不同制度设计下生产者针对 EOL 产品的不同反应。

当政府选择实施 EPR，企业选择承担其延伸责任时，这时存在企业承担责任行为态度的问题。企业积极承担责任和消极承担责任会产生不同的回收结果，同时也对政府的政策制定产生影响，因此存在政府与企业动态三阶段博弈。在该阶段，企业的策略集合是"积极回收"和"消极回收"；政府此阶段可以通过观测责任企业完成法定回收任务的具体情况，确定企业承担其延伸责任的程度，并根据企业承担延伸责任的程度，对企业做出"奖励"或"惩罚"的反应。

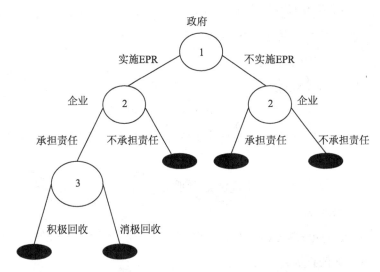

图4.2　政府和责任企业实施 EPR 的动态三阶博弈决策树

模型假设与参数设定：

（1）博弈中有两个参与者：政府与责任企业，双方都知道对方的策略空间和相应的效用，二者都是理性的经济人，均追求利益最大化。

（2）责任企业和政府可以选择的策略：面对政府的 EPR 制度（以法定回收率目标来表示），责任企业根据自身生产回收水平可选择的策略为"积极回收，完成政府的法定回收率目标""消极回收，不完成政府的法定回收率目标"；政府根据责任企业的责任承担程度采取"奖励"或"惩罚"2 种策略。

（3）参与人都具备共同的知识，即该模型为完全信息博弈。

（4）EPR 制度下，责任企业首先做出不同程度的承担责任的行动，政府根据企业对 EPR 的完成程度，做出自己的策略选择，即该模型为动态博弈。

（5）企业"积极回收，完成政府的法定回收率目标"，可以得到来自政府的奖励；企业"消极回收，不完成政府的法定回收率目标"，会受到来自政府的惩罚。

模型参数设置如下：

C_G：政府实施 EPR 策略时的管制成本，包括实施 EPR 的管理系统运行费用、监督成本、完善 EOL 回收管理的成本；

I：责任企业的正常利润；

F：责任企业不承担责任所遭受的政府罚款；

c：责任生产企业回收单位 EOL 产品耗费的成本；

f：政府向未完成法定回收率目标的责任生产企业单位 EOL 产品征收的罚款；

b：责任生产企业超额完成法定回收率目标时，政府对超额回收部分的单位 EOL 的奖励；

a：责任企业承担 EOL 回收责任的积极程度，假设企业完成法定回收率时的承担责任积极程度为 a_0；

δ：不受政府和企业控制的外生随机变量；

Q：责任生产企业 EOL 产品总量；

$\bar{\varepsilon}$：EPR 制度下 EOL 产品的法定回收率；

$\varepsilon(a, \delta)$：责任企业 EOL 的实际回收率，由 a 和 δ 共同决定；

$C(a)$：责任企业在不同回收积极程度下所付出的回收成本，责任企业回收积极性越大，回收的 EOL 越多，则企业耗费的回收成本越大；

$E(\varepsilon)$：环境效益函数，由回收率 ε 决定。ε 越大，环境效益越高。

模型描述：

在解决 EOL 产品问题时，针对责任企业的回收行为，政府可做出不同的反应，假设政府的反应函数为 $S(\varepsilon)$。

（1）如果 $\varepsilon < \bar{\varepsilon}$ 时，政府向责任企业收取罚金；而当 $\varepsilon \geq \bar{\varepsilon}$ 时，政府

给予责任企业没有罚款也没有奖励。此时，企业以不同态度承担责任，完成法定回收率程度不同，政府和企业的得益不同。

政府的收益函数：

$$U_{G(a)} = \begin{cases} -C_G + E(\varepsilon(a, \delta)) + (\bar{\varepsilon} - \varepsilon(a, \delta))Qf & \varepsilon < \bar{\varepsilon} \\ -C_G + E(\varepsilon(a, \delta)) & \varepsilon > \bar{\varepsilon} \end{cases} \quad (4.5)$$

企业的收益函数：

$$U_{M(a)} = \begin{cases} I - \varepsilon(a, \delta)Qc - C(a) - (\bar{\varepsilon} - \varepsilon(a, \delta))Qf & \varepsilon < \bar{\varepsilon} \\ I - \varepsilon(a, \delta)Qc - C(a) & \varepsilon > \bar{\varepsilon} \end{cases}$$
$$(4.6)$$

由于 EPR 制度的设计应体现对企业承担责任行为的激励。企业承担回收责任、参与回收时，即使不能达到回收目标，企业的收益也应该大于企业不承担责任、不参与回收（此时企业将承受来自政府的不承担责任的罚款 F）的收益。因此，企业参与回收的约束条件可表示为

$$I - \varepsilon(a, \delta)Qc - C(a) - (\bar{\varepsilon} - \varepsilon(a, \delta))Qf > I - F \quad \varepsilon < \bar{\varepsilon} \ (4.7)$$

即

$$F > \varepsilon(a, \delta)Qc + C(a) + (\bar{\varepsilon} - \varepsilon(a, \delta))Qf$$

由于

$$\bar{\varepsilon}Qc + C(a_0) + \bar{\varepsilon}Qf > \varepsilon(a, \delta)Qc + C(a) + (\bar{\varepsilon} - \varepsilon(a, \delta))Qf$$

设定

$$F = \bar{\varepsilon}Qc + C(a_0) + \bar{\varepsilon}Qf \quad (4.8)$$

也就是政府如果将企业不承担责任、不参与回收的罚金 F 设置为企业承担责任达到法定回收率时的实际成本，及企业为达到此目标付出的回收成本和企业参与回收未达到回收目标可能发生的最大数量罚款的总和时，企业才会选择承担责任，开展 EOL 的回收活动。

同时，企业积极完成法定回收目标的收益应该大于消极回收、不完成法定回收目标的收益。因此，企业积极回收完成法定回收目标的约束条件可表示为

$$I - \bar{\varepsilon}Qc - C(a_0) > I - \varepsilon(a, \delta)Qc - C(a) - (\bar{\varepsilon} - \varepsilon(a, \delta))Qf \ (4.9)$$

即

$$f > c + \frac{C(a_0) - C(a)}{(\bar{\varepsilon} - \varepsilon(a, \delta)) Q} \tag{4.10}$$

式 4.10 表示当企业的实际回收率未达到法定回收率时，政府需要对企业未达标部分收取罚金，以促使企业积极回收，完成 EPR 制度规定的回收目标。此时，罚金 f 应大于实际回收成本与边际回收努力成本之和。

（2）企业在对自身产品实施回收任务时，如果回收废旧产品不能为企业带来经济效益，则企业的回收行为仅限于对政府法定回收任务的完成。要使企业在完成法定回收任务时继续回收，政府应采取相应的激励措施，即当 $\varepsilon \geqslant \bar{\varepsilon}$ 时，政府对企业超过法定回收目标的回收产品给予奖励，单位超额回收 EOL 产品可获奖励为 b，使得企业的超额回收行为可为企业带来额外利益，从而激发责任企业更进一步的回收废弃产品。此时政府与企业的收益函数表现为：

政府的收益函数：

$$U_{G(a)} = \begin{cases} -C_G + E(\varepsilon(a, \delta)) + (\bar{\varepsilon} - \varepsilon(a, \delta)) Qf & \varepsilon < \bar{\varepsilon} \\ -C_G + E(\varepsilon(a, \delta)) - (\varepsilon(a, \delta) - \bar{\varepsilon}) Qb & \varepsilon > \bar{\varepsilon} \end{cases} \tag{4.11}$$

企业的收益函数：

$$U_{M(a)} = \begin{cases} I - \varepsilon(a, \delta) Qc - C(a) - (\bar{\varepsilon} - \varepsilon(a, \delta)) Qf & \varepsilon < \bar{\varepsilon} \\ I - \varepsilon(a, \delta) Qc - C(a) + (\varepsilon(a, \delta) - \bar{\varepsilon}) Qb & \varepsilon > \bar{\varepsilon} \end{cases}$$
$$\tag{4.12}$$

企业在完成法定回收目标后继续回收的条件可表示为

$$I - \varepsilon(a, \delta) Qc - C(a) + (\varepsilon(a, \delta) - \bar{\varepsilon}) Qb > I - \bar{\varepsilon} Qc - C(a_0)$$
$$\tag{4.13}$$

即

$$b > c + \frac{C(a) - C(a_0)}{(\varepsilon(a, \delta) - \bar{\varepsilon}) Q} \tag{4.14}$$

式 4.14 表明当生产者完成政府法定回收目标时，继续回收的关键在于政府的激励机制。如果政府给予企业超额回收单位废弃产品的奖励大于企业回收废弃产品的实际成本与边际回收努力成本之和时，企业将会继续回收；否则，企业的延伸责任将仅仅停留在完成法定的回收任务。

综合以上分析，可以将政府在解决 EOL 产品问题时为了达到更好的环境绩效，与责任企业的博弈中可采用的激励机制表示为

$$S\,(\,\varepsilon\,)\;=\;\begin{cases}(\bar{\varepsilon}\,-\,\varepsilon(a,\,\delta)\,)\,Qf & \varepsilon < \bar{\varepsilon} \\[2mm] (\varepsilon(a,\,\delta)\,-\,\bar{\varepsilon})\,Qb & \varepsilon > \bar{\varepsilon}\end{cases} \qquad (4.15)$$

其中

$$F = \bar{\varepsilon}Qc + C(a_0) + \bar{\varepsilon}Qf$$

$$f > c + \frac{C(a_0) - C(a)}{(\bar{\varepsilon} - \varepsilon(a,\,\delta))\,Q}$$

$$b > c + \frac{C(a) - C(a_0)}{(\varepsilon(a,\,\delta) - \bar{\varepsilon})\,Q}$$

3. 政府与责任企业博弈解析

（1）生产企业追求利润最大化的本性决定了其不会主动承担资源环境责任。政府的环境规制是生产企业环境行为的原始动力。当政府意识不到或不够重视废旧产品的外部性问题，不对企业的环境行为进行管制或管制力度较小时，即当政府不实施 EPR，社会公众的资源环境意识也不高时，生产企业针对自身的废弃产品必然不会承担责任；即使政府意识到资源环境的重要性，但如果实施环境管理的力度不足以抵偿企业不承担环境责任的机会收益时，即使政府实施 EPR，生产企业仍然不会承担自身产品回收责任。这正是我国目前的废弃物管理现状。2004 年，我国在新修订的《固体废物污染防治法》（以下简称《固体法》）中补充了有关生产者延伸责任的条款，规定"国家对固体废物污染环境防治实行污染者负责的原则……产品的制造者、进口者、销售者、使用者对其产生的固体废物依法承担污染防治责任"，还规定国家对部分产品、包装物实施强制回收制度，如"生产、销售、进口被列入强制回收目录的产品和包装物的企业，必须按照国家有关规定对该产品和包装物进行回收"；2005 年，国务院下发了《国务院关于加快发展循环经济的若干意见》，明确提出要"研究建立生产

者责任延伸制度，明确生产商、销售商、回收和使用单位以及消费者对废物回收、处理和再利用的法律义务"。但是由于现有法律法规体系中与生产者责任延伸相关的条款仍属于原则性的规定，缺少对产品的各方利益主体环境责任的明确界定和相应的执行措施，使得法律法规形同虚设，对责任企业的行为不能形成约束，因此出现了废弃物管理中责任企业有法不依的现象。

（2）当政府对企业的废旧产品回收行为严加管制，大幅度提高对责任企业违规行为的处罚力度和执法力度，且社会公众的资源环境意识提高，对生产者违反环境行为的反对呼声日益高涨，企业不承担责任的机会收益远远小于来自政府不承担责任的处罚时，生产企业将会选择承担产品回收责任。

对于目前我国废弃物管理中存在的有法不依、执法不严的问题，根本的解决办法是需要有明确的法律界定和规范，通过法律界定各相关责任主体应承担的责任，明确不承担责任的法律后果，同时配合严格的监督和执法，使得责任企业在制度和法律的约束下真正承担起其应当承担的责任。

（3）企业承担责任的态度决定了其对废旧产品回收的效果，而企业的态度取决于政府 EPR 制度的设计。EPR 作为一项政府管理废旧产品的激励性制度，其中最重要的应是激励机制。激励机制应体现出政府鼓励承担责任、打击不承担责任，鼓励积极回收、打击消极回收，并对超额完成回收任务企业充分奖励的意愿。

4.1.2 EPR 制度下的责任企业与回收商的博弈

在 EOL 产品的回收过程中，由于产品从完成销售到废弃均在企业的控制之外，而在一些回收经济性较好的 EOL 产品的回收产业中，如玻璃、纸、金属等产品，由于具有较高的回收利益，无论政府是否实施 EPR，该回收市场都存在追求经济利益最大的专业回收商。因此，随着 EPR 制度的实施，作为原始制造商（Original Equipment Manufacturer, OEM）的生产者也介入了 EOL 的回收，势必产生生产者与专业回收商（Un-Original

Equipment Manufacturer，UOEM）之间就 EOL 产品回收的博弈。由于生产者与回收商的行动有先后顺序，因此，双方博弈属于完全信息动态博弈。

模型假设：

（1）两个参与者：EOL 的产生者——责任企业，市场原有的 EOL 专业回收商；双方都知道对方的策略空间和相应的效用，二者都是理性的经济人，均追求利益最大化；

（2）双方的回收竞争能力相同，在 EOL 总量一定、双方均全力回收的前提下，由双方平均瓜分回收市场；

（3）双方可选择的策略：积极回收、消极回收；

（4）除直接利益外，不考虑企业回收行为之外的其他影响；

（5）企业积极回收时产生的环境效益为各收益值的绝对值，消极回收时产生的环境效益假设为 0。

由于责任企业的回收行为在 EPR 制度实施前后存在很大差异，从而产生不同的环境效益，因此对责任企业与回收商的博弈分析分别在"政府不实施 EPR"和"政府实施 EPR"两种情况下展开。

1. 政府不实施 EPR 条件下责任企业与回收商的博弈

假定责任企业参与回收，则其需在原有收益基础上新增回收费用支出为 100 个货币单位；而回收商因为从事的是传统业务，可不考虑回收成本，假定此时的回收收益为 100 个货币单位，则双方的收益矩阵如表 4.5 所示：

表 4.5　政府不实施 EPR 条件下责任企业与回收商动态博弈收益矩阵

策略矩阵		回收商	
		积极回收	消极回收
责任企业	积极回收	-100, 100	-100, 0
	消极回收	0, 100	0, 0

此时责任企业与回收商之间的关系与"囚徒困境"博弈类似。

当双方都选择"积极回收"策略时，责任企业的收益为 -100 个货币单位，这是因为其回收发生了费用支出，而其回收行为在政府未执行 EPR

制度时不能得到政府的补偿，回收费用为单纯支出，应该从其收益中予以扣除；回收商获得的收益为 100 个货币单位，因为回收商是以回收、销售 EOL 获利的经济组织，因此该收益可看作是来自回收市场的回报。

当责任企业选择"积极回收"策略，而回收商选择"消极回收"策略时，责任企业可回收的 EOL 收益为-100 个货币单位，因此对原有收益的减少为 100；而回收商的收益为 0，因为其未开展回收活动，没能从该活动中获利。

当责任企业选择"消极回收"策略，回收商选择"积极回收"策略时，责任企业的获利为 0，因为它回避了这项补偿活动，而且由于没有来自政府的因未完成回收的罚款，因此没有总收益的减少；而回收商因为回收 EOL，其收益为 100 个货币单位，

当责任企业和回收商都选择"消极回收策略"时，收益均为 0 个货币单位，因为责任企业未发生回收这种补偿行为，回收商未进行回收这种获利经营行为。

此时存在着纳什均衡：（消极，积极）。即在政府未实施 EPR 时，责任企业持消极回收态度，因为它没有受到来自制度的约束，在追求自身利益最大的前提下，其必然选择消极的回收态度和行为，以使其付出的代价最小；而专业回收商在利益的驱动下总是采取积极的回收行为，因为其有利可图。这一结果恰好说明了目前我国的 EOL 产品回收现状，大量生产企业以产品完成销售为自身责任的终止，在产品的设计、生产阶段不考虑对资源环境的影响，无视产品废弃后所带来的严重的环境污染问题。而传统的回收商仅对经济回报较大的 EOL 展开积极回收，以此得到巨额收益。对于回收经济利益较小，环境污染严重的 EOL，长期以来一直是回收市场的盲点。

政府在不实施 EPR 制度条件下，责任企业与回收商关于 EOL 的不同反应导致了不同的环境效益结果。

表 4.6　政府不实施 EPR 时的环境效益

环境效益		回收商	
		积极回收	消极回收
责任企业	积极回收	200	100
	消极回收	100	0

在表 4.6 中，当责任企业和回收商的回收策略为（消极，积极）时，纳什均衡点的环境效益为 100 个货币单位；当责任企业和回收商均选择积极的回收态度，即部分群体理性选择（积极，积极）时，环境效益最大，为 200 个货币单位，由于责任企业和回收商均积极地参与了 EOL 的回收，EOL 产品对环境的影响最小，此时从社会理性的角度可谓帕累托最优（Pareto Optimality）。但实际上，该帕累托最优在缺乏社会制度约束下是无法实现的，必须通过帕累托改进（Pareto Improvement），即通过设计一种制度，通过制度约束调动各主体回收积极性。各国实践表明，EPR 制度是解决 EOL 回收过程中部分社会群体与社会总理性的矛盾、激发各方面积极性的有效制度安排。

2. 政府实施 EPR 条件下责任企业与回收商的博弈

假定责任企业参与回收，则其需要在原有收益基础上新增回收费用支出为 100 个货币单位，同时可得到来自政府的 200 个货币单位的回收补贴和奖励；回收商可以从回收业务中得到 100 个货币单位的回收收益。EPR 制度下政府对责任企业的消极回收行为进行处罚，处罚为 200 个货币单位，则双方的收益矩阵如表 4.7 所示：

表 4.7　政府实施 EPR 条件下责任企业与回收商的博弈模型

策略矩阵		回收商	
		积极回收	消极回收
责任企业	积极回收	100, 100	100, 0
	消极回收	−200, 100	−200, 0

从表 4.7 可知，当责任企业和回收商均选择积极回收策略，即策略集为（积极，积极）时，此时博弈处于纳什均衡，表明在 EPR 制度下，责

任企业的回收态度发生变化，产生了有利于回收的积极回收行为。

表 4.8　政府实施 EPR 时的环境效益

环境效益		回收商	
		积极回收	消极回收
责任企业	积极回收	200	100
	消极回收	100	0

由表 4.8 可知，当责任企业和回收商均选择积极回收策略时，纳什均衡点的环境效益为 200 个货币单位，达到了帕累托最优。表明在有制度约束时，部分群体理性与总体社会理性的冲突可以得到解决。观察从（消极 0，积极 100）到（积极 100，积极 100）的帕累托改进，发现当责任企业和回收商选择回收策略（积极 100，积极 100）时，环境效益最大。当帕累托改进为纳什均衡时，表明政府的 EPR 制度产生作用，通过制度效力调动了各方回收 EOL 的积极性，最终实现环境效益的最优，同时也证明了 EPR 制度的合理性。

通过以上博弈分析可以得到如下结论：制度安排对约束生产企业的行为和专业回收商的行为均有必不可少的积极作用。解决 EOL 产品问题，可从以下两个方面着手：通过立法加大对拒绝或消极对待 EOL 产品问题的生产者的惩罚力度；制定激励政策增加对开展 EOL 产品回收的生产企业的扶持。

以上结论对于政府 EPR 制度的设计提供了参考依据。在现阶段，追求收益最大化的生产企业不会主动承担环境责任，需要政府通过法律约束生产者开展 EOL 产品的回收处置。法律的制定应体现奖惩分明的原则，即对于不承担回收责任者予以法律的严惩，如巨额罚款；同时对于积极承担回收责任者给予激励，如对生产者的回收行为予以补贴，补贴额与回收量成正比，超额完成回收任务时予以奖励，以及给予生产者税收优惠，等等。

4.2　生产者责任延伸（EPR）制度的运作模式

EPR 制度下，为了履行法律赋予的延伸责任，生产企业可以通过建立厂商内部专用回收体系或通过采用厂商外部共用回收体系两种不同的方式来体现其延伸责任。

厂商专用回收体系是厂商在原有的正向物流体系基础上自行投资建设的回收体系，实现对本企业产生的 EOL 产品的回收处置工作。这种方式适合于回收品可以作为生产者的零部件使用并且回收品和回收处置的专用性较强的情况，如电子电器产品、专用设备等。厂商专用回收体系的特点是企业本身就是一个 EPR 系统。在专用回收体系下，尽管 EOL 产品最终将回到生产企业本身，但是，对于前期的诸如收集、分类等阶段性的工作，生产企业未必事必躬亲，可以委托下游的分销商来协助完成。具体地说，采用厂商专用回收体系，EOL 产品可以通过两种不同方式最终回到生产企业：①生产企业自行回收，是指生产者直接从末端消费者手中回收 EOL 产品；②分销商回收，是指由分销商负责对 EOL 产品的收集，之后将回收的 EOL 产品返还给生产企业。

对于大多数生产者来说，建立厂商内部专用回收体系处理 EOL 产品存在着财力、物力及人力上的诸多困难，许多规模较小的生产者难以实现，而采用与之相对应的共用回收体系，恰好可以解决中小生产企业面临的回收难题。

共用回收体系是指生产者本身并不直接参与对其 EOL 产品的回收处置工作，而是通过一定的契约或转让价将 EOL 产品的回收处置工作转让给企业外部组织，由外部组织利用社会共用回收系统或生产厂商共用回收系统来完成生产者 EOL 产品的回收。

厂商外部组织利用社会共用回收系统回收 EOL 产品时，尽管生产者本身并未亲自参与 EOL 产品的回收，但由于生产者为此付出了相应的回收转让价，因此同样是生产者延伸责任的体现。从实施 EPR 制度的国家和地区的实践来看，利用社会共用回收体系回收 EOL 产品时涉及的生产企业外部组织主要是生产者责任组织（PRO）和第三方专业回收商。利用社会共用回收体系完成 EOL 产品回收的方式适用于回收品可以用作生产者的原料并且回收处置和利用过程通用性较强的情况，如玻璃、纸、金属等。

"厂商外部组织"也可以是生产者联合组建的责任组织，该组织通过建立厂商共用回收处理中心完成组织内部生产企业 EPR 下 EOL 产品回收责任。这里的责任组织实际上是生产同类产品的厂商通过契约或股权形成相互信任、共担风险、共享收益的战略联盟，即面向废弃产品回收的生产者回收联盟。

通过以上描述，可以归纳出针对 EOL 产品的三种主要回收处理模式：生产者自建回收系统回收模式、回收业务外包模式及组建生产厂商回收联盟回收模式。以下对 EOL 产品的几种主要回收处理模式展开深入的研究。

4.2.1　生产者自建回收系统模式

生产者自建回收系统（Manufacture Take-back，MT）模式是指生产企业以自身需求为核心，独立投资建设 EOL 产品的回收处理体系，对本企业 EOL 产品进行回收、拆解、再加工、再利用、再销售，承担对自身 EOL 产品的回收处理责任。实际运作中，EOL 产品的回收处理既可以由生产者自己直接负责，也可以由产品销售商（包括零售商和批发商）负责回收并转交给生产者进行处理。自建回收系统模式属于回收业务自营方式。

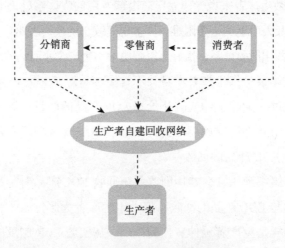

图 4.3　生产者自建回收系统模式

MT 模式非常显著的一个特点是生产者回收的是自己生产的产品，因此对回收的 EOL 产品具有独占性，拆卸下来的零部件和材料在经过适当的处理之后即可进行生产再利用，从而实现了资源的闭环（Closed-loop）再循环。采用该回收模式的厂商高度纵向一体化，生产企业集产品生产（包括产品设计）、产品销售、废旧产品回收为一身。这种回收模式适用于回收的 EOL 产品和回收处置的专用性较强而且回收品可以作为再生产零部件使用的情况，如电子电器产品、专用设备等。宝马汽车公司的汽车发动机、转换器及各种电子零件等均采用 MT 模式完成回收。

采用 MT 模式对于生产者来说存在以下优势。EOL 产品的回收责任者是生产企业，追求利益的本性促使生产者对回收产品或充分再利用，或经修复改造后作为二手部件、材料出售，从整个社会的角度可实现资源价值最大化；EOL 产品的回收、拆卸、处置及再利用最终由生产者自身负责完成，生产者回收 EOL 产品时，可根据市场销售渠道掌握产品的具体流向，从而具有快速信息反馈的能力，实现回收工作的高效运作；再循环责任者的角色可促使生产者关注产品的设计，从整个生命周期的视角考虑产品的生产、销售和回收，有利于技术提高和改进，同时促进资源的循环再利用；作为 EOL 产品的生产者，生产企业熟知回收产品的设计流程，能准确拆卸，节省拆卸时间，降低拆卸工作的复杂性和拆卸过程的破损率，在提高 EOL 产品回收利用率的同时增加厂商的经济效益。例如，宝马汽车公司回收的发动机有 94% 被修复，而经修复或改造后的成本仅仅是新发动机的 50%~80%，除去回收拆卸修复成本，经济效益可观。

当然，任何事物都具有其两面性。采用 MT 模式，对于生产者也存在不可避免的劣势。首先，在 MT 模式中，由于生产者仅仅回收自己的 EOL 产品，其专业化程度较高，相关设施和人员的配置只是处理有限种类的产品，设备利用率不高，产品种类和数量的限制会导致规模不经济，当企业生产不能达到一定规模时，则难以形成规模效应，从而回收流程加长，回收成本增加；同时，当生产者各自为政独立建立回收再利用系统时，对于整个地区来说，必然出现相同业务机构重复设置，从而造成资源的极度浪费。其次，一些回收经济性较好的 EOL 产品的回收产业中，如玻璃、纸、金属等产品，由于具有较高的回收利益，该回收市场随着生产者的介入，势必出现新加入生产企业与原始专业回收商之间激烈的竞争，尽管之前论述得出了生产企业与专业回收公司的积极回收行为会带来环境效益最大的论点，但是就生产企业自身来说，采用该回收模式可能面临由于不能完成 EPR 制度赋予的回收任务而遭受严厉惩罚的结果，这必然给具有 EPR 制度约束的生产企业的回收工作带来极大的竞争压力。再次，对于寿命较长的耐用品，如电子电器，如果出现生产企业在其产品报废之前破产倒闭的情况，则当该企业生产的产品进入废弃环节时，必然成为无家可归的孤儿产品（Orphaned Product），因此，对整个社会来说，孤儿产品的回收问题是MT模式无法解决的一个难题。最后，生产者自建回收系统需投入较大成本，当回收业务不是企业的核心竞争力时，特别是对于实力不强的中小企业，这种回收模式分散了企业的资金和人员，有很高的财务风险。因此，MT模式存在成本高且风险大的问题，一般适用于具有一定实力的规模较大的生产者，而不适合中小企业。

4.2.2　回收业务外包模式

业务外包（Business Process Outsourcing）概念由 C. K. Prahalad 和 Gary Hamel 于 1990 年提出，是指企业将一些非核心的、次要的或辅助性的功能或业务外包给厂商外部的专业服务机构，利用他们的专长和优势提高厂商的整体效率和和竞争力，而厂商自身仅专注于厂商具有核心竞争力的功能和业务。

对于大量的中小厂商而言，无力投资 EOL 产品回收系统的建设，此时业务外包就显得尤为重要。回收业务外包模式是指生产厂商自己本身不直接参与对其 EOL 产品的回收处置工作，而是通过一定的契约，通过支付转让价的方式将 EOL 产品的回收处置工作转让给其他第三方组织或专业回收商负责完成。生产厂商与第三方之间双方的责任、权利与义务通过委托协议予以确定。这种方式为无力自行完成回收的中小厂商提供了合法处理其EOL 产品的解决途径。这种回收模式以合约为基础，具有很强的市场性，适合于回收物品可以用作生产者的原料并且回收处置和利用过程通用性较强的情况，如玻璃、纸、金属等。该种回收模式下，尽管生产者本身并没有直接参与自身废旧产品的回收处理，但由于生产者为此付出了相应的回收转让成本，因此同样是其延伸责任的体现。

回收业务外包模式具体流程见图 4.4。

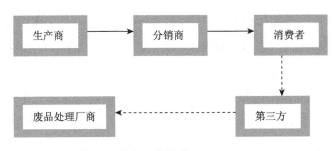

图 4.4　外包回收模式（MRC–CTP）

生产厂商将回收业务外包主要是基于以下几个方面的考虑。①降低成本。与厂商自营相比，许多第三方回收商拥有良好的运输和分销网络，能够提供更专业化的回收服务。生产厂商通过回收业务外包，可以降低因拥有运输设备、仓库和其他回收处理设施所必需的投资，从而把更多的资金投放在公司的核心业务上。②提升厂商效率。在厂商资源有限的情况下，选择将回收业务外包给专业的回收厂商来承担，厂商能够把时间和精力放在自己的核心业务上，从而提高生产厂商的效率。③分散厂商风险。厂商通过外包可以实现外向资源的优化配置。由于取消了厂商与用户双方各自独立拥有的库存和运输，从而分散了由政府、经济、市场、财务等因素产生的风险，促进了资源的优化组合，使厂商更能适应外部环境的变化。④快速响应需求。当今世界厂商间的竞争主要是时间和速度的竞争，第三方专业回收商由于其专业化和规模效应的优势，可以快速对消费者的报废需求做出回应。⑤厂商自身的限制。当厂商的核心业务迅猛发展时，厂商自身资金、人力资源、回收技术与设备及其信息的限制导致生产厂商回收业务滞后于主营业务，为了不影响主营业务的发展，将回收业务外包是生产厂商的理性选择。

采用回收业务外包时，生产厂商将回收业务外包给厂商外部组织。外部组织存在第三方专业回收商及生产者责任组织两种形式，从而形成了两种回收业务外包模式：第三方专业回收商回收模式和生产者责任组织回收模式。

1. 第三方专业回收商回收模式

EPR 制度下，当生产厂商将回收业务外包给第三方回收商时，即选择了第三方专业回收商回收模式（Third-Party Take-back，TPT）承担其 EPR 制度下生产者责任。采用该模式时，生产厂商不直接参与对 EOL 产品的回收处理工作，除了按照外包合同支付合同价款外，生产厂商不承担其他的关于 EOL 产品的财务风险。生产厂商和第三方回收商之间完全是基于市场的契约关系，双方的权利、责任与义务通过契约来确定。第三方回收商在满足生产商要求的前提下，也拥有一定的自主权。

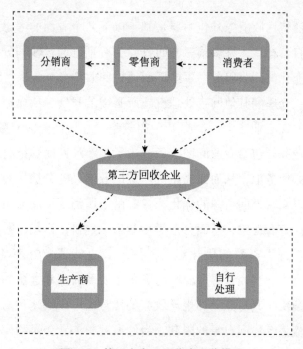

图 4.5　第三方专业回收商回收模式

TPT 回收模式的优势体现在：①增强厂商的核心竞争力。EPR 制度的实施，使对 EOL 产品的回收处理成为生产者不可推卸的责任。然而，生产厂商的主要资源，包括资金、技术、人力资本、生产设备、配套设施等要素，往往是制约厂商发展的主要“瓶颈”，厂商将回收处理等辅助业务实施外包，可将主要资源集中于自己擅长的主业，从而增强厂商的核心竞争能力。②减少固定资产投资。生产者自建回收系统和组建生产者回收联盟回收 EOL 产品，对生产者而言，都需要自身投入大量的资金建立回收中心、回收网络及信息系统等。将该业务外包，不仅可以减少对固定资产的投资，还减少了业务运作中的资金占用，加速了资金的周转。③享有专业化服务。市场化运作的专业回收商通常为多家厂商开展回收服务，通过对多个客户业务的整合，可实现管理和运作的规模效益，在 EOL 产品回收业务上相对生产者更有经验、更专业化。④提升厂商品牌形象。开展专业服务的回收商更贴近消费者，其对消费者的报废需求更加敏感，对 EOL 产品的回收更加熟练快捷，同时还可为生产者提供必要及时的信息反馈，有利于生产厂商产品品牌形象的提升。

TPT 回收模式也存在自身无法规避的风险，具体表现为生产者将 EOL 回收业务外包时，必须向第三方回收商提供该产品的设计信息，包括产品原材料的构成、产品结构设计图等，因此对于具有设计专利的产品来说，存在着生产专利泄漏的风险。

TPT 回收模式在许多国家都有实践，例如，在芬兰许多电子电器产品生产商将自身的废旧电子产品的回收处理责任委托给一家专业的电子产品回收公司——萨科斯基公司，该公司专门为大量使用电子设备的客户提供废旧产品回收处理服务，它根据不同客户的需求，研究制定废旧产品回收计划并签订回收协议，定期到这些公司、机构及政府等有关部门回收废旧物品。目前，在芬兰全国每年回收利用的 2 万多吨家电和电子产品中，大约有 50%通过芬兰萨科斯基公司进行加工处理。

2. 生产者责任组织回收模式

生产厂商采用外包方式完成法律赋予的回收任务时，外包的对象除了第三方专业回收商之外，也可以是生产者责任组织。所谓生产者责任组织（Producer Responsibility Organization, PRO），是指同行业的生产厂商组织成立的一个责任组织，作为生产厂商和回收厂商间的中间组织的形式出现，具有行业协会的性质。此时，生产厂商不再需要单独去寻求合适的第三方专业回收商，只需通过向 PRO 组织缴纳注册费，以特约许可证的方式加入 PRO 组织，由 PRO 组织确定 EOL 产品的回收厂商以完成 EPR 制度规定的回收任务。德国的 DSD 就是一个典型的生产者责任组织。

关于 PRO 回收模式，Spicer 和 Johnson（2004）在对生产者回收、联合回收、第三方回收三种回收方式进行比较分析时，提出了有 PRO 组织参与的联合回收最大的优势是可以解决孤儿产品的问题；钱勇（2004）对 PRO 组织对市场结构的影响进行了分析，认为 PRO 组织具有自然垄断的属性；魏洁（2007）利用博弈理论对生产厂商、PRO 组织、回收厂商间的合作关系进行了分析，得到利益共享契约下的回收量和渠道总利润优于普通契约的结论。

这些文献尽管都谈到了 PRO 组织的一些特征属性，但都是单纯对 PRO 组织的论述，而没有将其纳入整个回收体系与其他利益主体结合起来进行分析研究。PRO 组织作为 EOL 产品回收过程中出现的一个特殊组织，必然有其特有的特征属性。

采用 PRO 组织回收模式时，一般会涉及生产厂商、生产者责任组织、第三方回收厂商三个不同的利益主体。生产厂商将自己的产品回收责任委托给 PRO 组织，PRO 组织本身并不从事具体的回收工作，而是作为中间层组织与各地提供具体服务的回收厂商（包括废弃物收集、分类、运输、再生各个环节）签订市场合约，自身成为整个合约网络的中枢。PRO 组织依托各地回收厂商实施回收行动，生产厂商、PRO 组织及第三方回收厂商之间均是契约合作的关系（图 4.4）。

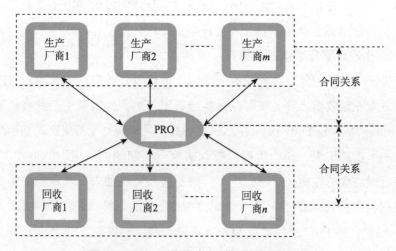

图 4.6　PRO 回收模式中利益主体间的关系

在 PRO 回收模式中，发挥核心作用的是处于中间层的 PRO 组织。PRO 组织通过合约连接生产厂商与回收厂商，承担桥梁和纽带作用。PRO 组织本身不以盈利为目的，实际上具有行业协会的性质。

具有行业协会的 PRO 组织具有以下主要特征：

（1）中介性。PRO 组织通过合约将生产者和回收者有机地联系起来，解决了双方信息沟通的困难；同时，以行业协会的形式连接政府与厂商，为政府更好地实施 EPR 提供了一个平台。

（2）民间性。PRO 是一个民间组织。它与政府、厂商之间都不存在行政隶属关系，组织内成员之间关系平等，厂商的加入或退出全凭自愿。

（3）独立性。尽管 PRO 属于民间组织，但作为独立的、具有法人地位的社会经济团体，PRO 有自己的章程及组织机构，独立开展服务业务，并对自身行为独立承担法律责任和经济责任。

（4）自然垄断属性。伊特维尔（1996）指出，如果有一个厂商生产整个行业产出的生产总成本比由两个或两个以上厂商生产这个产出水平的生产总成本低，则这个行业是自然垄断的。PRO 的成本不包含通常意义上的生产成本，仅仅由市场交易成本构成，包括形成交易合约与维护交易合约的成本。由于任何一家生产厂商的产品回收均可能涉及回收市场的绝大多数回收厂商，钱勇（2004 年）证明了作为中间层组织的生产者责任组织具有自然垄断属性。

证明：生产者责任组织具有自然垄断属性

假设 PRO 中有 m 个生产厂商，回收市场有 n 个开展专业化服务的回收厂商，每个生产厂商废旧产品的回收均将涉及 n 个回收厂商中的 a 个，另外的回收工作将随机的涉及剩余 $n-a$ 个回收厂商中的 b 个，所有的 n 个专业化回收厂商在回收过程中均不同程度地被涉及。有 k 个 PRO 组织且所有属性完全相同，在交易过程中每一项交易的交易成本为 C。

则 k 个生产者责任组织中每个生产者的交易成本为 C_i

$$C_i = (m/k + a)\,C + bC$$

所有 k 个生产者责任组织的交易成本总和为 TC

$$TC = \sum_{i=1}^{k} (m/k + a)\, C + bC$$

由于所有 n 家回收厂商均不同程度被涉及，所以

$$\sum_{i=1}^{k} bC \geqslant (n - a)\, C$$

则

$$TC \geqslant k\,[(m/k + a)\, C] + (n - a)\, C = (m + n + ka - a)\, C$$

当 $k = 1$ 时，

则

$$n - a = b,\ TC = (m + a)\, C + (n - a)\, C = (m + m)\, C$$

这就证明了当 $k = 1$ 时，整个回收市场的交易成本最低，即在总产出相同的情况下，一个组织存在的总成本比由两个或两个以上组织的总成本低。因此，在 EPR 回收模式中，作为中间层组织的生产者责任组织具有自然垄断属性。

钱勇（2004）同时证明了 PRO 的总收入与交易量、生产厂商整个行业的需求函数弹性、回收厂商整个行业的供给函数弹性有关；PRO 要价与出价之间的价差与生产厂商整个行业的需求函数弹性、回收厂商整个行业的供给函数弹性有关，二者弹性越小，价差越大，交易量与竞争条件下的均衡产量相差越大，垄断导致的净损失越大；当生产厂商整个行业对某废旧产品处理的需求弹性不大时，PRO 有可能利用其垄断地位获取丰厚的收入，同时使社会承受很大的净损失。

为了消除这种垄断性市场结构导致的上述问题，实践中采取 PRO 回收模式回收产品的国家实施了一种特别的政府规制措施，即规定处于垄断地位的 PRO 必须作为非营利性组织。

生产者责任组织在不同的国家有不同的名称，表 4.9 所示为各国比较典型的生产者责任组织。

表 4.9 各国生产者责任组织（PRO）

国家	生产者责任组织（PRO）	主要参与者
德国	Duales System Deutseh land（DSD）	零售、消费性商品和包装业
荷兰	Association of the Federation of Netherlands Industry and the Netherlands Christian Employers Federation（FPE）	包装制造业、包装填充业、废弃物处理业
	Dutch Association of Recycling of Metal & Electronic Products（NVMP）	制造商、进口商及零售商的工业团体
	Auto Recycling Netherland（ARN）	汽车工业
奥地利	Alstoff Recycling Australia（ARA）	包装链相关业
爱尔兰	REPAK Limited	包装链相关业
比利时	Battery Collection Fund（BEBAT）	电池业
美国	The Rechargeable Battery Recycling Corporation（RBRC）	电池制造业、电池包装制造业
英国	Eco-Emballage	包装链相关产业

比较分析：回收业务外包模式与生产者自建回收系统模式

从传统经济学角度看，自营和业务外包各有所长，不存在哪种方式明显地优于另一种的问题，只要符合规模经济和范围经济效益，就是合理的。然而，由于生产者、回收商各自拥有自己的核心业务，如果生产者在生产产品的同时开展辅助性业务，可能会因为没有把资源集中在自己的核心业务——产品的生产经营上，而使厂商的发展受到负面影响。因此，厂商的竞争表面上是基于产品的竞争，实际上是基于核心能力的竞争。

如果厂商将自身的非核心业务外包，则可集中资源和精力投入到厂商的核心业务上，强化其核心能力，提高竞争力；同时有利于降低生产成本、分散经营风险，弥补厂商某些能力的不足，实现厂商间的优势互补。从整个社会来看，厂商业务外包有利于资源的有效配置，实现规模经济，从而提高效率。

与生产者自建回收系统模式相对比，回收业务外包具有以下优势：①在激烈的市场竞争环境中，生产厂商既要提高自身竞争能力，又要保持灵活性和高效性，因此必须将厂商资源和能力向核心业务领域集中。回收业务外包便于生产厂商集中有限的资源，专注于核心业务，培育、提高厂商核心竞争力。②回收处理 EOL 产品对于大多数生产厂商属于非核心业务，而对于专业回收公司却属于高度专业化最具有核心竞争力的主营业务。因此生产厂商将回收业务外包可获得专业化回收服务。③从整个社会的角度来看，回收业务外包模式更有利于 EOL 产品的广泛回收，通过专业化的回收商回收，可以广泛覆盖各种产品，同时顾及市场上的孤儿产品。产品的回收、拆卸处理等活动可以当地化，避免远距离的物流运送，同时还创造了就业机会。另外，因为回收商之间存在竞争，能促进再处理行业的技术革新和回收处理功效的提高。

由于业务外包可以使产品的生产者有更多机会关注自己的核心能力，因此，在厂商竞争日趋激烈的今天，在推行 EPR 制度的国家，越来越多的生产厂商将自身废旧产品回收业务外包作为厂商管理重要的战略选择。

4.2.3 生产厂商联盟回收模式

厂商联盟（Corporation Alliance）的概念最早是由美国 DEC 公司总裁简·霍普兰德（J. Hopland）和管理学泰斗罗杰·内格尔（R. Nagel）于 20 世纪 90 年代提出的。厂商联盟概念一经提出即在实业界和理论界引起巨大反响。

关于厂商联盟的概念，目前学术界存在较大的分歧。具有代表性的有两种观点。一种观点强调厂商联盟是规模实力相当的竞争公司之间的合作，认为厂商联盟是由实力强大的、平时是竞争对手的公司组成的厂商或伙伴关系，是竞争性联盟。

迈克尔·波特（Micharl Porte）对厂商联盟持另一种观点，他认为联盟是超越了正常的市场交易但并非直接合并的长期协议。它的一般做法是通过与一家独立的厂商签订协议来进行价值活动（如供应协订）或与一家独立的厂商合作共同开展一些活动（如营销方面的合资厂商）。美国乔治·华盛顿大学的 Charies Hill 教授也认为，厂商联盟是实际的或潜在的竞争者之间的合作协订。我国经济学家张维迎教授同样认为，厂商联盟是厂商间在研发、生产、销售等方面相对稳定、长期的契约关系。这种观点强调厂商联盟是一种长期的契约关系。

综合以上观点，结合各国实践，本研究认为生产厂商回收联盟（Corporation Recycling Alliance，CRA）是由生产同类产品的生产厂商联合成立一个责任组织，负责组织内部各生产商的废旧产品回收处理业务，是厂商面向废弃产品回收的公开的合谋，联盟内厂商在自愿互利原则下，出于降低交易费用、减少不确定性、实现优势互补的目的，通过契约或股权形成相互信任、共担风险、共享收益的战略伙伴关系，厂商行为界于自身利益最大化和共同利益最大化之间。

采用 CRA 回收模式时，一般通过建立厂商共同回收处理中心完成联盟内厂商的 EPR 下的回收任务。共同回收处理中心实现正常营运之后，可自负盈亏、开展针对联盟外厂商的废弃物回收处置服务。

以上分析显示，CRA 回收模式是一种介于自营与外包之间的回收模式。

CRA 是生产者在面向废旧产品回收处理问题时通过结盟建立的有计划的持久的厂商间合作关系，是为了实现参与厂商的共同利益和目标而努力的战略联盟。

CRA 回收模式在实践中具有以下特点：

1. 降低交易成本和运作成本

CRA 回收模式具有成本优势，主要体现在交易成本和运作成本的降低。生产厂商通过签订契约，就回收处理中心的运行目标达成一致，建立起长期的合作关系，节省了频繁交易所造成的交易费用，减少了因交易主体的有限理性而产生的交易费用，在很大程度上抑制了交易双方的机会主义行为。多个生产厂商共同合作开展回收处理业务，可以避免区域内生产厂商独立设立回收系统重复建设所造成的资源浪费，为生产厂商节省人力物力财力，同时可以有效降低 EOL 产品回收处理的社会成本。

2. 实现规模效益，减少风险和不确定性

单个生产厂商的回收品种单一，回收数量不确定性较高，实践中难以实现规模经济，资源的闲置率较高。CRA 回收模式将多个生产厂商的回收处理业务融为一体，增加了需回收处理产品的数量和种类，同时对人员配

置、设施配备更为专业。在一定程度上，采用 CRA 回收模式，使 EOL 产品的回收处理成为一个新兴行业，相对独立于厂商的生产经营。特别值得一提的是，当回收中心规模、实力发展到一定程度时，还可对 CRA 以外的相关产品生产厂商提供专业的第三方回收处理服务。

3. 加强技术合作与管理创新

虽然联盟内各厂商 EOL 产品的回收处理业务相似，然而品牌不同的产品在设计与用材上仍然存在差异。采用 CRA 回收模式时，联盟内各厂商为提高自身产品的回收处理效率，均会向回收中心派遣专业技术人员进行技术指导。在不泄漏商业机密的前提下，各厂商专业技术人员密切合作，共同解决 EOL 产品回收处理中遇到的各种疑难问题。同时，回收中心由 CRA 负责管理，单个生产厂商无权干涉回收中心业务，有利于回收中心实现组织创新和管理创新。

4. 提高服务质量，树立行业形象

采用 CRA 回收模式，将单独厂商的回收行为上升为行业行为，有利于消费者积极响应，无形中降低了 EOL 产品回收的难度，提高了厂商服务质量，对树立厂商"绿色形象"起到至关重要的作用。

5. 存在商业机密泄漏的风险

采用 CRA 回收模式，将不同生产厂商生产的产品交由 CRA 回收中心进行统一回收处理，尽管核心技术部分由生产厂商的专业人员出面协助解决，但由于处理中心汇集多个厂商的产品及专业技术人员，对生产厂商而言，仍然存在一定商业机密泄漏的风险。

PRO 模式与 CRA 模式中的废弃物回收主体生产者责任组织与生产厂商回收联盟既有相同点，又有不同之处。生产者责任组织与生产厂商回收联盟都属于独立于生产厂商的组织机构，都承担生产厂商 EPR 制度下的废弃物回收处置责任，与生产厂商具有千丝万缕的关系。生产者责任组织受生产厂商的委托负责废弃物回收，但是生产者责任组织本身并不从事具体的回收工作，而是作为中间层组织与各地提供具体服务的回收厂商（包括废弃物收集、分类、运输、再生各个环节）签订市场合约，自身成为整个合约网络的中枢。生产厂商、生产者责任组织及回收厂商之间均是契约合

作的关系。采用 PRO 模式时，生产者通过向 PRO 缴纳一定数量的注册费将自身 EOL 产品回收责任转移给 PRO，由 PRO 承担能否完成法定回收任务的风险。生产者责任组织本身具有行业协会的性质，不具有盈利特征；生产厂商回收联盟是由生产同类产品的生产厂商联合成立的责任组织，负责组织内部各生产商的废旧产品回收处理业务，联盟内厂商在自愿互利原则下通过契约形成相互信任、共担风险、共享收益的战略伙伴关系，共同兴建（联盟内厂商或提供资金、或提供技术、设备、场地、人员等）联盟内回收处理中心，该中心作为单独的经济组织存在，自负盈亏，同时可开展对外回收服务。采用 CRA 模式时，尽管生产厂商将 EOL 产品回收任务委托给了回收联盟，但生产厂商仍然需要承担能否完成法定回收任务的风险。因此，生产厂商回收联盟回收模式是介于生产者自营与外包之间的一种生产者可选择的回收模式。

在发达国家 EOL 产品回收处理业务实践中，以上几种回收模式均有厂商尝试，并且取得了较好的经济、社会、环境效益。从以上分析可以看出，以上回收模式各有特点，其适用范围也不尽相同，生产厂商在应对废旧产品的回收处理问题时，可参考各回收模式的比较分析结果做出选择。回收模式的比较分析结果如表 4.10 所示。

为了更好地理解生产厂商在 EOL 产品回收模式选择问题上表现的差异性，以下通过对生产厂商选择回收模式的内在选择机理进行深入剖析，试图为生产厂商回收模式的理性选择提供依据。

表 4.10　回收模式比较分析

比较项目	MT 模式	PRO 模式	TPT 模式	CRA 模式
回收处理主体	生产厂商	PRO	第三方回收公司	生产厂商联盟
运作成本	高	一般	低	一般
交易成本	低	一般	高	一般
规模经济	低	高	高	一般
风险承担	生产厂商	PRO	第三方回收公司	生产厂商
信息反馈	可获第一手资料，及时准确	一般	难度较大	及时反馈

比较项目	MT 模式	PRO 模式	TPT 模式	CRA 模式
回收产品类别	自身产品	同类产品	类别广泛	同类产品
孤儿产品	无法顾及	能顾及	有回收利益时顾及	能顾及
维护厂商形象	有利	一般	不利	有利
适合厂商	经济技术实力较强的大型厂商	生产相同或类似产品的厂商	任何厂商，尤其是经济技术实力较弱的中小厂商	生产相同或类似产品的厂商

笔者整理。

4.2.4 厂商回收模式选择机理

4.2.4.1 基于核心竞争力的厂商回收模式选择机理

从厂商发展史和厂商能力理论的研究可以得知，厂商核心竞争能力是厂商能力随环境变化而发展的结果，其实质是厂商在长期艰难的成长历程中，逐渐培养起来的、迅速适应和利用变化的环境不断发展壮大自己的一种综合素质。因此，厂商核心竞争能力实际上是厂商应用其在长期的发展历史中形成和积累起来的知识体系，适应和利用环境变化，有效整合厂商内外资源，不断推出适应市场发展需要的优质产品和服务，给消费者带来价值提升的特有综合素质，它能为厂商提供较大的发展潜力，支撑厂商在多个产品或服务市场中获得持续的竞争优势。简而言之，厂商核心竞争力可解释为厂商独具的、支撑厂商可持续性竞争优势的能力。

核心竞争力是厂商开发新的经营业务的源泉，是组成厂商战略的核心。如果将厂商的活动分为：①厂商核心活动（所有和厂商生存相关的必需活动）；②核心附近的活动（直接和核心活动联系）；③远离核心的活动（支持活动）；④可任意处理的活动。从核心能力的角度看，外包的目的和制造渗透程度密切相关，越远离厂商核心活动的业务，越容易成为外包的对象。

厂商存在的价值在于能够获得利润，这是厂商生存和发展的主要目的。利润既可以表现为金钱和物质的形式，也可表现为精神和服务的形式。任何厂商生存和发展的动力与保障只有一个来源，那就是它相对于平均水平具有持续的竞争优势。依据核心竞争理论，厂商的竞争优势是建立在核心能力之上的，不同的厂商具有不同的核心竞争力，这些不同的核心竞争能力既决定了厂商在哪些方面具有竞争优势，也决定了厂商经营的范围和领域。

竞争优势是厂商在最终产品的市场竞争上体现出来的比竞争对手好的方面。它往往通过厂商的市场占有额和厂商短期的经济效益表现出来。任何厂商的经营活动效果最终都得落实到市场、产品或服务等非常具体的领域。而厂商在产品或服务方面的核心能力则表现在对中间产品的竞争中，表现在对最终产品的支撑力的竞争上。厂商核心竞争力可以支持厂商在较长时间内保持持续性的盈利能力，这种能力不会因为外界的突然性变化而丧失。厂商在某一方面的竞争优势可能会因为厂商外部条件的变化而丧失，甚至这一方面的优势在一定条件下反而会成为厂商的负担，例如，某厂商具有廉价人力资源所获得的优势可能会因为对手突然采用某种先进技术或生产流程而丧失，此时厂商原来所具有的廉价的人力资源反而成为厂商采用先进技术或先进生产流程的障碍。而厂商核心能力则可以根据厂商外界环境的变化因势利导，发展新的产品为厂商的利润服务。因此，厂商的竞争优势只是核心能力的外部表现形式而已，具有核心能力的厂商肯定具有竞争优势。

如何保持厂商长久、持续的竞争力？迈克尔·波特认为，厂商竞争力的持续取决于以下三项条件：①特殊资源的优势。对竞争优势的持续力而言，资源的重要性有明显的层次差别。低层次优势资源如廉价的劳动成本或便宜的原料等，是很容易被模仿取代的，竞争者可以找寻新的廉价生产环境和资源来复制这类竞争优势。②高层次竞争优势。一般通过长期的积累并持续对设备、专业技术、高风险研究开发和营销的投资而产生。生产成本的优势通常不如产品差异有价值，因为任何新而低廉的资源，或更简单的生产方式一旦问世，都会使原来以成本优势领先的领先地位尽失。因此，最长久、最扎实的竞争优势就是厂商不断投资于战略环节，使之表现更好，进而培养出自行发展的能力。③成本优势。其本质就是以较小的成本提供同样甚至更高水平的服务，或者以同样成本提供更好的服务。此时，厂商生存和发展的能力表现为驾驭成本与服务水平的能力，即成本管理能力，这是因为成本管理是基础，是服务水平提高的保障。

因此，厂商生存和发展的动力主要基于竞争优势，而其本质就在成本管理优势。厂商要想获得竞争优势，就必须在成本管理上取得优势。

通常厂商可以通过以下两种经营模式保持竞争优势：一是经营整个产品价值链，形成大而全的经营管理模式；二是只追求在一个产品的价值链中的局部环节保持竞争优势。第一种经营模式相对于第二种的竞争优势体现在它可相对确保控制整个产品的价值链，从而减少交易成本，但它的机制容易僵化，容易提高管理成本（包括有形成本和机会成本），特别是机会成本容易造成市场丢失，加大了投资风险，导致管理效率下降以及业务分散和核心竞争优势稀释等效应。第二种经营模式正好相反，管理成本较低，机制灵活，市场反应敏捷，能集中资源快速地形成拳头产品，但它必然产生交易成本。

EPR 制度下厂商需要针对某些非核心业务采取自营还是外包的方式做出决策，决策的依据是对相关管理成本和交易成本展开比较。如果交易成本较高，则厂商管理职能就可覆盖较多的价值链环节，甚至整个产品的价值链；反之，可减少管理职能甚至可能少到只有一个核心环节，而将其他非核心环节业务外包。厂商业务外包的根本出发点在于获得成本比较优势，从而获得更高的竞争力，这也是厂商实施业务外包的动力所在。然而，如果业务外包时出现交易成本增加大于管理成本减少的情况，这时采用外包模式厂商不能获得更大的竞争优势，此时不宜采用业务外包。

总之，厂商要想获得、维持竞争优势，就必须集中精力于战略性的核心环节，加大对战略性核心环节的投入，培养和加强其独特技能和知识。但是，在资源一定的前提下，加大对战略性核心环节的投入，必将导致非战略性环节投入的相应减少，从而导致相应非战略性环节工作质量的下降，这是一个困扰厂商的决策问题。而解决这一问题的有效途径就是业务外包，通过将非核心业务外包，生产厂商可集中力量于核心主营业务，同时获得专业的高质量的服务，有助于生产厂商节省资源以增强和维持其竞争优势，提升其竞争能力。

通过以上分析可以得到如下结论：①EPR制度下，生产厂商将回收业务外包的主要动因是提升其核心竞争力。回收业务外包从两个方面影响厂商的核心竞争力，一方面，厂商通过外包业务，可以充分利用社会化专业回收服务，高效率、低成本地完成厂商EPR下的回收任务，促进厂商绩效的改善，继而更好地支持厂商的核心业务；另一方面，厂商把非核心的回收业务外包，可以集中精力于自身的生产经营业务，从而增强厂商的核心竞争能力。②核心竞争能力是厂商回收业务自营或外包的重要决策依据。如果厂商回收业务有望或正在成为厂商的核心竞争能力时，厂商可采取自营方式完成自身废旧产品的回收；相反，如果回收业务不是厂商的核心业务或虽是厂商的核心业务但厂商自身运作不具有可持续的竞争优势，则厂商就应该考虑将回收业务外包。③生产厂商回收模式的选择与厂商的规模没有必然关系。不同规模的生产厂商具有不同的战略目标，实现厂商战略目标的关键在于厂商的核心竞争能力。为了提升厂商的核心竞争力，厂商将资源集中在自身的核心竞争优势的活动上，而把非核心领域的回收业务外包。这种现象既发生在大型厂商，也发生在中小厂商。因此，尽管大型厂商有能力自建回收系统完成废旧产品的回收，但是只有在回收业务的开展可以提升厂商竞争能力时，方可采用自建模式完成回收，否则，应选择业务外包以减轻厂商的负担，使厂商更好地专注于核心业务；对于中小型生产厂商，面临着比大型厂商更为严峻的市场竞争压力，为了提升其产品的市场竞争能力，将回收业务外包是其完成EPR下回收任务的最佳战略选择。

4.2.4.2 基于交易费用的回收模式选择机理

1. 回收业务外包与降低交易费用

无论是从交易的全过程还是从交易费用的决定因素来看，厂商与外部厂商建立起较长期的合作性外包关系，都有助于降低交易费用。从交易的全过程看，基于较长期的伙伴关系，双方时常保持沟通，从而大大降低搜寻交易对象的信息费用；互惠互利的伙伴关系也可降低履约风险。即使交易过程中产生某种冲突，外包伙伴也会为了维持长期的合约关系，通过协商加以解决，从而避免无休止的讨价还价，甚至诉诸法律而导致的诉讼费用。

从交易主体的行为来看，外包合作性关系的建立，将会促使伙伴之间的"组织学习"，从而提高双方对不确定性环境的认知能力，减少因交易主体的"有限理性"产生的交易费用；同时，交易双方长期的合作关系将在很大程度上抑制机会主义行为的产生，对于外包厂商来说，尤其可以避免服务伙伴的机会主义行为。因为一次性的背叛和欺诈在长期合作中会导致"针锋相对"的报复和惩罚，外部伙伴可能会失去相关业务。因此，这种合作关系会使因机会主义而产生的交易费用降到最低程度。

从交易特性的三个方面来看，通过将业务交给外部伙伴，厂商就可以充分利用伙伴厂商的资产、人力资源等专用性资产，而且只需支付较低的可变成本。

交易的不确定性和市场的多变性以及交易主体的有限理性，很容易导致机会主义行为。通过建立长期的合作伙伴关系，显然可以减少机会主义行为的产生及减少相关费用。

从以上对交易的全过程、交易主体行为和交易特性等因素的分析得到如下结论：回收业务外包可以减少交易费用。采用回收业务外包，不仅可以避免回收品交易中的盲目性，减少搜寻信息的成本，而且减少了对 EOL产品讨价还价的成本，有效地节约交易过程的监督执行成本，并因减少机会主义行为而发生的成本，有利于提高交易双方对不确定性环境的应变能力，降低由此带来的交易风险。

2. 组建生产厂商回收联盟与降低交易费用

Williamson 认为，厂商、市场都是组织合作生产的方式，现实当中，除了这两种方式，治理结构（模式、机制）还存在一种所谓中间混合形态，即中间组织。中间组织的根本特点是中间组织带有厂商和市场的双重特性，"看得见的手"即厂商行政命令式的计划控制与"看不见的手"——市场价格机制——同时在厂商间、厂商和消费者间起着配置资源的作用，厂商不是纯粹的厂商，市场不是纯粹的市场，厂商中存在市场，市场中存在厂商。中间组织是厂商和市场在相互转化过程中形成的，表现为市场组织化和厂商市场化。市场组织化是将市场交易内部化为厂商内交易，把市场关系变成厂商内的治理关系，但还没有形成厂商，而是在市场关系的基础上形成有组织的市场；厂商市场化与市场组织化恰恰相反，即在厂商内引进市场机制，将厂商内的交易外部化为市场交易。

厂商联盟便是一种中间组织，是通过市场组织化形成的，即处于市场交易中的多个厂商，在某种共同目标的基础上，保持自身独立性的同时通过公司协议或联合组织等方式而结成的一种联合体，各个联盟成员受契约的约束，超越了一般的市场交易，但仍然建立在市场关系的基础上，而远未达到合并的程度。这种中间组织关系可以说是既非厂商、又非市场的第三种关系。这种新的厂商间关系形态，因其不涉及组织的膨胀，却又实实在在地扩大了厂商内部环境与外部环境的分界线，而实现了既可以避免结构过于庞大，又可通过分享技术和市场获得外部资源，并克服市场交易不确定性的目的。

作为中间组织的厂商回收联盟的出现，有助于合作伙伴之间在交易过程中减少相关交易费用，既可以节省交易费用又可以避免较高的组织费用。纯粹的市场机制的作用在现实中由于技术条件、地理条件、市场风险、重复交易等因素影响，交易费用增加，市场效率大打折扣。通过市场组织化形成的厂商回收联盟就是为了减少回收品在自由交易市场上的交易费用而形成的一定的制度。当交易双方进行的是多次或经常性的交易活动，交易者就通过设定一定的规制使双方建立联系。交易者之间经常沟通和合作，可使搜寻交易对象信息方面的费用大为降低，容易完成谈判、签约、执行等市场进程。在厂商回收联盟中，联盟成员相互之间的信任和承诺，也可减少各种履约风险，即使在交易过程中产生冲突，联盟伙伴在长期回收业务合作的基础上也可通过协商加以解决，从而避免无休止的"讨价还价"，甚至提起法律诉讼产生的费用。此外，由于厂商回收联盟是以市场关系为基础的，不需完全形成厂商，与厂商相比，也节约了监督控制等组织成本。

厂商回收联盟的建立，将促使联盟内厂商间的"组织学习"，从而提高对方对不确定性环境的认知能力，减少因交易主体的"有限理性"而产生的种种交易费用。同时，联盟内厂商间的长期合作关系也在很大程度上抑制了交易双方之间的机会主义行为，将因这一行为带来的交易费用控制在较低水平。联盟现象之所以越来越兴盛，正是由于它作为中间组织本身所具有的优势决定的。

3. 基于交易费用的回收模式的选择机理

交易费用理论的一个重要引申是，如果所有的交易费用都为零，则不论生产和交换活动怎样安排，资源的使用都相同。这意味着，在没有交易费用的情况下，各种制度的或组织的安排提供不了选择的根据。但是组织的或各种制度的安排确实存在，而且为了解释它们的存在和变化，必须把它们视为在交易费用的约束下选择的结果。

基于交易费用，针对生产者自建回收系统和回收业务外包两种模式，生产者如何做出选择？

对于自身废弃物的回收处置，责任厂商无论选择自建回收系统回收模式或者采用回收业务外包模式，都存在交易费用。假定两种模式中生产成本（废弃物的回收处置成本）相同，厂商会选择交易费用较小的一种模式。如果生产厂商选择将回收业务外包，即采用市场手段，通过市场交易的方式由专业的第三方回收商完成废弃物的回收处置，则生产厂商将会面临市场交易费用 M，如价格发现的费用、合同谈判和合同款项设计费用、监督合同履行的费用，以及种种机会主义行为所可能带来的费用；如果生产厂商选择自建回收系统，即采用厂商内部化手段，由厂商自己回收 EOL 产品，以内部管理代替市场交易，则不存在以上市场交易费用 M，但会产生新的交易费用，即厂商组织管理费用 F，如行政管理费用，信息流动和传递费用、激励和监督费用，以及绩效评价费用，等等。因此，按照交易费用理论的解释，厂商回收模式的选择实际上是对上述两种交易费用权衡的过程，当前一种交易费用 M 较低时，厂商将选择回收业务外包的模式；而当后一种交易费用 F 较低时，自建回收系统的回收模式就成为厂商的必然选择。

以上分析指出，交易费用决定生产者回收模式的选择，而资产专用性决定交易费用的大小。对交易费用而言，资产专用性的重要性在于难以准确衡量其专用性是否发生以及发生多少，由此产生的问题主要存在于两个方面：第一，增加了谈判的困难。为形成用于 EOL 产品回收的专用性资产，回收商需要进行投资，而投资的充足与否，直接关系到 EOL 产品回收再利用的效率。生产者作为委托方如能完全了解到回收商投资的信息，双方的契约在这一点上就不会存在争议，但在现实中这是不可能的，在彼此缺乏信任的情况下，签订契约的谈判就可能终止。第二，要求交易的长期性和连续性。生产者与回收商所签订的契约一般都是长期契约，因为事前的投资一旦进行，事后的交换关系就不能停止或随意变动，否则专用性投资就会成为死投资。所以，一般事后持续交易的可能性只有在预先能够确定的情况下，专用性的投资才会发生。如果这种长期信任难以建立，交易也不可能发生。回收处理资产专用性的发生，对回收商、生产者双方来说都形成一种约束。对回收商来说，如果生产者中断回收委托，意味着回收商为形成回收专用性资产而进行的投资将付诸东流；对生产者来说，如果回收商中断交易，生产者只能自行回收或另寻其他的回收合作方进行再次交易，这势必增加了搜寻成本，从而导致总的交易费用增加。

通过以上分析可以得到如下结论：①由于有限理性与机会主义的存在，资产专用性越强，生产者与回收商之间双方信息不完全的程度可能越大，讨价还价的难度也越大，因而交易费用越高。②交易费用的增加可能使交易的结果偏离最佳规模，从而造成专用性资产投资的浪费；如果考虑交易的结果对未来交易的影响，则交易效率的缺乏最终将表现为专用性资产投资的不足。③资产专用性越强，EPR 制度下生产厂商越倾向于采用纵向一体化的方式，即自建回收系统完成 EOL 产品的回收处置；资产专用性越弱，生产厂商越倾向于采用非一体化的方式，即通过签订外包契约将回收业务委托给生产者责任组织或第三方回收商来完成。

同时，在不考虑专业化、规模经济和核心能力提升因素时，容易证明市场交易费用 M、厂商组织管理费用 F 与生产厂商 EOL 产品的数量 Q 有关（如图 4.7 所示）。

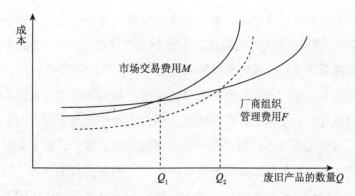

图 4.7　废旧产品的数量与市场交易费用、厂商组织管理费用的关系

生产厂商将回收业务外包，会导致市场交易费用 M 的产生，此时，不存在关于 EOL 产品回收的厂商组织管理费用 F；而厂商自建回收系统回收 EOL 产品时，将导致厂商组织管理费用 F 的产生，同样，此时不存在外包时的市场交易费用 M。通常，当 EOL 产品数量较少时，M 小于 F，而随着生产厂商生产规模的扩大，厂商产品产量及 EOL 产品数量随之增加，交易频度加大，再考虑到风险、控制能力等因素，则市场交易费用 M 增加率将大于厂商组织管理费用 F 的增加率。

图 4.7 显示，当生产者 EOL 产品量 Q 小于 Q_1 时，市场交易费用 M 低于厂商组织管理费用 F，此时，生产者选择回收业务外包模式可实现成本节约，而自建回收系统则是不明智选择；当生产者 EOL 产品量大于 Q_1 时，市场交易费用 M 高于厂商组织管理费用 F，此时，生产者选择回收业务外包模式将导致较高的交易费用，而选择自建回收系统可实现成本节约。这也证明了选择自建回收系统回收 EOL 产品的厂商多是规模较大的厂商，因为其存在大量的 EOL 产品，对于 EOL 产品的回收采取纵向一体化的方式可达到节约交易费用的目的。临界点 Q_1 并非绝对不变，随着新技术的产生与推广，市场交易费用将逐步下降，即 M 曲线向右下方移动，导致临界点 Q_1 提高到 Q_2，EOL 产品总量在 Q_1 和 Q_2 之间的生产者则会选择回收业务外包模式而非自建回收系统模式。

在什么条件下生产厂商将选择组建厂商回收联盟的方式解决其 EOL 产品的回收问题？

解决这一问题同样需要对厂商的交易费用展开比较。假设某一回收市场交易关系的交易费用为 M ，组成生产厂商回收联盟以后厂商新增的管理费用为 F ，此时由于可能实现规模经济而带来的新增成本为 C 。那么，当市场交易费用大于管理费用与新增成本总和时，即 $M > F + C$ ，生产厂商将把外部交易内部化，于是会出现选择组建生产厂商回收联盟共同回收废旧产品的现象。外部交易内部化可使厂商规模扩大，但由于厂商规模扩张存在效率边界，因此，由于规模扩大导致管理费用与新增成本之和大于交易费用，即 $F + C > M$ ，生产厂商组建回收联盟回收模式将不再是理想选择。

理论导航：交易费用理论

交易费用理论主要关注一家厂商为了最小化其生产和交易成本之和，应该如何组织厂商跨边界活动。

1937 年，诺贝尔奖获得者罗纳德·科斯（Coase）在《厂商的性质》一书中提出"交易费用"概念。在科斯看来，交易费用至少包括两项内容，即运用价格机制的成本和为完成市场交易而进行的谈判和监督履约费用。交易费用理论的代表人物新制度经济学家威廉姆森（Oliver Williamson）把高比例交易费用的决定因素归纳为：①契约人的行为假设，即"契约人"面对外界不确定性、复杂性、有理性的不足假设和机会主义行为倾向假设。②交易过程的三个维度特征：资产专用性、交易不确定性及其交易频率。这些因素导致交易活动的不确定性和复杂性，使交易费用增加，使某种制度安排和交易方式的选择成为必要。

依据 Coase 的观点，市场和厂商是执行相同职能（即协调和配置资源）因而可以相互替代的两种机制。不同的是市场靠的是价格机制，而厂商靠的是行政机制。由于市场协调和厂商内部组织协调都是有成本的，所以，是厂商替代市场，还是市场替代厂商是以交易费用最小为基本原则。交易费用是安排管理和监控交易过程中发生的费用，其内容主要包括：①"运用价格机制的成本"，即在交易中发现相对价格的成本。例如，获取和处理市场信息的费用，这是在交易准备阶段发生的费用。②为完成市场交易而进行的谈判和监督履约的费用，包括讨价还价、订立合约、执行合约并付诸法律规范而必须支付的有关费用，这是交易过程中发生的费用。③未来不确定性引致的费用，以及度量、界定和保护产权的费用。Coase 认为，厂商交易费用代表了组织经济交易中的基本选择：选择市场或内部化以层级关系的组织结构来管理公司。

在 Coase 研究的基础上，Oliver Williamson 将交易费用理论进一步深化。Williamson 认为，一项交易不论在市场中进行或者在厂商中进行，都会发生交易费用。决定交易费用的因素可以归纳为人的因素（有限理性和机会主义）和交易特性因素（市场的不确定性、资产专用性程度和交易频率）两组因素，Williamson 尤其强调了资产的专用性在经济组织中的重要性。

所谓专用性资产指投资于支持某项特定交易的资产，如果不牺牲该项资产的一些生产率或增加使该资产适用于新交易的成本，专用性资产就不可能被用于另一交易中。专用性资产主要包括场地资产专用性、物质资产专用性、人力资产专用性及专项资产。它们的共同特征是：一旦形成很难用作他用，因此，交易双方具有很强的依赖性，一方违约将使另一方产生巨大的交易风险。

在 Williamson 看来，当资产的专用性程度和交易频率都很高，且产出有较高的不确定性时，专用性资产则应被纳入一体化的层级组织中。当交易是一次性的，且资产的专用性程度较低，则市场交易就是合适的，在这种情况下，市场本身依靠合同或法律对交易双方提供保护。

尽管 Coase 认为，资源的配置可依据交易费用在市场和层级组织中进行选择，但他在《厂商的性质》中又声明，对厂商的存在划出一条严格的界限是不可能的，暗示了厂商与市场间不同形态组织的存在性。后来 Williamson 在《交易费用经济学：契约关系的规则》一文中讨论了"三方规制"和"双边规制"两种介于市场和厂商之间的中间组织形式，被称为混合治理结构，如战略联盟、松散的合作网络等。他采用资产专用性、交易所涉及的不确定性和交易发生的频率解释经济活动的规制结构，一般来说，当这些变量处于较低水平时，市场是有效的协调手段；厂商的出现则是资产专用程度高、交易不确定性大和交易频繁的结果。处于两者之间的则是双边、多边和杂交的中间组织形式。Williamson 认为，当资产的专用性程度较低，且交易重复发生时，关系合约和双边治理就是优先选择，外包就属这种情况。

4.2.4.3　基于成本比较的回收模式选择机理

微观经济学对生产厂商的解释是社会经济活动中商品（或服务）生产的技术组织单位。厂商作为营利性组织，一切活动的出发点都基于最小成本前提下的最大收益。因此，厂商为了获得最大收益，势必通过一切努力降低相关成本。具体来说，厂商对其所发生的各项活动的成本进行比较，最终选择能够实现厂商生产经营目标的最低成本选项，以保证厂商的最大收益。

将比较成本理论应用于 EPR 制度下生产者对回收模式的选择，就是要对生产者可能选择的各类回收模式下的回收成本进行比较。按照本文对回收以及回收模式的定义，这里将回收成本认定为 EOL 产品的收集、分类检测、回收处置以及废弃过程中所消耗的各种劳动和物化劳动的货币表现。生产者通过对生产者自建回收模式、外包回收模式、生产厂商联盟回收模式中可能发生的回收成本展开比较，即可确定所选择回收模式的类别。具体分析过程如下：

设有生产厂商 A，采用自建回收系统模式回收 EOL 产品时，发生在建设回收系统上的固定成本和可变成本分别为 FC_1、VC_1，得到的回收收益为 r_1；采用外包模式回收 EOL 产品时，生产厂商支付给外部中间组织 PRO 或市场专业回收商的回收业务外包费为 t，PRO 或专业回收商为完成生产厂商 A 的 EOL 产品回收所发生的固定成本和可变成本分别为 FC_2、VC_2，所获收益为 r_2；采用生产厂商联盟回收模式回收 EOL 产品时，生产厂商 A 为加入回收联盟所发生的联盟费为 f，回收联盟回收生产厂商 A 的 EOL 产品时所发生的固定成本和变动成本分别为 FC_3、VC_3，所获收益为 r_3。

采用三类回收模式生产厂商 A、外包方 PRO 或专业回收商、生产厂商回收联盟所获收益如表 4.11 所示。

表 4.11　生产厂商、PRO/专业回收商、生产厂商回收联盟的收益

自建回收系统	外包	组建回收联盟	
生产厂商 A	$r_1-FC_1-VC_1$	$-t$	$-f$
PRO/专业回收商	0	$r_2-FC_2-VC_2$	0
生产厂商回收联盟	0	0	$r_3-FC_3-VC_3$

根据表 4.11 中不同回收模式下回收主体的收益，可作如下选择：

对于生产厂商 A，如果 $r_1-FC_1-VC_1>-t$，且 $r_1-FC_1-VC_1>-f$，即 $t>-r_1+FC_1+VC_1$ 且 $f>-r_1+FC_1+VC_1$，此时应采用生产者自建回收系统回收 EOL 产品。

如果 $r_1-FC_1-VC_1<-t$，且 $r_1-FC_1-VC_1<-f$，此时需对 $-t$ 与 $-f$ 展开进一步比较。

当 $-t>-f$，即 $t<f$ 时，生产厂商应选择外包回收模式，此时生产厂商面临的交易对象是 PRO 或专业回收商。而对于外包方 PRO 或专业回收商来说，接受生产厂商回收委托的前提条件是 $r_2-FC_2-VC_2>0$，即 PRO 或专业回收商开展回收活动的收益大于 0，PRO 或专业回收商为生产厂商 A 回收 EOL 产品有利可图。

因此，生产厂商选择外包模式完成回收的条件是 $-r_1+FC_1+VC_1>f$（$f>t$）且 $r_2-FC_2-VC_2>0$；

当 $-t<-f$，即 $t>f$ 时，生产厂商应选择回收联盟回收模式，而回收联盟接受生产厂商回收委托的前提条件是 $r_3-FC_3-VC_3<0$，即回收联盟开展回收活动的收益大于 0，回收联盟的回收活动有利可图。

因此，生产厂商选择回收联盟回收的条件是 $-r_1+FC_1+VC_1>t$（$t>f$）且 $r_3-FC_3-VC_3>0$。

以上分析表明，生产厂商 A 可通过比较回收成本对回收模式做出选择，选择时需考虑以下标准：

（1）当 $t>-r_1+FC_1+VC_1$ 且 $f>-r_1+FC_1+VC_1$ 时，应选择生产者自建回收系统模式；

（2）当 $-r_1+FC_1+VC_1>f$（$f>t$）且 $r_2-FC_2-VC_2>0$ 时，应选择外包回收模式；

（3）当 $-r_1+FC_1+VC_1>t$（$t>f$）且 $r_3-FC_3-VC_3>0$ 时，应选择生产厂商

回收联盟回收模式。

4.2.5 厂商回收模式选择决策

通过以上研究得知，EPR 制度下当生产厂商选择承担延伸责任时，即要对本厂商的 EOL 产品实施回收处置。在目前社会经济条件下，厂商既可以选择自建厂商内专用回收体系的自建回收系统模式，也可以选择利用社会共用回收系统的外包模式，还可以选择利用厂商间共用回收系统的生产厂商联盟回收模式。针对某一具体的生产厂商，选择何种回收模式完成EOL 产品的回收，解决这一问题需要厂商综合考虑诸多因素后作出综合决策。

采用生产者自建回收系统模式时，尽管对生产厂商而言存在许多优势，但是由于生产厂商需要建造回收厂房，配置回收设备，开发回收系统并雇用专业的人员进行管理，因此需投入大量的成本；而且，由于厂商内专用回收设施的利用率较低，设备折旧费用也是厂商面临的一个相当大的开支。而采用外包或组建厂商联盟回收模式时，生产厂商通过契约将 EOL 产品的回收处置工作转让给第三方或厂商回收联盟负责完成，厂商可以省去厂房建设费与人员管理费等项支出，并且风险也由多方共同承担，这就能使单一厂商的损失降低到最低点，同时厂商有更多精力从事主营业务，从而提高厂商核心竞争力。但是，外包和组建生产厂商回收联盟两种回收模式也存在不可避免的劣势：采用外包回收模式，扩大了厂商管理的难度，同时厂商将面临交易成本增加、机会成本产生的问题；而采用生产厂商联盟回收模式，存在商业机密泄漏的风险。因此，EPR 制度下，生产厂商在承担延伸责任时，应审慎考虑、综合权衡，选择适合厂商的 EOL 产品回收模式。

生产厂商在对回收模式的选择做出决策时，首先，应考虑 EOL 产品的回收处置业务在厂商整体业务中所处的战略地位，是否是厂商发展战略的重要组成部分，是否构成厂商的核心竞争能力。如果厂商回收业务有望或正在成为厂商的核心竞争能力，且该项业务对厂商未来发展具有重要影响时，厂商可采取自建回收系统的方式完成自身废旧产品的回收；相反，如果回收业务不是厂商的核心业务或虽是厂商的核心业务但厂商自身运作不具有可持续的竞争优势，则厂商就应该考虑将回收业务外包或通过厂商回收联盟完成回收。

其次，生产厂商回收模式的选择还应考虑资产专用性程度和交易费用的多少。当资产专用性程度较高时，此时由于市场上提供同类服务的回收组织或厂商较少，专业回收商极易行使机会主义，生产厂商将面临巨大的交易风险和较多的交易费用，因此生产厂商应选择自建回收系统模式或生产厂商回收联盟回收模式完成回收；当资产专用性程度较低，且交易重复发生时，此时回收市场进入门槛降低，交易费用较少，生产厂商很容易与市场专业回收商达成一致，且不存在来自回收商或 PRO 由于机会主义所带来的要挟，因此，生产厂商应选择外包回收模式。

再次，在不考虑专业化、规模经济和提升厂商核心能力条件下，市场交易费用、厂商组织管理费用与厂商 EOL 产品的数量有关，因此，EOL 产品数量也影响生产厂商回收模式的选择。当厂商 EOL 产品数量较小时，生产者选择回收业务外包模式可实现成本节约，而自建回收系统则是不明智选择；当生产者 EOL 产品数量较大时，生产者选择回收业务外包模式将导致较高的交易费用，而选择自建回收系统可实现成本节约。这也说明了实践中选择自建回收系统回收 EOL 产品的厂商多是规模较大厂商的现象，大量 EOL 产品的存在，使得厂商通过纵向一体化的方式可达到节约交易费用的目的。

最后，生产厂商回收模式的选择还应重点考虑成本收益状况。追求利润最大化是厂商一切活动的最终目的，因此，在选择回收模式时，厂商应对各个类别回收模式下的成本收益进行细致的估算和分析，判断某种模式的选择是否有利于提高厂商的经济效益：当将回收业务外包发生的费用或厂商加入回收联盟所发生的费用均大于厂商自建回收系统的净收益时，生产厂商应该选择自建回收系统模式完成回收；当自建回收系统的净支出大于厂商加入回收联盟的费用且大于回收业务外包费用时，生产厂商应选择回收业务外包模式完成回收；当自建回收系统的净支出大于回收业务外包费用且大于厂商加入回收联盟的费用时，生产厂商的理想选择应是生产厂商回收联盟回收模式。

综上所述，生产厂商在面临具体回收模式选择决策时，应对回收业务在厂商所处的战略地位、对厂商核心竞争能力的影响、交易费用的大小及厂商成本收益状况等因素进行综合考虑，最终做出有利于厂商发展的决策。

第五章　延伸生产者责任（EPR）政策

为了实现与生产者产品相关的处置成本和环境影响内部化到企业内部，公共管理部门需要通过一系列的政策安排以激励生产者承担起相应的"延伸"责任。根据激励方式的不同，可以将这些 EPR 政策工具划分为两大类：管制政策和经济政策，具体来讲主要包括：可循环性标准，庇古税，补贴，预付费，押金—返还，污染产品税等。

5.1　可循环性标准（Recycled Content Standard）

EPR 管制政策是公共管理部门经常使用的一项基本环境治理政策，目前无论是发达国家还是发展中国家针对固体废弃物处理问题，都普遍制定了相应的管制政策，其中最常使用的是可循环性标准管制，具体表现为回收再利用比率指标的颁布与实行。EPR 管制政策和 EPR 激励政策的环境治理手段一样，都是环境政策制定者所经常使用的面向 EPR 的政策工具。

不同国家结合本国的具体国情，在不同时期针对特定的产品制定了不同的回收再利用比率。欧盟国家对电子废弃物的回收率要求较高，回收率都在70%~80%，日本回收率要求50%~60%。目前，许多国家都在进一步提高对回收率的要求，如 2008 年，日本家用电器回收率统一要求大于80%，而欧盟国家在 2009 年 9 月的 WEEE 指令第二份修订草案中对不同电子电气设备的回收率和再使用及再循环利用率进行了修正，要求成员国应确保在 2011 年 12 月 31 日前，生产者应满足以下最低目标：①附件 IA 中第 1 类和第 10 类下的报废电子电气设备，回收率为85%，再使用及再循环利用率为80%；②附件 IA 中第 3 类和第 4 类下的报废电子电气设备，回收率为80%，再使用及再循环利用率为70%。③附件 IA 中第 2、5、6、7、8类和第 9 类下的报废电子电气设备，回收率为75%，再使用及再循环利用率为 55%。④对于气体放电灯，应达到 85% 的再使用率及再循环利用率。尽管我国目前的 EPR 政策实施还处于起步阶段，但随着 2005 年 4 月《中华人民共和国固体废物污染环境防治法》的颁布，以及 2009 年 1 月 1 日《中华人民共和国循环经济促进法》的正式实施，我国也针对一些特定产品制定了相应的回收再利用比率。例如，在包装材料方面，我国"十一五"资源综合利用的目标要求铝制容器回收率达到 90%，马口铁回收率85%，钢桶回收率达到 95%。尽管 EPR 政策的实施要求生产者承担废弃物回收再利用的责任，并要求制造商达到法定的回收率，但还不足以保证制造商基于社会责任或依靠市场机制使整个社会实现这样的废弃物回收再利用比率。因此，各国在制定相应的废弃物回收再利用比率的同时，也推出了一些鼓励与限制措施。如美国佛罗里达州规定，制造商的包装容器达到一定规格就要支付相应的包装处理费，而制造商只要达到一定的回收再利用水平即可申请免除包装废物的税收；而纽约州则对生产降解塑料的厂家给予补贴。

5.1.1 政策运作原理

所谓标准管制政策是指公共管理部门根据社会福利最大化的原则，制定相应的管制标准，并要求企业废弃物的回收再利用水平达到该标准。图 5.1 揭示了循环性管制标准的激励原理。P_c 是企业基于私人激励所实现的废弃物的循环再利用比率，而公共管理部门基于社会福利最大化标准将选取 P_s 作为管制标准，并要求企业达到这一循环再利用比率，否则将对企业做出处罚。

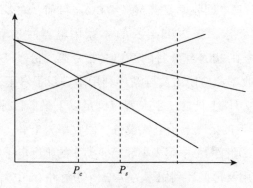

图 5.1　循环性管制标准确定

5.1.2 政策激励效果

从理论上来看，EPR 标准管制是一种直接有效的政策工具。但和其他的管制政策一样，标准管制政策也存在着巨大的监督成本、运行成本等问题，这些成本的存在有可能导致标准管制政策无法有效地实施，从而削弱对企业行为的激励。除非管制政策的执行能够激励公共管理部门有积极性去执行该政策，但这往往伴随着高额的惩罚金，高额惩罚金的存在却又容易滋生"寻租"行为，从而可能导致管制政策的失效。另外，即便是标准管制政策能够得到有效的实施而促使企业达到了相应的管制标准，也不意味着就能实现政策制定的目标从而实现社会福利的最大化，因为，在此约束下的企业追求利润最大化所实现的产出水平和废弃物产生量可能会被扭曲，使其结果偏离社会最优状态 。

许多学者对于 EPR 管制政策的有效性也提出了质疑，认为这种政策工具单独的使用往往不能带来社会最优的产品产出和固体废弃物的产出；而且即使与其他政策工具一起使用，可以使产品产出和废弃物产生量恢复最优，但也由于政策制定者缺失有关生产者的信息或消费者存在着废弃物偷排等原因，而使再生投入品标准管制相对于押金—返还制度存在着劣势。然而，尽管 EPR 管制政策存在不足，但由于管制标准容易量化、监管方便、易得到公众支持等方面的明显优势，使得推行 EPR 制度的国家和地区在实践当中基本上都采用了这一政策工具，或者单独使用，或者与其他政策工具进行组合，以促进生产者承担其延伸责任。

5.2 污染产品税 (Pollution-Related Product Tax)

污染产品税是在制造、销售、消费时根据产品的最终处理成本收取的税收（或费用）。鉴于其主要是用于弥补特定产品产生的废弃物处理成本（或相关环境治理用途），污染产品税通常也称为"预收处理费用"（Advance Disposal Fees, ADF）。污染产品税不同于面向污染物的直接污染税，而是针对产生潜在污染的产品征税，亦称间接环境税。征税对象主要是生产者或消费者，设置此税的目的是鼓励生产者或消费者减少污染产品的生产量或使用量，降低环境污染。主要针对给环境造成污染的能源产品、一次性消费产品和特殊产品。

设置污染产品税有三个目标：

（1）激励厂商实行产品减量化（减少产量或实行减量化设计），或转向生产可循环回收产品，或提高产品的循环材料含量；

（2）抑制消费者对不可循环回收产品的消费，促进可循环回收产品的消费；

（3）为垃圾减量化、再利用、再循环和其他相关环保项目筹集资金。

5.2.1 政策运作原理

污染产品税的经济原理在于产品交易时，未来处理废旧产品（或包装）的环境外部性成本并未反映在价格中，这样预先收取处理费用能适当提高产品价格，以反映真实社会成本，最终抑制产品消费和废弃物的产生。污染产品税有别于排污费，它直接针对于产品，而非废弃物，旨在弥补废弃物管理中的处置成本。污染产品税的理论依据来源于经合组织（OECD）于20世纪70年代所提出的"污染者付费原则"（Polluter Pays Principle，PPP）。这一原则的核心在于"环境资源有价"，所有对环境造成损失的自然人或法人都必须承担相应的费用。污染产品税将末端产品所产生的环境外部成本反应在生产者的私人成本之中，这种外部成本内部化的做法正是PPP原则的体现。

污染产品税的运作机理如下：当生产者生产某种损害环境的产品时，有关主管部门会对其征税，税率（事先预估）应该完全反应末端产品的全部外部成本，包括收集、处理和再循环利用等所有成本。外部成本内部化会提高生产者的生产成本，为了追求利润最大化，生产者会将这部分税率附加在产品价格之中，从而增加了消费者的购买负担。在此情况下，消费者往往会调整自身的消费习惯，转而购买价格并不太高的产品，这种倒逼机制会迫使生产者改良产品设计，使其减少有害环境的废弃物的产生。污染产品税的基本模型如图 5.2 所示。在不考虑环境外部性时，生产者根据 $MR = MC_1$ 确定其最优产量 q_1。然而，这并非是社会最优产量，因为末端产品对环境所造成的污染并未纳入生产者的决策之中。为此，社会计划者从最大化整个社会福利角度出发，对生产者征收污染产品税 θ_y，这种外部成本内部化迫使生产者的边际成本从 MC_1 上升至 MC_2，且 $MC_2 = MC_1 + \theta_y$。此时，生产者的产量为 q_2，且 $q_2 < q_1$，说明污染产品税对于抑制废弃物的产生起到了积极的促进作用。

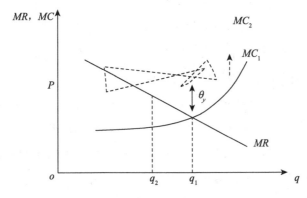

图 5.2　污染产品税的作用机理

5.2.2　政策激励效果

污染产品税既有经济激励作用，又具有纠正资源配置扭曲的功能。一方面引导生产者使用低毒、低害或可循环再利用材料，减少从原材料开采至产品回收处置整个过程的废弃物产生，并借助经济手段的激励作用，倡导"绿色消费"，以实现全社会废弃物的减量化目标；另一方面，污染产品税的征收可通过转移支付来弥补废弃物综合防治的成本。

污染产品税的政策效应主要体现在其直接或间接的废弃物减量效应（即产量削减效应）上。利用局部均衡原理，可对污染产品税的废弃物减量效应予以说明。

对某一特定产业来说，当厂商供给弹性较大时，实行污染产品税后，废弃物减量幅度也较大，产品的价格变化幅度也较大。可见，污染产品税效应受供给弹性的影响，供给弹性越大，污染产品税的废弃物减量效应就越显著。污染产品税效应也受需求弹性的影响，需求弹性越大，污染产品税的废弃物减量效应就越显著。从消费者和厂商的实际税收负担看，实行污染产品税后，供给弹性越大，厂商实际的税收负担越小。反之，厂商的税收负担越大。需求弹性越大，厂商实际的税收负担越大。反之，则厂商的税收负担越小。

概括地说，当需求弹性和供给弹性都很小时，污染产品税的废弃物减量效应较小，污染产品税仅有增加税收收益的作用（税收负担由双方共同承担）。当需求弹性和供给弹性都很大时，污染产品税的废弃物减量效应很大，但污染产品税获得的税收收益很少（双方实际的税负都很少）。当需求弹性和供给弹性一个很大、一个很小时，污染产品税的废弃物减量效应中等，污染产品税获得的税收收益也属中等。当然，这里污染产品税负担分配不一样，当需求弹性高、供给弹性低时主要由厂商承担税负，当需求弹性低、供给弹性高时主要由消费者承担税负。由此，为了实现良好的废弃物减量效果，污染产品税应首先针对需求弹性和供给弹性均大的产品实施，其次针对需求弹性和供给弹性一个大（小）、一个小（大）的产品实施。有时为了获取税收收益以弥补相应的废弃物处理成本，污染产品税也可以针对需求弹性和供给弹性均小的产品实施。

污染产品税的废弃物减量效应因产业特征而异。具体地说，污染产品税的效应受特定产业供给弹性和需求弹性两方面客观因素（而不是管制者主观因素）的影响。因此，污染产品税可能在某些产业有效，而在某些产业效率较低或无效。污染产品税的效应大小具体如何，是否如期望的那样具有良好的废弃物减量效应，还是只有收入再分配效应，这需要结合具体产业的需求、供给特征及其他内外部因素具体分析。

需要指出的是，污染产品税主要激励厂商实行前端减量化（减少产品产量或生产更易于循环回收的产品），但污染产品税并不直接鼓励末端（废弃物产生后）再循环。事实上，对污染产品税的一个主要质疑就在于，部分学者认为，污染产品税是一个"钝"政策工具，因为它不能区别"抛扔"和"不抛扔"废弃物的社会成本差异。鉴于污染产品税只有单方面的效应，实施时应制定相应的对策措施，如谨慎确定其适用范围与领域，与其他政策措施配套使用等。

5.3 庇古税（Pigou vain Tax）

庇古税是由英国经济学家庇古于 1920 年在其《福利经济学》一书中提出的有关解决环境负外部性的一种经济手段。按照庇古的观点，通过向生产者征税，可以弥补其产品生产的私人成本与社会成本之间的差距，以使资源能够得到有效配置。我国学者在分析庇古税时，更多地将其与环境污染治理联系在一起，指出由于环境污染造成外部负效应，故可以采用征税的方法对污染者收税，从而将外部成本内部化。

作为环境税，庇古税和污染产品税都是基于单位税额的从量税，二者不同的是，污染产品税是针对于产品的，而庇古税则是针对废弃物的。政府向生产者征收污染产品税时需要预先估计其产品将来对环境所造成的损失，而庇古税的征收则发生在废弃物丢弃时。从这个角度来看，庇古税更能准确地反应产品对环境所造成的外部成本，也就是说，相对于污染产品税，庇古税更能有效率地纠正资源配置的扭曲。

5.3.1 政策运作原理

庇古税的运作原理如图 5.3 所示。当产品对环境不产生外部性时，生产者的边际私人成本 PMC 就是其生产和消费过程所耗费的全部成本；当产品对环境产生负外部性时，生产者不仅要承担边际私人成本 PMC，还应承担其产品给环境带来的外部成本 EC，即生产者应承担边际社会成本 $SMC = PMC + EC$。然而，生产者作为追求利润最大化的主体，通常只关注自身的边际私人收益 PMR[①]和边际私人成本 PMC，此时生产者产量为 q_1。但从社会角度而言，社会福利最大化由 $SMC = SMR$ 来确定，社会最优产量为 q_2，这与生产者的最优决策之间存在着差距（$q_2 - q_1$）。这是因为生产

---

① 一般情况下，存在负外部性时边际私人收益 PMR 与边际社会收益 SMR 相同；存在正外部性时二者之间会有差距。

者在做决策时并未将外部成本考虑在内。因此，为了减少资源浪费和环境污染，引入庇古税 θ_w，即向每单位废弃物征收税收 $\theta_w = SMC - PMC = EC$，迫使生产者将外部成本内部化，纠正资源配置的低效率，使资源能够达到帕累托最优配置。

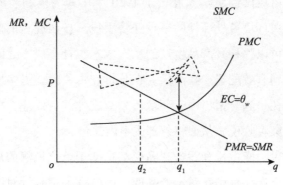

图 5.3　庇古税的运作原理

庇古税作用原理可进一步阐释如下：

假设考虑一个只存在两个生产者的经济，这里我们只讨论存在外部性条件下的生产过程的后果。假设第一家工厂的产量为 x，x 的单价为 p，如果每一单位 x 会产生一单位的污染，则该污染会对第二家工厂产生 $e(x)$ 的损失。这时，假设两家工厂独立经营，则各自的利润函数为

$$\pi_1 = \max_x(px - c(x))$$
$$\pi_2 = -e(x)$$

假定成本函数 $c(x)$ 是凸函数，则第一家工厂从自身利益最大化出发，在 $p = c'(x^*)$ 点决定均衡产量 x^*。$c'(x^*)$ 表示第一家工厂的私人边际成本，这里不包括 $-e(x)$ 这部分边际成本。

如果让两家企业合并成一家公司，让第一家工厂将其污染的社会成本考虑在内，即使外部成本内在化，则整个公司的利润函数为

$$\pi = \max_x(px - c(x) - e(x))$$

假定 $c(x)$ 和 $e(x)$ 都是凸函数。则利润最大化的一阶条件：

$$p = c'(x^{**}) + e'(x^{**})$$

由于 $e'(x^{**}) > 0$，所以，当 p 给定时，$c'(x^{**}) < c'(x^*)$，由于 $c(x)$ 是凸性的，可知 $x^{**} < x^*$。因此，在将外部成本内在化后，可以降低产品数量，从而使私人边际成本与社会成本相一致。

理论上，作为一种矫正性税收，庇古税似乎是解决环境污染问题的最佳经济手段。首先，它通过矫正生产者的边际私人成本，使市场均衡达到社会最优，实现了资源有效率的配置。其次，庇古税降低了生产者对边际利润的预期，迫使其减少产量，从而实现了废弃物的减少。另外，与污染产品税一样，税收收入可以作为专项资金用于发展环保事业，倡导清洁生产。然而，现实中实施庇古税并非易事。因为外部成本很难量化，较高或较低的税率都会使市场结果偏离最优状态，所以税率的确定一直以来都是一个试错的过程，而这一过程仍然伴随着资源浪费和环境污染。

5.3.2 庇古税应用

庇古税即每单位废弃物的税收应该等于其环境损害造成的边际社会成本。由于边际社会成本测度的困难，在实践中通常采用的是对废弃物进行"单位定价"（unit pricing）或"按抛扔数量付费"（pay as you throw），表明固体废弃物服务以单位废物为基础进行收费。单位可以用重量或体积为尺度，体积在目前使用得更广泛一些。例如，在美国一些城市，居民要根据不同尺寸容器购买标签，然后将预付标签贴在所使用容器上，从而为废弃物排放付费。

并不是所有条件下都适合征收庇古税。一般来说，征收庇古税需要满足三个条件：

第一，信息充分。如果信息不充分，政府就无法比较准确地判断使社会边际收益等于社会边际成本的均衡产量处于何处，在此条件下征税，有可能使资源配置扭曲。而任何情况下可获信息都只是相对充分。这就要求政府要努力从各种渠道搜集信息，从而保证其做出的判断有准确依据。

第二，市场主体数量足够多。垄断市场或者寡头垄断市场不适合征收庇古税，这是因为参与市场的主体数量少，此时，政府通过规制要比征税简单得多。同时，由于征税对象少导致较高的征税成本。因此，只有在参与市场主体数量比较多时，才能考虑使用庇古税。

第三，损害成本同质。当损害成本不同质时，征收庇古税不可行。如图 5.4 表示：

图中横轴表示排污量，纵轴表示成本，假设有两家企业排放的污染物相同，两家企业的减污的边际成本相等，都等于 MC_a，但是，由于两家企业所处的环境不同，他们排放的污染物对环境所造成的损害成本不等。第一家企业损害的边际成本为 MC_{e1}，第二家企业损害的边际成本为 MC_{e2}。按照最优化原则，如果采用征收庇古税的方法，则第一家企业征收的庇古税为 T_1，第二家企业征收的庇古税为 T_2。

可见，在其他条件相同的情况下，如果损害成本不同质（相等），只有征收不等的庇古税，才能实现最优排污量。但是，征收不等的庇古税违背了公平税负的原则。反之，如果征收等量的庇古税，则无法实现最优排污水平。因此，在损害成本异质的情况下，征收庇古税是不可行的。此时采用颁发牌照、分区规制的方法是比较理想的选择。

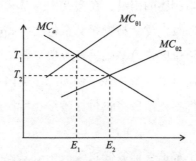

图 5.4　损害成本不同质时庇古税

国内学者主张将征收的庇古税用于环境污染治理。然而，这是庇古税的重要用途而非全部。实际上，庇古税应该用来消除外部性所带来的负面影响，也就是用于社会福利。但是，要做到这一点，却存在着一个根本问题，也就是如何测度社会福利。

这个问题迄今为止没有很好的解决方法。既然社会福利无法测度，这就意味着庇古税要用于社会福利，只能是由政府根据其所认定的偏好出发，将税收用于政府认为该用的地方，这有利于政府集中力量办大事，但是由此带来的问题就是庇古税的征收和使用能否真正反映社会福利。

政策导读

中国的庇古税

1972 年 OECD 环境委员会首次提出"污染者负担"的原则。OECD 确定"PPP 原则"指的是污染者必须承担削减措施的费用，这种措施由公共机构决定并能保持环境处于一种"可接受的状态"。随着"PPP 原则"作为环境政策领域中的一个基本原则得到各国公认以后，基于"PPP 原则"的环境经济刺激手段在各国相继提出并加以采纳和应用。一些国家为了防治环境污染和生态破坏，根据"PPP 原则"相继实施了排污收费制度。如联邦德国制定了世界上第一部《污水收费法》，随后，法国、日本、澳大利亚、新西兰等国家也实行了这一制度。

1978 年 9 月颁布的《中华人民共和国环境保护法（试行）》18 条规定"超过国家规定的标准排放污染物，要按照排放污染物的数量和浓度，根据规定收取排污费。"首次从法律上确立了我国的排污收费制度。1982 年 2 月，国务院在总结试点经验的基础上发布了《征收排污费暂行办法》，对实行排污收费的目的、排污费的征收、管理和使用做出了统一规定，标志着排污收费制度的正式确立。1984 年，财政部、城乡建设环境保护部联合发布了《征收排污费财务管理和会计核算办法》，加强了对排污费的管理，统一了排污费的会计核算办法。1988 年 7 月，国务院颁布了《污染源治理专项基金有偿使用暂行办法》，在全国实现了排污费的有偿使用。1991 年颁布的《环境保护法》再次确认了排污收费制度。2003 年 1 月，国务院颁布了《排污费征收使用管理条例》，以行政法规的形式确立了市场经济体制下的排污收费制度，同年 2 月，国家发展计划委员会、财政部、国家环境保护总局、国家经济贸易委员会联合发布了《排污费征收标准管理办法》，3 月，财政部会同国家环境保护总局联合发布了《排污费资金收缴使用管理办法》。这些法律规章的颁布，为排污收费制度的贯彻执行提供了法律上的保障，进一步规范和完善了排污收费制度。此外，我国的一些单行法中也对排污收费制度有一些规定，如 1996 年修订的《水污染防治法》第 15 条、1999 年修订的《海洋环境保护法》第 11 条、2000 年修订的《大气污染防治法》第 14 条都做出了排污即收费、超标排污则要予以行政处罚的规定。这些规定进一步补充和完善了我国排污收费制度。

2016 年 12 月 25 日，国家主席习近平签发了第六十一号主席令："《中华人民共和国环境保护税法》（以下简称《环保税法》）已由中华人民共和国第十二届全国人民代表大会常务委员会第二十五次会议于 2016 年 12 月 25 日通过，现予公布，自 2018 年 1 月 1 日起施行。"《环保税法》是我国第一部专门体现"绿色税制"、推进生态文明建设的单行税法，有专业人士将其形象地比喻为"中国的庇古税"。

5.4 补贴政策（Subsidy Policy）

补贴是政府实施政策干预的一种常见形式，即政府通过补贴政策使消费者面对的商品价格低于市场水平，或使生产者价格高于市场水平。也就是说，政府以直接或间接的方式支援消费者或生产者，让消费者或生产者降低成本，增加所得，从而实现不同的政策目的。补贴存在的唯一理由是外部影响内部化，"补贴是由监管者为生产者所提供的财政援助形式。补贴能够通过帮助公司应付税务执行费用而被用作一种鼓励污染控制或减轻监管经济冲击的激励。"因为补贴相当于"负税收"，因此与排污收费具有相同的激励机制，只不过补贴是对不污染行为给予奖励，而不是对污染行为给予惩罚。

环境补贴主要有两种类型，即污染防治设备补贴和污染减排补贴，所采取的形式有拨款、贷款和税收贴息等。

世界各国的环境补贴方法类似。针对企业的污染防治设备、技术研究及开发项目，各国大都提供财政补贴、贴息贷款或优惠贷款。据统计，日本仅 1975 年中央和地方政府向企业提供的修建污染防治设施的财政补贴高达 14850 亿日元，此外还为企业技术开发项目提供优惠贷款；德国仅 1974 年为帮助修建 184 个污水处理厂提供了 9 亿马克的补助资金。

5.4.1 政策运作原理

作为纠正市场失灵的一种工具，经济手段具有两种调节机制：对产生负外部性的行为进行惩罚；对产生正外部性的行为进行激励。如果生产者的私人活动产生负外部性，私人成本和社会成本之间存在着差距，即外部成本，此时政府通过征税纠正私人成本实现资源配置的有效率；如果生产者的私人活动产生了正外部性，例如，某个生产者发明了新技术往往会招致其他生产者搭便车的行为，此时供给不足导致的市场失灵同样会使资源配置无效率，在此情况下，需要政府给予生产者一定的经济补贴以恢复正常的市场秩序，从而使市场均衡达到社会最优。

如图 5.5 所示，不存在外部性时，生产者根据 $MR = MC$ 原则确定其最优产量 q_1。当生产者的私人活动产生正外部性时，收益不仅包括生产者的私人收益，还包括其他人搭便车所获得的外部收益，也就是说，边际社会收益 SPB 大于边际私人收益 MPB，二者的差距为边际外部收益 EB。因此，从社会福利最大化角度而言，根据 $SMC = SPB$ 可得社会最优产量为 q_2，此时生产者最大化其利润的决策结果并非社会最优，因为生产者并未考虑边际外部收益。为了纠正这种正外部性所带来的市场失灵，政府需要对生产者每单位产出补贴 θ_s，从而生产者的边际私人收益曲线向上平移，平移量为补贴量，此时边际私人收益曲线就与边际社会收益曲线完全重合，市场均衡达到最优，实现资源配置帕累托最优。

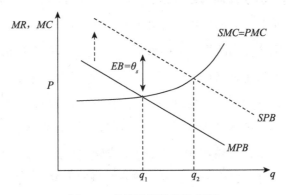

图 5.5 补贴政策的运作机理

5.4.2　环境补贴应用

政府补贴通常会通过两种途径对企业的投资行为产生影响：一是政府补贴可弥补企业的资源缺口，促进企业投资，这被称为直接效应；二是根据信号理论，政府补贴本身可看作一种信号，有助于企业获得更多的社会投资，这被称为间接效应。

环境补贴实际应用的案例很多。拨款或低息贷款是国际上常见的环境补贴形式，包括澳大利亚、丹麦、芬兰、日本、荷兰和土耳其在内的很多国家都采用这种形式。在美国，常用的补贴形式是对诸如公共处理设施等项目提供联邦资助。联邦补贴还用于促进使用污染控制设备、鼓励使用和开发清洁燃料以及排污量较低的交通工具。联邦补贴的形式有很多，如拨款、折扣和税收减免。在州级水平上，环境补贴的主要应用是通过税收激励的再循环活动，常见的补贴方法有再循环设备投资税减免以及减免再循环设备销售税。

5.5　预付费（Advance Disposal Fees，ADF）

预付费制度是政府基于产品在废弃处置阶段所需成本耗费，提前向产品生产企业收取一定金额的费用，用于相应 EOL 产品的回收与处置。ADF相当于政府预收不承担回收责任的"罚金"，罚金金额等于企业完成回收的总成本。该项制度一般适用于生命期较长的产品。预付费制度的特点是生产某一产品的企业须根据产品的材质或重量等依法定期向政府缴纳相应金额的费用，如果企业实际支付了 ADF，则被视为承担了 EOL 产品的回收与处置责任；如果企业完全通过其专用回收体系或其他共用回收体系承担延伸责任，则无须向政府交纳 ADF。通过实行 ADF 制度可以约束生产企业实行前端减量化（减物质化设计），或转向生产可循环回收产品，或提高产品中的循环材料含量（有助于培育和稳定 EOL 产品的回收市场）。

当排污收费难以实施的情况下，预付费可以比较容易地节省实施成本。有人认为，如果没有相应的再循环计划，更好的选择是预付费，因为这样就为废弃物的处置提供了财政上的支持。但是，实际上预付费不仅仅可以为市政部门废弃物处置提供资金，预付费也可以作为对废弃物循环再利用企业的资助，以使循环再利用量达到社会最优水平。

5.5.1 政策运作原理

由于环境正外部性的存在，使得回收再利用企业的社会边际收益大于私人边际收益，导致基于市场激励所实现均衡的回收再利用数量低于社会最优的回收再利用数量。如果将预付费作为回收再利用企业对消费后的废弃物进行再利用的补助，则可以使如图 5.6 所示的回收再利用企业的边际生产曲线下移，并恰好经过效率均衡点。预付费的运行机制与补贴的运行机制相类似，不同之处在于预付费能够解决补贴资金来源的问题。

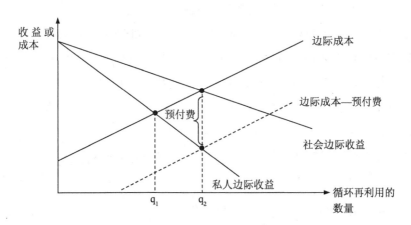

图 5.6 为循环再利用进行预先缴费

5.5.2 政策激励效果

预付费可以实现三个目标：

（1）激励厂商实行前端减量化（减少产品产量或实行减物质化设计），或转向生产可循环回收产品，或提高产品中的循环材料含量（这进而有助于培育和稳定废旧产品的回收市场）；

（2）抑制消费者对不可循环回收产品的消费，促进可循环回收产品的消费。尽管有时预收处理费对消费行为的净影响并不大，但预付费的"象征意义"往往向消费者传达了这样的信息：这种产品是不合意的，消费者也会因此减少对其的消费；

（3）为垃圾减量化、再利用、再循环和其他相关环保项目筹集资金。

预付费在 OECD 国家应用比较普遍，很多国家都对一次性容器、电池、塑料袋、杀虫剂、汽车轮胎等产品实施了预付费。例如，1988 年意大利实行"塑料袋课税法"，商店每卖出一个价值 50 里拉的塑料袋，要交 100 里拉（8 美分）税。这一政策实施以来，意大利的塑料袋消费立即降低了 20%~30%。而且，塑料袋税除了激励消费者更节约使用塑料袋外，还刺激了厂商研究和开发可生物降解的包装袋。

对预付费的一个主要质疑就在于它是一个"钝"政策工具，不能区别"抛扔"和"不抛扔"废弃物的社会成本差异。这是因为，预收处理费用的主要功能是激励厂商实行前端减量化，但它并不直接鼓励末端（废弃物产生后）再循环，消费者在消费后会丧失循环回收的积极性。鉴于此，实施预收处理费用时应制定相应的对策措施，如将税收收益用于循环回收补贴，以促进产品的循环回收。

5.6　押金—返还制度（Deposit-Refund System）

押金—返还制度（Deposit-Refund System，DRS）一直以来都是各国政府所关注的焦点。DRS 不会像污染产品税或庇古税一样造成产出过少的后果，也不会像补贴政策一样导致产出过量的局面。国外许多学者（Bohm，1981；PalmerandWalls，1997；Numata，2009）的研究表明，在某种程度上，押金—返还制度被认为是一种有效管理固体废弃物的经济手段。

押金—返还制度有广义和狭义之分。狭义的押金—返还制度是一种激励机制，生产者为了履行延伸责任，针对废弃时会造成环境污染或资源浪费的产品，在销售时附加一部分费用于价格中，当消费者达成了生产者所要求的义务之后，退还其押金。而广义的押金—返还制度是指无论实施主体是谁，一旦从事有关对环境和资源可能会造成污染或危害的私人活动，就必须事先缴纳一定的保证金，承诺其整个活动过程不会产生负外部性，如果私人活动结束时，整个过程确实不存在环境污染或资源浪费的情形，就退还其押金，否则，就按污染程度扣除其所缴纳的押金。押金—返还制度根据实施主体的不同分为两种形式，一种是由市场驱动，另一种是由政府驱动，如表5.1所示。

在市场自发形成的DRS中，押金和返还额由生产者决定，生产者可以事先确定押金金额，也可以事后确定再返还；消费者支付押金并在将废旧产品退还给生产者后获得返还。押金和返还金额通常相等。这类DRS的核心是确定产品售价和返还金额，有的还涉及销售与回收网络设计及生产决策，以利于生产者回收有利用价值的材料。客观上这类DRS有回收废弃物的功能，但由于其返还金额通常低于社会最优需要的返还金额，回收率通常也低于社会最优时的水平，因此，这类DRS属于企业经营策略，而不是环境政策。

在政府DRS制度中，押金和返还金额由政府决定，可以相等也可以不等；押金可由消费者或生产者交纳；生产者支付押金时，押金可以通过产品价格部分或全部转嫁给消费者。这类DRS的核心是确定押金和返还金额以及该政策对利益相关人和产品环保设计的影响，以利于政府解决其他政策不易解决的、生产与生活过程中的负外部性问题，避免废弃物污染环境，因而这类DRS属于政府环境政策。本研究所指的DRS分析框架即针对这种作为环境政策的DRS。

表5.1　押金—返还制度的实施方式

类型	目标	主体	客体	押金缴纳方式
市场驱动	回收率	生产者	消费者	押金附加于价格之中
	循环利用以减少生产成本			
	确保消费者对产品的维护			
	向消费者展示质量			
	价格歧视			

类型	目标	主体	客体	押金缴纳方式
政府驱动	污染防治 保护自然资源 生态保护	政府	生产者 消费者	预先支付履约保证金 或强制性押金

资料来源：王建民（2008）。

　　押金—返还制度适用范围包括：一是具有可回收性、剩余价值利益的固体废弃物包括缺陷产品、零部件、原材料包括废纸、玻璃等；二是具有污染性或潜在危险性较大的产品；三是具有可循环性，其回收成本要小于原材料或可替代材料的生产成本或其机会成本较大的固体产品。传统押金返还制度的适用范围较窄，大多适用于固体废弃物的回收，但它针对的主要是社会边际成本较高、循环利益高的产品，包括工业废品，如电池、铜、锌、钢铁、节能灯管、建筑废料等；生活日常用品，如易拉罐、啤酒瓶、饮料瓶等；和电子产品，如手机、电脑、汽车等报废品及其零部件等。

　　最常见的是生产者迫于回收率的要求所实施的押金—返还制度，属于其狭义范畴。而以政府为主导的押金—返还制度主要是基于社会福利最大化的目标。例如，为了能够有效地回收和再利用电子废弃物，韩国针对家用电器实施了押金—返还制度，并建立了"环境改善专门账户（Special Account for Environment Improvement）"，规定生产者必须在销售时根据销售量预先向账户缴纳押金，这些押金悉数由政府统一管理，当家电生产者按照标准和规范对其报废产品进行回收和处理后，政府再根据其回收处理的状况从专门账户中返还其预付的押金。

5.6.1　政策运作原理

　　监控和管理费用可能导致污染收费的管理成本高昂或者带来更多的废弃物非法处置。在这种情况下，押金—返还制度将是一个合适的替代工具。从操作的角度看，押金—返还制度是要求行为主体首先为潜在的损害行为预先支付一定的费用（即押金），而之后的行为表明这种潜在的损害行为并没有发生时返还这笔费用（即退款）。该市场手段将污染收费与控制监控成本的内在机制结合在一起。押金—返还制度在应用于鼓励循环再利用行为时，只有在相关废弃物得到再循环时才能得到返还。而且，押金—返还政策实施针对的对象有时并非是一个，有可能使押金的收取对象与返还对象不同。例如，在 EPR 政策中，就可能是在产品销售时向制造商进行征税，在产品被回收再利用时对回收再利用商进行补贴。

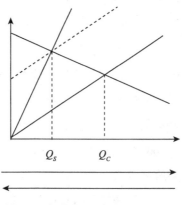

图 5.7 押金—返还制度运作原理

图 5.7 是押金—返还制度模型。沿着横轴从左至右衡量废弃物排放占总废弃物处置行为的百分比。反之，沿着横轴由右向左衡量循环再利用的百分比。私人边际成本包括收集和非法倾倒废弃物的成本以及不当处置可循环利用废弃物的成本，如垃圾容器的成本、支付给垃圾公司的收集费以及放弃再循环产生的机会成本。社会边际成本等于私人边际成本再加上废弃物对环境所造成损害成本。假设不存在着外部收益，则私人外部收益与社会外部收益相等。当没有实行押金—返还制度时，私人均衡点废弃物循环再利用量 QC 小于社会效率均衡点水平 QS 。为了纠正负外部性，押金设定将使边际成本曲线上移到恰好达到效率均衡点。押金—返还制度使潜在的污染者有明显的动机采取正确处置废弃物的行为，因为这可以使他们收回押金。一旦污染者选择非法处置废弃物，他们就要提前支付外部成本。同时，管理部门可以灵活调整押金和退款金额以增强内在激励。

5.6.2　政策激励效果

押金—返还制度起源于挪威。1978 年挪威政府通过了针对废旧汽车实现押金—返还制度的相关法案。法案规定：每一辆汽车的购买客户在购买新汽车时，需要再支付额外押金 130 欧元（后改为 77 欧元）。当汽车由于老旧、破损、车祸等各种原因报废或者不再使用时，只要车主将该汽车车体返还到政府指定的回收点后，根据相关的废旧汽车标准，车主将领回多于原押金的返还款。例如，车主在购买汽车时支付了 130 欧元的押金，当车主将符合条件的废旧汽车返还到政府指定回收点时，将会获得 200 欧元甚至更多的返回金额。该方案实施后，挪威的废旧汽车回收率达到了 90%～99%，实现了汽车材料的循环利用，减少资源浪费，也有效地预防了废旧汽车随意处理所造成的一系列的环境后果。瑞典、希腊、美国等发达国家也根据各国国情分别制定了相应的政策，逐步确立了押金—返还制度，实现了可回收废旧物 80%～90%的回收率。大量基于发达国家背景的研究表明，押金—返还政策能同时实现废弃物源头减排与终端回收，环境保护与成本节省的效果显著，比强制回收、预收处理费和回收补贴等政策更有效率。

押金—返还制度中每年收取的押金产生的资金时间价值除了用于返还押金之外，还有很大部分被作为社会成本用于城市基础设施建设、城市交通运输、财政补贴等，一定程度上减少了政府财政压力，盘活了社会资本。

押金—返还制度的优势在于，返还可以激励环境保护行为，同时也没有明显增加政府的监控和执行成本。这种政策手段一旦可以有效实施，激励机制就不需要太多监管而可以自动运行。押金—返还制度的另一个优点是鼓励市场参与者更有效地利用原材料。一直以来，大量的 EOL 产品被填埋或焚烧，但实际上它们是可以再循环利用的，再循环产品能够减缓自然资源的耗竭，从而降低这些资源的价格。对厂商征收原料押金，可以促进企业在生产过程中更有效地利用资源。"退款"则可以激励厂商在生产过程结束时对含有原材料的废弃物进行合理处置或再循环。忽略这种激励的厂商不但会面临传统的处置成本，而且还面临失去退款的机会成本。

第六章 发达国家延伸生产者责任（EPR）实践经验

数据显示，在 1980—1997 年，经济合作与发展组织（OECD）成员国的城市垃圾排放量增加了 40%（OECD，2001），而在当时，许多国家的废弃物回收市场价格很低，甚至低于回收成本（Ueno，1999），这样回收厂商没有激励去回收更多的废弃物，从而越来越多的废弃物就只能通过掩埋或焚烧的方式处理，进而对环境和社会产生不利的影响，并危害到人类健康。为此，OECD 国家率先进行了废弃物管理制度的创新，制定和实施了生产者责任延伸（EPR）制度。目前，大多数 OECD 国家针对多种产品实行了 EPR 制度，包括包装材料、电子及电器设备、电池、汽车、轮胎、冷冻剂、润滑油、油漆等。OECD 国家 EPR 制度的实践为世界其他国家管理废弃物提供了宝贵的现实经验。

本章主要针对欧盟的德国、英国和荷兰以及日本、美国和瑞士六个国家关于废弃物治理的 EPR 实践进行详细考察，并总结经验。

6.1 欧盟的 EPR 实践

欧盟的 EPR 实践一直处于世界领先地位。欧盟是世界上 EPR 制度体系最为完善、法律法规最为健全以及执行效果最佳的地区。本节首先对欧盟的 EPR 制度及其立法进行详细地阐述，之后对欧盟的三个成员国（德国、英国和荷兰）的 EPR 实践及其制度特点进行深入探讨。

6.1.1 欧盟 EPR 的立法概况及其特点

6.1.1.1 欧盟 EPR 制度的立法现状

20 世纪中后期，环境问题已经成为国际社会共同关心的议题，而率先针对环境问题立法的当属欧盟。1972 年，欧盟的前身欧共体召开巴黎峰会，提出在欧共体内部建立统一的环境政策计划，并详细制定了处理环境污染问题的行动纲领。

20 世纪 90 年代，欧盟的电子废弃物数量迅速增长，到 1998 年电子废弃物累计数量高达 600 多万吨，占城市固体废物的 4%，其增长速度是其他城市固体废物平均增速的 3 倍。因其中含有大量有害物质，如果回收处理过程不规范，就会对环境造成严重污染并危害到人类健康。对此，早在 1992 年欧盟委员会就召开研讨会，提出了"整合性产品政策"及其目标和适用领域等。该项政策以"延伸生产者责任"为原则，致力于产品生命周期的各个阶段，提高产品的环境绩效。之后欧盟又于 1999 年的非正式环境部长会议上，将"整合性产品政策"确定为工作重心，并于 2001 年初步构建起"整合性产品政策"的基本框架。

欧盟"整合性产品政策"的执行，主要是通过不断制定与之相关的法案来推动。关于废弃物治理，欧盟根据适用对象的不同建立了不同的废弃物指令，主要包括：废旧汽车回收指令（ELV 指令）（2000）、电子电器设备中禁用有害物质指令（RoHS 指令）（2002）、废旧电子电器设备指令（WEEE 指令）（2002）、耗能产品生态设计指令（EuP 指令）（2005）、与能源相关产品的生态设计指令（ErP 指令）（2009）。其中最重要的当属 WEEE、RoHS 与 ELV 指令。

1. WEEE 指令

欧盟于 2003 年 2 月 13 日在官方公报上正式发布了"关于废弃电子电气设备指令"（第 2002/96/EC 号指令，全称 Waste Electrical and Electronic Equipment Directive，简称 WEEE 指令）。该指令的实施，对欧盟提高废旧电子电气设备的收集率起到了重要的促进作用。然而，由于较低的收集率目标（4 千克/人/年）无法满足快速增长的废旧电子电气数量，同时为了简化登记注册等流程，欧盟于 2009 年初开始修订 WEEE 指令，最终在 2012 年 7 月 4 日签署了新版 WEEE 指令（2012/19/EU），并于 2012 年 7 月 24 日正式生效。新版指令要求欧盟各成员国必须在该法令经官方公报颁布后 18 个月（即 2014 年 2 月 14 日）内转化成本国的法律。在转化过程中，成员国可以选择实施更为严格的政策和标准，但不应低于新版 WEEE 指令所规定的最低标准。另外，根据新版 WEEE 指令，成员国还须对本国现有的法律进行相应的修订，并提出新的实施措施。

修订后的 WEEE 指令的目的和宗旨不变，即以预防为主，通过循环再利用及其他再生利用方式减少末端电子废弃物对环境的污染。

旧 WEEE 指令覆盖了 10 大类电子电气产品，而在新的 WEEE 指令中，产品范围增加了"适用时间段"的概念，如表 6.1 所示。从 2012 年 8 月 13 日到 2018 年 8 月 14 日的 6 年过渡期，指令的适用范围基本与旧 WEEE 指令一致。而从 2018 年 8 月 15 日起，新 WEEE 指令将适用于所有的电子电气产品（EEE），产品类别将由原来的 10 大类简化为 6 大类 EEE。

表 6.1　新旧 WEEE 指令产品范围适用时间段

旧 WEEE 指令产品范围及适用时间	新 WEEE 指令产品范围及适用时间
2012 年 8 月 13 日以前及过渡期（2012 年 8 月 13 日至 2018 年 8 月 14 日）	从 2018 年 8 月 15 日起
1）大型家用电器 2）小型家用电器 3）IT 和通信设备 4）消费设备 5）照明设备 6）电气电子工具 7）玩具、休闲和运动设备 8）医用设备 9）监视和控制仪表 10）自动售货机	1）制冷器具和辐射器具 2）屏幕和显示器（屏幕面积大于 100cm²） 3）灯 4）大型器具（除制冷器具和辐射器具，如洗衣机、灶具等） 5）小型器具（除制冷器具、辐射器具、灯、屏幕和显示器、IT 器具） 6）小型 IT 和通讯设备（外部尺寸不超过 50cm）

WEEE 指令确定 EPR 为指导原则，规定生产者（制造商、进口商和经销商）必须承担延伸责任，包括实体责任、资金支付责任和信息责任。这三大责任构成了 WEEE 指令的基本内容。

（1）实体责任：产品设计、收集、处理和再生利用。

产品设计：在设计阶段，生产者应考虑产品的易拆解和循环利用。除非出于安全或环保因素考虑，生产者不得有妨碍循环再利用的设计。

收集：为实现对电子废弃物高质量的分类收集，生产者可以选择自建收集系统，也可与其他生产者联合建立收集系统，或委托第三方收集。分销商在销售新产品时应以"一对一"的形式回收同类型的旧产品。新WEEE指令对较低的回收率目标（4kg/人/年）进行了修订，采取了分阶段设定目标的方式。第一阶段，从2016年（新WEEE指令生效后4年）起，回收率目标要达到45%；第二阶段，从2019年（新WEEE指令生效后7年）起，回收率目标分为两种，达到其一即可。一是成员国当年收集的废旧电子电器的重量占前三年投放到本国市场的所有电子电器产品的总重量的比率须达到65%，二是成员国当年收集到的废旧电子电器的重量占当年本国产生的所有废旧电子电器的总重量的比率须达到85%。

处理：生产者或其委托的第三方应建立回收处理系统，使用最佳的可用技术，保证回收的报废电子电气设备能够得到及时处理，并达到相应的处理标准。

再生利用：WEEE指令对每一类电子废弃物、材料、元器件和物质等都规定了总的再生利用目标和循环利用目标。在新WEEE指令中，再利用率将设备的再使用数量计算在内（气体放电灯除外），因此，总的再利用率/回收率目标均在旧WEEE指令的基础上增加5%。考虑到从旧指令向新指令的过渡，再利用率/回收率目标也引入了"适用时间段"的概念，如表6.2所示。旧指令中的再利用率/回收率目标一直沿用至2015年8月14日。从2015年8月15日到2018年8月14日，设备分类仍然按旧WEEE指令的十类执行，但各类设备的再利用率/回收率目标值均增加5%。从2018年8月15日以后，设备按新六大类的分类方法，来设定再利用率/回收率目标值。

表 6.2　新旧 WEEE 指令中再利用率/回收率目标值的对比　　　　　　　%

旧 WEEE 指令	2012 年 8 月 12 日前	1 类、10 类 #	再利用率	75
			回收率	80
		3 类、4 类 #	再利用率	65
			回收率	75
		2、5、6、7、8、9 类 #	再利用率	50
			回收率	70
		气体放电灯 #	再利用率	80
过渡期	2012 年 8 月 13 日至 2015 年 8 月 14 日	1 类、10 类 #	再利用率	75
			回收率	80
		3 类、4 类 #	再利用率	65
			回收率	75
		2、5、6、7、8、9 类 #	再利用率	50
			回收率	70
		气体放电灯 #	再利用率	80
新 WEEE 指令	2015 年 8 月 15 日至 2018 年 8 月 14 日	1 类、10 类 #	再利用率	80
			回收率	85
		3 类、4 类 #	再利用率	70
			回收率	80
		2、5、6、7、8、9 类 #	再利用率	55
			回收率	75
		气体放电灯 #	再利用率	80
	2018 年 8 月 15 日起	1 类、4 类 *	再利用率	80
			回收率	85
		2 类 *	再利用率	70
			回收率	80
		5 类、6 类 *	再利用率	55
			回收率	75
		3 类 *	再利用率	80

备注：# 指旧 WEEE 指令中设备的十大类分类
　　　* 指新 WEEE 指令中设备的六大类分类

（2）资金支付责任。WEEE 指令落实 EPR 原则的一个关键措施就是让生产者对电子电气设备的末端管理直接付费，即生产者应支付所有自己生产的产品的回收、处理、再循环和环保丢弃处理的费用。这一举措不仅有利于促使生产者进行可回收性设计（DfR），还可以鼓励消费者自觉地交回电子废弃物。根据产品投放市场的时间不同，生产者的资金支付责任也不同。对于2005年8月13日以前投放市场的产品所产生的电子废弃物（历史产品），生产者承担"集体的资金支付责任"，相关管理费用由市场上所有生产者按其所占市场份额比例进行分摊。而对于2005年8月13日之后投放市场的产品，则由产品生产者承担"个体的资金支付责任"。此外，生产者还应该为其所生产的WEEE的处理提供经济担保，以防生产者破产后其产品不能得到适当的回收处理。有三种担保形式可供生产者选择，加入一个适当的WEEE管理融资计划，或者是提供回收保险或冻结银行账户。

（3）信息责任。生产者的信息责任主要包括向用户和处理厂提供信息，配合成员国政府的信息收集工作并由成员国向欧洲委员会报告。生产者应向用户告知如何处理这些需要重复使用、再生及回收的产品事项以及产品中所含的有害物质对环境和人身健康的潜在影响。对于需要被单独收集的特定产品，生产者应该加贴特殊标志，并在其产品投放市场后一年内向处理厂提供产品成分材料、所含危险物质的位置等有关信息。生产者应在产品上市的当地国登记注册，并向该国定期申报有关信息，包括年度投放市场的电子电气设备的种类数量、收集情况和再使用、循环利用的情况和出口情况等，再由该成员国向欧洲委员会报告。

2. RoHS 指令

2003年2月13日欧盟在官方公报上发布了"电子电气设备中限制使用某些有害物质指令"（第2002/95/EC号指令，全称The Restriction of the use of certain Hazardous substances in Electnical and Electronic Equipmen，简称RoHS指令），要求从2006年7月1日指令开始实施起，投放于欧盟市场的八大类电子电气设备（WEEE指令中的第1类至第七类以及第十类，外加电灯泡及家用照明设备）的均一材料（不能够被机械拆分成单一材料的单元）限制使用铅、汞、镉、六价铬、多溴联苯和多溴联苯醚等六种有害物质，并规定这些有害物质的含量不得超过 0.1%（镉为 0.01%）。

RoHS 指令是对 WEEE 指令的补充，是与 WEEE 指令并行的，其目的在于一方面使欧盟各成员国在电子电气设备中限制使用有害物质的法律趋于一致，另一方面有利于按合乎环境的要求对报废电子电气设备回收和处理，保护人类健康。与 WEEE 指令相同，随着电子电气行业的发展，RoHS 指令也进行了修订。2008 年欧盟提出了针对 RoHS 指令的修改草案，该草案于 2011 年 6 月获得欧洲议会、欧盟理事会、欧盟委员会的共同批准。同年 7 月 1 日，新 RoHS 指令（2011/65/EU）（又称 RoHS2.0 版）在欧盟官方公报上正式发布，并要求欧盟各成员国必须在 18 个月内（2013 年 1 月 2 日之前）将指令内容转化为本国法律。

与旧 RoHS 指令相比，新 RoHS 指令更进一步明确了适用范围、符合性评估方法、各方责任（制造商、进口商和经销商）以及豁免申请等。

（1）适用范围。新 RoHS 指令扩大了产品的适用范围，不仅覆盖了旧 WEEE 指令中所有的十大类电子电气设备，还将医疗设备和监控设备以及第 11 类设备（旧 WEEE 指令未被覆盖的电子电气设备）纳入其中。也就是说，新 RoHS 指令实际上已将所有电子电气设备囊括其中。而针对设备的不同，新 RoHS 指令规定了不同的实施日期：2013 年 1 月 2 日，旧 RoHS 适用范围内的电子电器；2014 年 7 月 22 日，医疗设备和监控仪表；2016 年 7 月 22 日，体外诊断医疗设备；2017 年 7 月 22 日，工业监控设备；2019 年 7 月 22 日，除上述提到的设备外的设备（第 11 类）。

（2）符合性评估。关于企业如何证明自己的产品符合指令要求，旧 RoHS 指令并没有明确说明。而新 RoHS 指令则增加了这部分内容，明确指出了证明符合性的方法。指令规定制造商必须按照欧盟 768/2008/EC 指令 A 模式，通过编制技术文档、采用相关协调标准、实施内部生产控制、粘贴 CE 标志以及起草符合性声明等方式来证明其产品符合 RoHS 指令。

（3）豁免申请。新版 RoHS 增加了有关豁免的申请、撤销和续期程序，便于电子电气行业的操作。同时针对每项豁免都设定了截止日期，一般要求是对于第 1 类至第 7 类、第 10 类和第 11 类设备，最大豁免期限为 5 年，而对于第 8 类和第 9 类设备，最大豁免期限为 7 年。在截止日期之前的 18 个月内如有必要还可提出豁免续期的申请，并且欧委会必须在截止日期之前的 6 个月内做出决定，便于行业提前做准备。

（4）制造商的责任。新 RoHS 指令对制造商、授权代表、进口商和经销商的责任进行了明确规定，确保投放市场的电子电器产品符合 RoHS 指令。

制造商的责任包括：

编制技术文档，并按照 768/2008/EC 指令的 A 模式实行内部生产控制程序，确保批量生产程序正确，从而保持合规性；

起草"EC 合规声明"（EC Declaration of Conformity），并在每个成品上粘贴欧洲合格认证标志（CE Marking）[①]；

在电子电器产品投放市场以后，制造商要保存技术文档和符合性声明 10 年，确保技术文档能按有关机关要求随时查阅；

制造商要保证其产品（或产品包装）上贴有型号、批号、系列号、公司名称、注册贸易名称或注册商标、明确的公司地址以及其他要素，使产品能够被识别，制造商可以被联系到；

如果制造商自认为或有理由相信他们已投放市场的产品不符合 RoHS 指令，则制造商必须立即采取必要的纠正措施，使这些产品符合要求将产品撤回或召回，并立即通知产品所在成员国的执法部门，详细汇报不符合的情况以及所采取的纠正措施。

除了以上新增内容，新 RoHS 指令还将旧指令后续发布的增补文件（如 2005/618/EC、2006/690/EC、2009/443/EC 和 2010/122/EU 等）融合在一起，成为一个完善版本。

3. ELV 指令

2000 年 5 月 24 日，欧盟正式颁布了"关于报废汽车的技术指令"（第

---

① CE Marking：是新 RoHS 指令的一个亮点，即电子电气设备只有在符合 LVD（安全）、EMC（电磁兼容）、EuP（能效）和 RoHS（有害物质限制）四项指令时，才能粘贴"CE 标志"。

2000/53/EC 号指令，全称 End-of-Life Vehicle Directive，简称 ELV 指令），要求各成员国必须于 2002 年 4 月 21 日以前将指令内容转化为本国法律，还要求各成员国：制定相应的技术法规和标准并能有效实施；建立报废汽车登记注销证明系统，确保报废汽车只在授权拆解机构被处理；提高报废汽车处理时的环境标准，规范降污处理工序，防止二次污染；确保从 2003 年 7 月 1 日起投入市场的车辆中（包括材质与零件）四项重金属含量不得超过 2002/525/EC 制定的浓度上限值；采取切实可行的措施，保证报废汽车回收利用目标的实现。

ELV 指令的目的在于建立收集、处理和再利用的机制，鼓励将报废汽车的零部件重复利用。其适用范围包括汽车类及汽车类废品、汽车配件和材料、配件备品和替代品。此外，ELV 指令对生产者责任也做出了规定：

（1）预防责任：在车辆设计阶段，车辆制造商应控制并减少有害物质的使用，特别应禁止使用铅、汞、镉和六价铬，尽量使用那些车辆废弃后易拆解和可循环利用的部件。

（2）回收责任：车辆制造商应承担报废汽车的回收、拆卸和循环利用的全部或大部分费用；制造商与销售商、维修商等共同建立回收体系。

（3）信息责任：车辆制造商应向购车人提供有关汽车清洁生产、可循环利用以及如何以无害化处理报废汽车等信息；汽车制造商应向经授权的处理厂家提供所有必需的拆解信息，尤其是涉及有害材料的信息；新车型投放市场后六个月之内制造商应提供该车型的拆解信息，这些信息应表示出车辆不同的零部件和材料，以及所有有害物质的位置。

同时，ELV 指令也明确了回收指标：2006 年 1 月 1 日起，每年每辆报废汽车其平均重量至少有 85% 能够被再利用，其中材料回收率至少为 80%；2015 年 1 月 1 日起，这两项指标将分别提升至 95% 和 85%。

WEEE 指令、RoHS 指令和 ELV 指令产品覆盖范围广泛，囊括了 10 大类近 20 万种产品。并规定消费者返还废弃产品时不承担任何费用，而由生产者对废弃产品的回收、处理和再利用的成本负完全责任。这三个指令目前是欧盟落实 EPR 原则的三部重要文件，并陆续被纳入到欧盟各成员国的国内法之中。

6.1.1.2 欧盟 EPR 制度的立法特点

关于生产者责任延伸的立法，欧盟一直保持着领先地位。完善的 EPR 法律制度不仅在欧盟各成员国取得了良好的成效，而且也影响着世界其他国家和地区。具体来说，欧盟的 EPR 法律制度具有以下特点：

（1）立法的连贯性和互补性。在"整合性产品政策"纲领下，欧盟陆续颁布了 ELV 指令、RoHS 指令、WEEE 指令、EuP 指令和 ErP 指令。这些环保指令目标一致，理念相同，脉络相连、内容互补。这些环保指令相辅相成，共同推进欧盟地区循环经济的发展。

（2）立法的广泛性和差异性。广泛性主要体现在产品的适用范围上。欧盟通过立法草案对 WEEE 指令和 RoHS 指令进行修订时，纳入了"适用时间段"的概念，采用了开放式监管范围，这种灵活性安排使欧盟环保指令的覆盖范围一直处于变动之中，使得欧盟委员会可以随时出台针对某一产品的实施措施。但根据相关指令的实施安排，预计到 2019 年，所有的电子电气设备都会被涵盖在内。

虽然欧盟环保指令规定了统一的指标和要求，但仅规定了"最低标准"，各成员国在将指令转化为本国法律时，不应低于这个标准。因此，根据国情的不同，各成员国对指令的转换程度不同，具体内容也有差异。

（3）目标明确、责任分配合理。欧盟立法最主要的一个特点是量化标准，如 WEEE 指令中各类设备的再利用率和回收率。量化标准使责任、目标非常具体，不仅有利于 EPR 的执行，而且便于更好地衡量 EPR 政策实施的成效。

此外，欧盟的 EPR 立法虽几经修订，但仍然坚持生产者对产品承担责任的管理模式，并在责任分配上逐渐趋于合理。这种以生产者为主导的废弃物管理模式，可以刺激生产者采取切实有效的措施来减少原材料的使用和废弃物的产生，生产出更多可循环利用的产品，从而实现资源的节约和污染的减少，实现整个社会的可持续发展目标。

（4）允许成立生产者责任组织（PRO）。为了落实 EPR 制度，各成员国普遍建立了生产者责任组织（PRO）。PRO 是负责产品回收的第三方，它受生产者的委托承担本属于生产者的产品回收责任。也就是说，生产者加入 PRO 后，通过预先支付废弃物处置费用的方式替代对废弃物的实际处置责任。PRO 建立共用产品回收体系，但其本身并不直接对废弃物进行处置，而是与回收处理厂签订合约，由回收处理厂实施具体的处置工作。这种由生产企业、生产者责任组织、回收企业共同构成的共用产品回收体系，可以有效避免那些中小企业因难以完成 EPR 制度中的回收责任而不得不退出市场的尴尬局面，从而既保证了 EPR 制度的顺利实施，又保持了产品的有效竞争。

6.1.2 德国 EPR 的实践

6.1.2.1 德国废弃物治理的发展历程

德国的循环经济位于世界前列。和许多国家一样，德国在其工业化进程中也走过了一条"先污染，后治理"的道路。第二次世界大战后，战败的德国集中主要力量快速发展经济。然而随着经济的迅速增长，经济发展所带来的环境污染问题和资源短缺问题也日益严重。尤以 20 世纪 70 年代初最为突出。主要表现在四个方面：一是工业污水大量排放，导致河流、湖海等水域中的生物种类急剧减少，如莱茵河原有 200 多种鱼类，而到了 70 年代初仅剩下 80 余种；二是工厂废气大量排放，二氧化碳排放量达到每年 770 万吨；三是矿山过量开采，地表植被严重破坏，废渣、尾矿堆积成山；四是垃圾堆放场管理不善，70 年代末期德国有 5 万余个垃圾堆放场，其垃圾滤液对周边土壤和地下水造成了污染。

因此，可以说德国对废弃物的处置和再利用起源于"垃圾经济"，然后通过源头防范的生产者责任延伸和其他环境管理制度向生产领域延伸，从而推动循环、可持续生产和消费模式的建立。

德国对废弃物的治理经历了三个发展阶段（见图 6.1）：

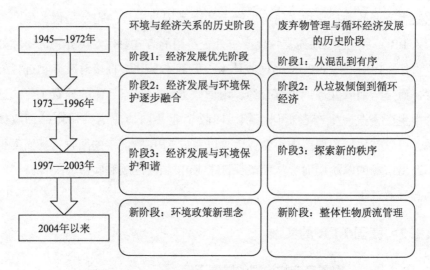

图 6.1　德国废弃物管理和循环经济实践的发展历程

资料来源：世行报告．促进中国循环经济发展的政策研究【NO. TFo54538】．2007。

（1）第一阶段：从混乱走向有序阶段（1945—1972 年）。为了改进垃圾处置技术，第二次世界大战后的德国成立了一些研究组和协会，负责研究垃圾管理工作。1965 年，德国成立了联邦卫生部中央垃圾处置局，系统地研究了垃圾成分及其数量的统计数据，使人们更好地认识到垃圾问题的严重性。从 20 世纪 50 年代中期起，德国陆续建立了一批利用垃圾和垃圾污泥进行试验的堆肥厂。到 1970 年，全国共修建了 11 个堆肥工厂，但仍有 5 万个杂乱和不规范的垃圾倾倒场，造成了比较严重的二次污染。

针对这种状况，德国于 1972 年出台了《废弃物处置法》，这是德国第一部垃圾处置法律，该法确立了废弃物排放的"末端治理"、私营企业可以承担垃圾无害化处置业务和建造垃圾中心处理站等重要原则，确立了垃圾处置走向法制化和有序化的总体思路。虽然该法并没有对垃圾再循环和再利用做出明确规定，但废弃物的末端处理孕育了德国循环经济的萌芽。

（2）第二阶段：从废弃物倾倒向物质闭路循环转变的阶段（1973—1996 年）。随着《废弃物处置法》的实施，"经济"原则在废弃物管理活动中变得越来越重要。1973 年石油危机后，德国开始从垃圾焚烧中获取电能和热能，以节约能源和资源。1974 年，德国颁布了《联邦污染物排放控制法》，并于次年发布了第一个国家废弃物管理计划，首次提出了"预防、减量、回收和重复利用""根据污染者付费原则，分担处置成本"等重要原则。然而该实践过程非常缓慢，效果不甚明显，主要是由于这些原则和目标不具有法律强制力。

20世纪80年代中期，德国较高的环境标准导致了垃圾处置费用升高。而且随着垃圾越来越多，现有的垃圾场已不能消化和处理全部垃圾。此时德国开始意识到，简单的垃圾末端处理并不能从根本上解决问题。因此，1986年德国颁布了新的《废弃物处置法》，该法确立了"预防优先""垃圾处理后的重复使用"两项基本原则，并首次规定了生产者应承担的废弃物处置责任。此法对那些具有市场经济价值的二次原料的提取和再利用起到了促进作用。自此，德国对废弃物的认识从"如何处理"上升到了"如何避免产生"的高度，废弃物的循环利用开始得到重视。

20世纪90年代初期，为了解决垃圾处理过程中产生的二次污染问题，德国出台了一系列新条例，以促使提高垃圾处置的技术水平。例如，1991年颁布的《避免产生和再生利用包装废弃物法令》和《包装条例》，扩大了回收和再利用的废弃物范围，强化了产品生产者责任制度。《包装条例》明确规定生产者和销售者应负责回收包装垃圾，从而将责任从政府转移到了私人企业，建立了以市场经济机制为基础的回收体系。1994年德国颁布了《物质闭合循环与废弃物管理法》（于1996年生效），这标志着循环经济首次以法律的形式得到认可。该项法律不仅将垃圾管理的范围扩大到了整个欧洲，还要求垃圾管理的方式应以闭合的方式进行，同时该部法律对垃圾拥有者的义务、垃圾流量的监控和垃圾处置的措施也做出了详细规定。

（3）第三阶段：探索新秩序阶段（1997年以来）。1996年正式生效的德国《物质闭合循环与废弃物管理法》，标志着德国正式步入了循环经济的发展阶段。自此，德国的循环经济大规模发展，废弃物管理状况也发生了重大变化，主要表现在：①废弃物管理中的经济因素受到了优先关注。在处置废弃物过程中，特别重视源头减量、回收和再利用以及能量的转换；②废弃物管理从政府负责制向生产者付费原则转变；③废弃物管理的欧洲化，即不断地促进欧盟国家环境标准的统一。

自 2004 年以来，德国一直在试验采取整体性物质流管理战略，以推进不同层次，特别是区域经济与社会的可持续发展。物质流管理有机地结合了经济效益、区域综合附加值（如就业）和环境保护，旨在促进物质、物质流和能源的高效利用。当前德国物质流管理主要集中在食品生产领域的资源和能源流管理，并取得了相当的成功。

6.1.2.2 德国的 EPR 实践

1991 年，德国制定了《避免产生和再生利用包装废弃物法令》，事实上该法令是融入了 EPR 原则的废弃物管理法。以该法令为基础，德国实施了世界上第一个强制性的"EPR 制度"。尽管当时德国并未正式使用 EPR 这一术语，但这种理念却给其他国家应用 EPR 指导废弃物管理立法提供了典型和示范，具有开创性的意义和地位。继该法令之后，EPR 吸引了众多学者的研究，得到了许多国家的认可，并由 OECD 给出了其明确的定义，一直延续到现在。目前，EPR 原则的适用范围不断扩大，包括包装物、电子产品、办公设备、汽车、轮胎、电器、电池、油漆和建筑材料等。而在德国，尤以包装废弃物管理和电子废弃物管理为典型。

1. 德国包装废弃物管理的 EPR 实践

德国的包装及包装废弃物管理处于世界最前列，原因是德国拥有一套完整的包装废弃物回收体系，即完善的立法和 DSD 处置系统。

（1）完善的立法。德国于 1991 年制定的《避免产生和再生利用包装废弃物法令》（《包装法令》）至今已被修订了五次，该法确立了包装废弃物回收的生产者责任制原则。2005 年 12 月 30 日修订的第四版《包装法令》设定了四个主要目标：①包装物由"对环境负责的"材料制成，该材料适于被循环利用；②包装物的重量和数量得到减少；③如果可行，包装物能被再次填装；④如不能被再次填装，包装物会被循环利用。

虽然这些并非是直接的法定义务，但却表明避免包装废弃物的产生和实现其再利用已成为政府管理废弃物的焦点和重点。

该法令的最大特点是规定了制造商（制造包装和包装材料的厂商）和销售者回收和再循环利用包装废弃物的法定义务，并根据包装物的分类，对制造商和销售者所承担的责任进行了细化。

依据包装丧失使用功能的时间，该法令将包装物分为三类：一是运输包装（transport packaging），指货物在由制造商抵达销售商的运输途中使用的包装；二是外包装（secondary packaging），指为方便自助销售、防盗或做广告而使用的额外包装；三是销售包装（sales packaging），指盛装产品的基本包装，包括服务包装（零售商、饭店和其他服务行业可以使商品或帮助商品到达最终消费者手中的包装）和一次性餐具。

同时，该法令明确了三种包装物的责任主体。制造者和销售者负有回收和再使用、循环利用运输包装的义务。而目前，德国制造者和销售者普遍选择向零售商付费，让其代为履行这种义务。针对外包装，销售者承担回收并将所收集的外包装交付给有关主体，使之被再使用或是循环利用的义务。此外，销售者须免费接受消费者返还的销售包装以及被弃于销售场所的销售包装，并有义务对其再使用、循环利用，或是移交制造者和其他销售者处理。

继《包装法令》后，德国又相继出台了许多相关的法律法规。1991年德国政府通过了《减少包装物垃圾条例》，其目的在于避免或减少包装废弃物的环境影响。1994年德国联邦议院通过了《循环经济及废物法》，明确了废物管理政策方面的新措施。1996年进一步制定了《循环经济与废物管理法》，把废物处理提高到由系统配套的法律体系支撑的循环经济国民体制与国民意识上来。2002年德国最高法院颁布了《包装管理条例》，要求所有商店从2003年1月开始收取罐装和瓶装材料的包装回收押金。2007年德国第五次修订了《包装与再生利用包装废弃物指令》，对一次性销售包装体系制定了更为详细的规定，以减少该类包装废物的产生。

（2）DSD系统。《包装法令》的核心内容是规定了制造者和销售者对产品包装物的回收、再使用和循环利用的义务，并且赋予了制造者和销售者将回收责任委托给专门从事回收处理的公司权利。因此，生产者和销售者们为了不被包装物回收再生工作所束缚，他们迫切希望通过参加一个废弃物管理体系来免除这种法定的回收义务。在这种制度背景和市场需求下，德国二元回收体系应运而生。

1990 年 9 月 28 日，由 95 家生产商和销售商自发组建的 DSD① 公司在德国科隆诞生。它是为配合德国包装物指令推广而采用的一种新型废弃物处置模式，是在地方政府已有的废弃物处理系统外由政府另行设立的非营利性组织，也是之后其他 EPR 制度适用国家所采用的生产者责任组织（PRO 组织）的原型。

DSD 公司负责废弃物的收集、分类、运输和处置等。其经营活动资金来源于向加盟企业颁发"绿点"（Green Dot）许可证而收取的使用费。按照包装物指令的规定，生产者必须负责其产品消费后阶段的废弃物处置工作，并应达到法定的回收利用标准。如果生产者加盟了 DSD 系统，并向其支付了"绿点"许可使用费，那么 DSD 公司就会为其产品打上"绿点"标记。该"绿点"标志就表明生产者已经为其产品将来的废弃物处置支付了费用。在该产品进入消费后的废弃阶段时，由 DSD 公司进行统一收集处理，如图 6.2 所示。如果产品上没有"绿点"标志，就表明生产者未加入该组织，需要自行对废弃物进行回收利用。

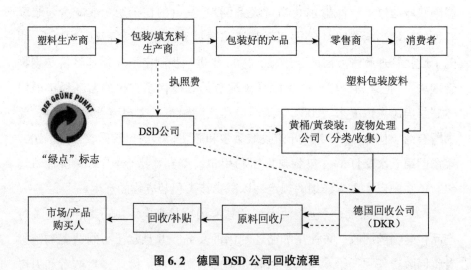

图 6.2　德国 DSD 公司回收流程

---

① DSD 的德文全称是"Duales System Deutschland"，直译成中文即"德国二元系统"。在中文文献和期刊杂志上常被称作"德国二元回收体系""DSD 组织""德国双轨回收系统"和"德国绿点系统"等。"二元"系统是指由私人主体运营的系统与政府建立的公共废弃物管理系统并行存在。

"绿点"标志只使用在一次性包装上。DSD公司通过"送"与"取"两个系统对所有"绿点"标志的包装废弃物进行回收。对数量较多的玻璃（需按绿、白、棕色分开）、纸和纸板废物及边角废料，公司通过"送"系统，用垃圾箱（袋）集中包装后派车送往再生加工企业，进行回收再生。对分散的包装物，公司则在居民区、人行要道附近设置垃圾收集箱（桶）收集，分为大、中、小三个型号，根据需要确定垃圾箱的尺寸和摆放位置；垃圾箱（桶）还分为不同颜色，以便于对废弃物分类收集，其中蓝色垃圾箱（桶）收集纸箱纸盒，黄色收集各类废弃的轻包装，如塑料、复合纸、易拉罐等，灰色或棕色收集其他杂物。

"绿点"许可使用费视包装废弃物的类型、重量和体积而定，这样就使包装材料的使用者出于成本的考虑，尽量简化产品包装以及使用便于循环利用的包装材料。通过建立DSD系统并使用"绿点"标志，德国顺利地实现了包装物指令所设立的强制回收利用的目标。作为EPR制度下的新型模式，该体系也被德国推广和应用于其他废弃物处置上。目前，大约19000个许可证持有者在使用"绿点"标志，收集的资金用来与收集和分类包装的废弃物回收公司签署合同。目前，德国大约有400家废弃物回收公司已经签署了合同。2003年，与用于处理和再使用的16.6亿欧元的成本相比，DSD的营业额为17亿欧元。此外，DSD系统和"绿点"标志还在欧洲22个国家使用，以DSD为核心组建的"欧洲包装物再生利用组织（PROEUROPE）"在实施欧盟包装物指令、消除成员国之间贸易障碍方面发挥了举足轻重的作用。目前，很多采用EPR制度的国家也借鉴了德国模式，探索出生产者责任组织的多种运作形式。

2. 德国电子废弃物管理的EPR实践

（1）立法先行。根据欧盟WEEE指令和RoHS指令，德国于2005年3月制定了《关于电子电气设备使用、回收、有利环保处理联邦法》（Electrical and Electronic Equipment Act，简称ElektroG），同年8月13日生效。这标志着德国开始电子废弃物的专项治理。ElektroG的基本内容同欧盟WEEE和RoHS指令一致，但在执行时间上采取了分段执行的方式，并且对生产者的强制回收利用义务、费用承担义务、信息公布义务做出了更加详尽的规定，如表6.3所示。

表 6.3　ElektroG 中生产商应遵守的义务和执行的时间及期限

义务		执行日期	备注
生产商注册		2005 年 11 月 23 日止	生产商应在规定期限内进行注册，对于没有注册的生产商，从 2005 年 11 月 24 日起，不允许出售其产品
资金担保		2005 年 11 月 23 日止	在登记时，生产商应同时提供资金担保，以保证企业破产后其出售的电器的回收处理费用；从 2005 年 11 月 24 日起，不允许出售没有资金担保的产品。资金担保形式（3 种）：保单、银行账户、加入生产商担保系统（电子废弃物行业回收体系）
产品设计		2005 年 8 月 13 日起	产品设计应考虑废弃后的方便回收处理。如不执行，也不承担法律后果
标识		2006 年 3 月 24 日起	没有按要求标示的产品禁止销售
提供回收和处理信息			生产商还需要在每个新的电子电气设备上市后一年内，将该产品的再使用、回收处理等信息以资料或手册的形式提供给再使用厂、处理厂，信息中必须描述产品所含的元件、材料以及有毒有害物质的位置
通报义务	销售量	2005 年 11 月 24 日起	每月通报一次销售的家用设备数量；每年通报一次销售的非家用设备数量
	回收量	2006 年 3 月 24 日起	每年通报一次回收的设备数量

（备注跨通报义务两行）如果生产商提供的数据与第三方专家验证报告的数据不吻合，则国家结算中心可向电子废弃物回收处理主管部门 UBA 举报，UBA 则可根据 ElektroG 第 23 条第 7 项（未按规定时间提供完整而且正确的电子废弃物处理记录及报告），对生产商处以罚金，最高可达 5 万欧元

续表

义务	执行日期	备注
禁用材料	2006 年 7 月 1 日起	不符合使用材料要求的产品禁止销售
为收集提供便利	2005 年 11 月 24 日起	生产商为公共回收点免费提供回收容器（5 类：大型家用电器和自动售货机；电冰箱和冷柜；IT 通信设备和消费电子设备；气体放电灯；小型设备及其他）
再生比例	2006 年 12 月 31 日起	设备类再生比例要达到 70%~80%，材料类须达到 50%~75%

资料来源：德国电子废弃物回收处理的法律要求及实施情况，节能环保。

（2）运作体系和费用机制。德国的电子废弃物管理体系，是在政府的监管下，授权第三方非营利机构进行统一组织、协调和监控的运行方式，如图 6.3 所示。其中，德国联邦环境保护署（Umwdt Bunddes Amt, UBA）是电子废弃物回收处理的主管部门，主要职能是通过"中央注册点"对生产商或进口商登记注册。作为第三方机构，废旧电器登记基金会（又称 EAR 基金会，于 2004 年 8 月 19 日，由 27 个电子电气生产商和 3 个协会联合成立的行业非赢利性组织）受 UBA 的全权授权，履行中立的结算中心、注册机构的职责，包括：生产商注册；收集统计生产商和处理厂报告的数据，计算、汇总生产商的市场份额并向 UBA 报告；接收由市政回收点发出的电子废弃物提取通知，同时向生产商或指定第三方发出电子废弃物提取通知；对生产商的相关活动进行监督。

EAR 体系采取的是"事后收费"的费用机制。在此机制下，生产者承担电子废弃物处置的主要费用。各阶段费用负担如下：市政当局公共废弃物管理机构免费收集家用电子废弃物，收集费用由市政当局承担；运输、处理费用由生产者或进口商承担，生产者或进口商也可指定与其合作的运输公司和处理公司。市政当局完成免费收集作业后，生产者或进口商就开始负责之后的工作。EAR 负责组织和协调从市政回收点开始的电子废弃物的登记接受、从回收点到处理厂的运输事宜。电子废弃物的处理费用以发票清单形式开给 EAR，EAR 根据产品市场份额确定每个生产者或进口商应分担的费用，并向其开出费用发票。对于新的电子废弃物，EAR 计算生产者应承担的相应费用。对于历史电子废弃物（即欧盟双指令实施前市场上已经存在的电子废弃物）的处理费用另行规定。

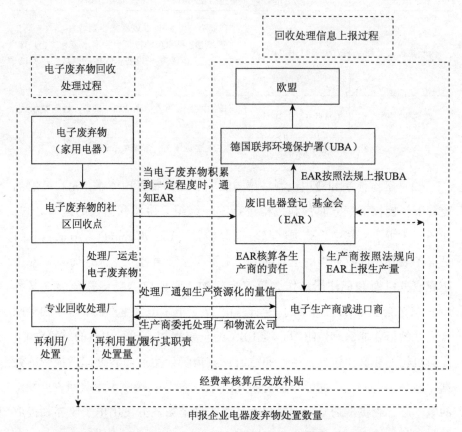

图 6.3 德国基于 EPR 的电子废弃物回收处理运作系统

资料来源：张科静. 德国基于 EPR 的电子废弃物再生资源化体系对我国的启示。

在 EAR 体系下，生产者执行回收处理的衍生费用有注册费、资金担保费、运输费、处理费等 4 大项，此外还有 EAR 机构的行政管理费用。生产者回收成本由电子废弃物的物流运输费和处理费两项构成。据德国西门子公司估算，生产者负担的电子废弃物回收处理成本构成如下：注册费用5%，管理费用20%，运输费用50%，处理费用25%。

为配合 ElektroG 的实施，2005 年 7 月，德国政府有关部门颁布了《电子电气设备收费条例》。EAR 根据该条例收取相关注册费用和行政费用，收费从 45 欧元到 545 欧元不等。

德国电子废弃物处置管理取得了良好的效果。据德国废弃物管理及再生利用协会（BVSE）数据显示，目前德国每年的电子废弃物约为 200 万吨，年均增长率为 3%～5%，其中电子废弃物的 60%～70% 由市政当局公共废弃物管理机构收集，30% 由私人公司收集，人均收集量达到 5.5kg/年。

6.1.2.3 德国 EPR 制度特色及其废弃物治理的经验

德国的废弃物治理取得了明显成效，走出了一条具有德国特色的循环经济发展道路，成为世界上循环经济发展水平最高的国家之一，为其他国家的废弃物治理提供了宝贵的经验。

德国 EPR 实践可归纳为以下几个特点：

1. 完善的法律法规体系和详尽的回收处置义务

德国建立了比较完善的废弃物法律法规体系，立法结构呈现立体化且层次性突出。上有规定普遍性原则的框架性法律，下有细化到规定具体回收指标的条例法规，涉及范围广泛。如对包装物、报废车辆、电子电气设备、有毒废弃物、废木材、废油、商业垃圾和污水污泥等废弃物都制定了具体的法规，从而保证了立法的高效力和实效性。

同时，德国在 EPR 立法中明确规定了生产者有义务对废弃物回收处置，并在法律条文中详细地规定了生产者在产品设计、废弃物回收处理和循环利用、资金支付及信息公布等方面履行义务的内容和方式。例如，根据各类产品的不同特性详细规定了生产者循环利用的法定比例。以家用电器为例，立法将家用电器分为大型家用电器和小型家用电器两类。前者的循环利用率要求达到 80%，元器件、材料和物质的循环利用率要求达到 75%；后者相对应的指标分别是 70% 和 50%。为了达成上述指标，生产者可以选择自行对其产品废弃物回收再利用，并承担所有处置费用；也可选择通过缴费加入相关生产者责任组织，以集体处置替代自行处置。

2. 污染者付费并治理的原则和企业化运营的实施机制

德国的 EPR 立法将经济责任的落实作为制度有效运行的核心内容，延续了早期 EPR 理论的要求，即废弃物处置费由生产者承担。其旨在通过生产者付费义务的落实，对生产者从源头预防、改进产品设计和减少废弃物产生起到真正的激励作用，从而达到提高废弃物循环利用率的目标。相较于消费者付费模式，生产者付费模式可以有效地杜绝消费者为规避承担废弃物处置费用而随意丢弃废弃物的现象。

以电子废弃物处置为例，德国的电子产品，按产品是否为"历史产品"，生产者的付费义务有所不同，对于"新产品"的处置承担"个体付费义务"，对于"历史产品"的处置承担"集体付费义务"（已投放市场的产品，由生产者按市场份额比例分摊处置费用）。对于"新产品"，生产者需要负担的主要费用，包括从市政回收点起的运输费用，再使用、回收费用以及处理的费用。同时，为了确保上述费用的支付，政府的 EAR 机构对于费用的收集和分配起到了重要作用，建立了完善的管理制度和流程。

同时，为了确保生产者义务的履行，政府也在制度设置和实践操作中予以配合。如生产者为了免除法定的回收义务，在政府的支持下，组建了德国二元回收体系（DSD 系统）。DSD 系统的独特之处在于它的运营模式，它与地方政府、回收和再利用企业以及生产者和销售者之间进行协议合作，充分整合已有的资源，形成了一个以"绿点"标志为主线的相对完整的闭合循环回路，从而提高了管理效能和回收效率。另外，DSD 也会投资进行技术改造和行业扶持，填补某些材料再生利用的空白，这在很大程度上提高了废弃物的循环再生能力。同时，技术革新还大大地降低了回收利用的成本，降低了"绿点"标志的使用费，减少了生产者和销售者的负担，从而保证实现高回收和高循环利用的指标。

3. 从企业到区域层面试验示范物质流管理模式

物质流管理模式是一种基于物质流分析的环境治理工具，是对经济活动中物质的投入和产出进行量化分析，以便衡量物质投入、产出总量及其利用效率。通过物质流分析，可以有效地控制有毒有害物质的投入和流向，为环境政策提供了新的方法和视角。物质流管理（MFM）指的是以生态目标、经济目标和社会目标为主，有效利用物质、物质流和能源等的管理模式。

德国等欧盟国家非常重视物质流管理，并且已经从区域层面试验示范物质流管理模式，并成功实施了一系列经济技术可行的项目。物质流管理注重区域的附加值，通过增加区域附加值，提高区域在全球环境中的竞争力。其核心是优化生产和消费过程中的物质流动方式，引进清洁技术，通过技术支撑，构建物质流动网络，通过有效的物质流动网络降低交易成本，提高物质使用效率，降低废弃物的排放，从而减少经济活动对环境的影响。据测算，德国通过成功地实施物质流管理，可以节约65%的能源。

通过实施一系列废弃物治理措施，德国的废弃物再利用行业每年平均创造500亿欧元的价值，废弃物被再利用的比例平均为50%，其中一些行业的废弃物回收率甚至达到80%，如包装、建筑废物和废纸，实现了经济和环境效益"双赢"的目标。而且，德国政府还将进一步完善闭合物质循环废弃物管理体系，计划最充分地利用物质资源，直至完全抛弃垃圾填埋的方式。

6.1.3 英国 EPR 的实践

为了实现经济结构的循环式发展，英国制定了一系列法律法规，包括《环境保护法》（1990年）、《特别废物管理规定》（1996年）、《污染预防法》（1999年）、《废物减量法》（1998年）和《家庭生活垃圾再循环法令》（2003年）等。其中，《环境保护法》旨在从"末端治理"转变为通过制定强制性标准来避免环境污染；《污染预防法》首次提出通过产品和工艺的设计从源头预防废物的产生，并对已产生的废物进行回收和再利用；《废弃物减量化》同样侧重于源头防治。而对于这些法令的具体实施，尤以英国的包装废弃物实践最为典型。

6.1.3.1 包装废弃物管理的法律法规

1. 立法目的和目标

1994年欧盟颁布了《包装及包装废弃物指令》（94/62/EEC），并要求各成员国将该指令的要求融入到本土的法律当中。根据欧盟的这一指令，英国于1997年颁布了《生产者责任义务（包装废弃物）规章》，该法要求生产者必须采取有效措施控制和减少包装废弃物的产生。这是英国延伸生产者责任（EPR）的重要实践。1998年英国又出台了《包装基本要求条例》，该条例实际上是对《生产者责任义务（包装废弃物）规章》的细化和延伸，并于 2003 年和 2009 年进行了两次修订。1999 年又出台了《包装废物生产者责任》和《北爱尔兰包装废物生产者责任条例》（修正案）。这些法令和条例共同构成了英国关于包装废弃物治理的法律体系。该套法律体系立法的目的是实现包装废弃物尽量最小化和最大程度地再循环利用。同时，包装废弃物经处理之后所留下的有毒有害物质都必须达到最低。

此外，《包装基本要求条例》还确立了国家和公司两个层面的立法目标。国家目标：到 2008 年总体回收率达到 60%，总体再生利用率达到 55%，并详细制定了各类包装材料的再生利用水平。就公司层面而言，该条例规定了两个最低限制条件：操作处理的包装超过 50 吨和营业额超过 200 万英镑。低于这个最低限制条件的公司（一般规模较小）将不承担生产者责任。因此，有义务回收的公司既要承担自身的责任，还要分担小公司的责任。承担生产者责任的公司每年须回收的包装废弃物的数量取决于三个方面：公司每年回收和再生处理的目标、公司处理包装的数量和公司采取的包装活动。在该条例中，公司目标是到 2008 年总体回收率达到 70%，如表 6.4 所示。事实上，虽然公司目标与国家目标有所差别，但公司目标是为国家目标服务的。

表 6.4　《包装基本要求条例》中包装废弃物的回收目标（公司）　　　　%

材料	2006 年	2007 年	2008 年	2009 年	2010 年
纸	66.5	67	67.5	68	68.5
玻璃	65	69.5	73.5	74	74.5
铝	29	31	32.5	33	33.5
钢铁	56	57.5	58.5	59	59.5
塑料	23	24	24.5	25	25.5
木材	19.5	20	20.5	21	21.5
总体回收率	66	67	68	69	70
回收后最小再生利用率	92	92	92	92	92

2.《包装基本要求条例》的适用对象

在规定最低限制条件（包装数量和营业额）的前提下，该条例适用于英国所有的包装废弃物排放者。包括：包装原材料的生产者、包装生产者、包装销售者和包装使用者等。针对包装废弃物的排放者，他们还必须确定回收和再生利用包装废弃物的数量和重量。

3. 《包装基本要求条例》的主要内容

《包装基本要求条例》规定了包装的各项标准和要求，并对不可再生利用的包装回收方法做了说明。

（1）在安全卫生前提下，包装生产者应该使用易回收和可循环利用的包装原材料，同时应该减少包装重量和体积，使包装废弃物在回收处理后对环境影响最小。

（2）包装生产者应该最大限度地减少有害物质的含量水平，使包装中的镉、汞、铅、六价铬的含量或它们的总量不应超过包装重量的万分之一，保存投放市场的包装数据至少 4 年，并在 28 天之内提供这些信息给相关执行机构。

（3）可再利用的包装应该重复使用，直到不可用为止。一旦包装不可用，就要采取其他方法回收处理。第一，包装材料的再生利用。如金属、纸质和塑料等包装材料可通过专门的回收处理工序再生利用。第二，能量回收。将不可再利用的包装废弃物视为燃料，作为能源再利用。第三，生物降解或制堆肥。利用生物分解处理技术将包装废弃物用于制作堆肥，或者将废弃物最终分解为二氧化碳、水等对环境影响较小的物质。

6.1.3.2 包装废弃物治理的实践指导

关于《包装基本要求条例》的实施，英国"BS7750 环境管理系统"和欧盟"生态管理和审核法案"（Eco—Management and Audit Scheme，简称 EMAS)[①] 具有非常重要的实践指导作用。其中，后者的大部分内容都来源于前者，目的都是改善环境状况，用于指导公司建立环境管理体系，并且都由第三方审核公司的环境绩效。目前这两个标准在欧洲得到了较好的推广和实施，尤其是英国，采取了这些标准后，英国很多公司都取得了较好的环境效益和经济效益。

---

① EMAS 是 1993 年 7 月欧共体（EEC）以 No. 1836/93 指令正式公布的《工业企业自愿参加环境管理和环境审核联合体系的规则》，简称《环境管理审核规则》，又称《生态管理和核法案》。

"BS7750 环境管理系统"① 的建立，一方面用于公司的环境管理，另一方面是为证明公司环境责任的履行，并定期评估公司的环境绩效。"BS7750 环境管理系统" 的内容主要包括：目标和指标、达标指南、环境管理计划、实施计划和手段、环境记录和文件、环境行为测量、环境审计、管理评审、持续改进过程和第三方认证等。其中最关键的执行阶段是环境记录环节。

环境记录是公司为证明其履行环境责任的证据。例如，从供应商那里采购包装的详细清单和说明，可以证明公司所采购的包装是无害的或有害物质限量达标，从而表明公司遵守了包装规定；如果对包装进行再循环利用，还要对其供给、返回和再装进行记载；通过设计改进减少包装废弃物产生，也可以证明公司承担了废物减量化的责任。

6.1.3.3　包装废弃物的产生和回收再利用状况

1. 包装材质构成

包装材质的选择直接决定了包装废弃物回收再利用的程度。目前最常用的包装材质为纸质材料、塑料、玻璃、金属（以钢铁和铝为主）、木料和复合材料等。图 6.4 和图 6.5 分别表示了 2001 年英国各类包装材料重量构成比例、用于包装商品的各类包装材料的重量构成比例。

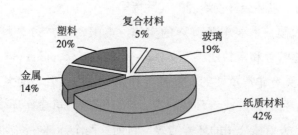

图 6.4　2001 年英国各类包装材料重量构成比例

资料来源：英国包装废物管理、产生和回收经验：周炳炎，金雅宁，李丽。

---

① "BS7750 环境管理系统" 是由英国标准所于 1992 年 3 月制定的，用于指导英国公司建立环境管理体系。

从图 6.4 可以看出，纸质材料是较为广泛使用的包装材料，占包装材料总量的 42%；塑料占包装材料总量的 20%；玻璃占包装材料总量的 19%；金属占包装材料总量的 14%；复合材料等占包装材料的 5%。但用于包装商品的各类包装材料中塑料占比最大，为 53%。

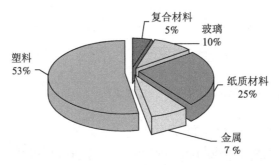

图 6.5　2001 年英国用于包装商品的各类包装材料的重量构成比例

资料来源：英国包装废物管理、产生和回收经验；周炳炎，金雅宁，李丽。

2. 包装废弃物的产出量和回收量

表 6.5 显示了 1997—2004 年英国各类包装废物的产生量和回收量，可以看出，塑料和木制包装废物产生量增长明显。

表 6.5　1997—2004 年英国各类包装废弃物的产生量和回收量

单位：万吨

材料		玻璃	塑料	纸质材料	金属	木料	其他	总包装废弃物
1997 年	产生量	230.56	174.93	391.5	104.37	96.68	2.29	1000.33
	回收量	44.9	10.3	161.2	24.96	0.0	0.0	241.36
1998 年	产生量	220.0	170.0	400.0	84.4	130.0	2.0	1024.4
	回收量	50.38	12.55	189.41	19.69	17.0	0.0	289.04
1999 年	产生量	236.89	179.92	378.59	89.2	34.0	1.42	920.02
	回收量	71.37	22.64	187.05	34.23	9.4	0.0	324.7
2000 年	产生量	215.5	160.0	385.5	86.0	67.0	4.0	918.0
	回收量	83.2	24.13	194.0	35.74	29.64	0.0	366.71
2001 年	产生量	220.0	167.89	385.5	87.0	67.0	4.0	931.39
	回收量	76.63	27.0	203.09	30.71	57.4	0.0	394.83

续表

材料		玻璃	塑料	纸质材料	金属	木料	其他	总包装废弃物
2002 年	产生量	219.07	174.0	372.57	81.8	139.79	2.5	989.73
	回收量	74.74	33.06	220.78	32.17	76.72	0.0	437.48
2003 年	产生量	230.0	179.22	372.57	81.28	140.37	2.5	1005.94
	回收量	81.96	32.12	242.24	33.64	75.68	0.0	465.64
2004 年	产生量	240.0	184.6	372.57	83.27	140.37	2.2	1023.0
	回收量	104.96	34.43	253.82	35.04	79.74	0.0	508.0

数据来源：英国环境、食品和农业事务部网站及欧盟委员会网站发布。

3. 包装废弃物的回收再利用状况

2005 年英国的废物流中包装废物有 1000 万吨，其中一半来自家庭，一半来自工商业。英国的包装废弃物统计是将回收率和再生利用率分别考虑的。1998—2005 年英国包装物的回收率和再生利用率如图 6.6 所示。从表中可以看出，包装废弃物的回收率和再生利用率都呈逐年增加的趋势。从 1998 年 32.6% 的回收率和 28.2% 的再生利用率分别增加到 2005 年 60.1% 的回收率和 54.6% 的再生利用率，从而表明这 7 年期间英国包装废弃物治理实践取得了很好的成效。

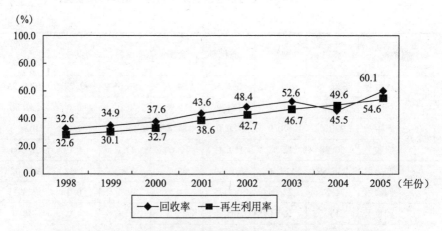

图 6.6　1998 年至 2005 年英国包装废弃物的回收率和再生利用率

数据来源：英国环境、食品和农业事务部网站及欧盟委员会网站发布。

在环境法规生效之前英国就已经开始了废纸的回收再利用工作，并且废纸的回收处理较其他包装材料而言更容易，所以英国的废纸回收率一直保持在大约57%的较高水平。另外，纸质材料易腐化、再生利用较为容易且来源广泛，被认定为绿色包装材料之一。

钢铁在英国的再生利用率也较高，2002年英国铁包装的再生利用率为42%，其用于包装材料时最常见的形式是食品、油漆、饮料以及药品的包装罐。英国每年生产130亿只钢罐，所有的钢（马口铁）罐都能回收再生，比直接利用原材料生产钢节约能源75%。此外，英国还设立了一个"节约一个罐（Save-a-Can）"的收集系统，共有2000个收集点，涉及2600万人口。

铝材料通常用于制作饮料包装、食品罐、铝箔或薄片，其再生利用价值也较高。以铝罐为例，2001年英国大约有50亿只铝罐，42%都得到了再生利用。据英国铝包装回收贸易机构（Alupro）之前公布的数据显示，英国铝罐循环利用率已经从2008年的51%增至2009年的55%，并且计划于2020年提升铝包装循环回收率至65%。从1989年至今，英国投资5千多万欧元用于铝废料的收集和回收率的提高。

由于收集、运输和分拣较为困难，通常玻璃的回收成本较高。最常见的玻璃容器是医用输液瓶和酒瓶。1987年英国开始实行国家玻璃回收计划。目前已经建立了较完善的废弃玻璃收集和再生利用系统。在英国，446个地区2万个场所约有5万个废弃玻璃存放点，通常位于市民便利场所和超市。2004年英国玻璃总产量为195万吨，回收再用的玻璃达到51.8万吨。2000年以来英国的废弃玻璃再生利用率基本保持在33%的稳定水平。

英国对塑料的回收始于20世纪80年代后期。虽然1995年英国塑料回收总量仅为11.25万吨，但塑料年均回收增长率达到23.2%。英国新的法规规定，每年至少回收30万吨塑料瓶（罐）。该法落实后，英国的塑料制品年回收量呈逐年增长的趋势。除英国政府建造的诸多再生设备之外，英国的旧塑料回收组织机构（RECOUP）在英国1/3以上的地区建立了塑料瓶回收组织。共有3000多家塑料瓶回收库，有1400万个家庭的废弃物（包括塑料瓶）通过该回收系统得以回收。

案例研究

英国居民区的包装废弃物回收实践

● 1993 年英国的安全贮存玻璃库（banks）在 3 个居民区试点运行。这些玻璃库是一些 240 升大小的带轮子的容器。按玻璃的颜色不同，玻璃库分为绿色、棕色和透明色。居民按照废弃玻璃的颜色投放至相应的玻璃库，玻璃回收公司在固定的时间收集。

● 为了提高家庭废物的回收利用水平，2002 年英国在 Barbican 部分居民区开展了按户收集纸、纸板、玻璃的试点工作。首先由各居民区原有收集人员将收集到的东西送到贮存点，再由承包人集中收集。该试点非常成功，有 50% 的居民接受了这种服务。至 2003 年该试点工作就开展到了整个 Barbican 居民区。然而，由于后来英国开始执行新的回收标准，当玻璃和纸共同收集时，纸上粘有玻璃碎片不符合标准，因此该试点服务不再从居民手中直接收集玻璃和废纸。为了保证能够得到高质量的废纸以便再生利用，英国转而采取了废纸和废玻璃单独收集的方式，并将这种收集方式扩大到了整个城市。

● 在英国还存在另一种废弃物回收服务，即纸类上门回收和玻璃瓶回收箱相结合的方式。针对纸类废弃物，由收集人员上门回收。而玻璃瓶和罐类废弃物则由居民将其投放至政府或其他机构所设置的便利回收箱里。一般每 350 户居民设置一个回收箱，回收箱中的玻璃瓶和罐由当地承包商回收。与以前的共同收集相比，这种方式在英国已经取得了更好的效果。

6.1.3.4 英国治理废弃物的实践经验

综上所述，英国治理废弃物遵循循环经济"3R 原则"（减量化、再利用和再循环），采取了一系列措施，积累了许多可供其他国家借鉴和学习的实践经验。

1. 严格控制废弃物的产生和回收流程，创建废弃物管理系统

由于英国对废弃物的立法更侧重于从源头防治，所以它对废弃物的排放和回收流程控制非常严格。以包装废弃物为例，针对玻璃和塑料回收成本较高的问题，英国境内普遍建立了废弃物分类回收设施。对纸张、玻璃、铝罐、电池和塑料等民用废弃物实行分类堆放、分类运输，返回工厂后进行再

利用，这在很大程度上节省了分拣成本，使得回收再生利用公司有利可图。另外，英国还制定了关于废弃物减量化、再循环和回收目标的国家战略，对各地废弃物回收设施和颁发许可证的决策产生了积极的影响。

2. 采取经济手段，鼓励清洁生产，限制排放污染物

英国针对废弃物治理所采取的的经济手段主要是延伸生产者责任和征收环境税。延伸生产者责任要求生产者必须承担其产品在整个寿命周期内的责任。而对于产生大宗废弃物的生产者，不仅要求其必须对产品的安全处置负责，还要促使这些生产者在产品或工艺设计阶段就必须考虑到将来的回收和再利用。征收环境税是抑制生产者排放废弃物最有效的措施，主要包括：填埋税、燃料税、总污染物税和减少温室气体排放的碳税等。

3. 设立专门执法机构

专门执法机构的设立保证了英国各项法律的实施。在英国，贸工部和环境部是负责清洁生产和环境保护工作的两个管理部门。贸工部负责企业的清洁生产与技术进步，推广采用新技术、新能源，提高能源和资源利用效率。环境部负责整个国家环境保护的法律、法规、标准和政策的制定，而实施部门由环境保护局来执行，从而实现了立法和执法分立的体制。

6.1.4 荷兰 EPR 的实践

荷兰电子电气废弃物（WEEE）EPR 实践起步较早，发展相对成熟，并且已经建立了一套完善的运行体系，成效显著。

6.1.4.1 荷兰电子废弃物管理的立法

关于废弃电子电气设备回收处理的立法，荷兰起步较早。1995 年荷兰环境部颁布了《电池处理法令》，规定电池生产商和进口商对其电池产品承担回收和处理责任，并要求到 1998 年 1 月 1 日，90% 的废旧电池应得到分类收集和处理。1996 年荷兰在环境部的支持下，组织各级政府、生产者和零售商等，开始对废弃电子产品的回收展开评估，并实施了一项示范项目，该示范项目旨在确定各利益相关者的责任以及可能实现的目标。

荷兰于 1998 年 4 月 21 日实施了《白色家电和棕色家电法令》，这是欧盟成员国当中第一个针对废弃电子电气设备完成立法的国家。该法令的内容与欧盟 WEEE 指令的内容近乎相同。时隔一年，荷兰又扩大了该法案的适用范围，纳入了大宗家电和信息产品。2002 年，荷兰将所有电子电气产品都纳入该法令的适用范围。

2004 年 7 月欧盟《RoHS 指令》和《WEEE 指令》相继颁布和实施，欧洲其他国家电子废弃物回收管理体系按照 EPR 的原则相继启动。同时，这些国家的电子废弃物回收管理组织共同组建了一个国家间的行业交流协会（如电子废弃物论坛，WEEE Forum），便于各成员组织之间共享信息、共同探讨和解决问题。

在 WEEE 指令和 RoHS 指令颁布后，荷兰开始将这两个指令内容转化为本国的法律法规，并于 2004 年 7 月 6 日和 7 月 19 日分别通过了《WEEE 管理法令》和《WEEE 管理办法》，从 2005 年 1 月 1 日起实施。其中，针对照明产品，其实施时间推迟到了 2005 年 8 月 13 日。《WEEE 管理办法》是荷兰住宅、空间规划与环境部制定的对欧盟 WEEE 指令的法律转换；《WEEE 管理法令》则是荷兰有关废弃电子电气设备的管理和某些有害物质使用的国家法令，主要完成对欧盟 RoHS 指令的法律转换。实际上，《WEEE 管理法令》和欧盟 RoHS 指令对于产品范围、回收、再利用以及再循环目标等内容的规定是相同的。此外，《WEEE 管理法令》还规定，生产者各自的延伸责任可通过生产者联合组织来集体承担。

6.1.4.2 荷兰电子废弃物管理的运行机制

针对不同的电子产品，荷兰建立了三个基于 EPR 的非营利性组织，履行生产者所委托的电子废弃物的回收管理责任。其分别为荷兰金属及电气产品处置协会（NVMP）—家用电器，ICT 环境系统（ICT Milieu）—IT 产品、办公设备、电信产品，Stichting Lightrec—照明设备。

1. 荷兰金属及电子产品处置协会（NVMP）

（1）组织架构。荷兰金属和电子产品处置协会（The Dutch Association for the disposal of Metal and Electrical Products, NVMP）是依据 1998 年荷兰的《白色家电和棕色家电回收处理法》而建立的，并于 1999 年 1 月开始投入运行。截至 2005 年 8 月，NVMP 共有 1350 个成员企业（在荷兰市场销售产品的制造商或进口商）。NVMP 的组织架构是一个伞形结构，主要由 NVMP 协会和 NVMP 基金两大部分组成（见图 6.7）。

• NVMP 基金下设白色家电、棕色家电、电动工具、金属与电工产品、中央空调和照明灯具等六个专业基金，分别承担各类电子废弃物的回收、运输和处理等具体操作性事务和管理职能；

• NVMP 协会设置回收事务、处理事务、财务管理和公共关系等四个专业部门以及一个独立的监督小组，对 NVMP 基金的运行过程进行监督，并负责对外交流联络、向政府和社会通报有关信息等。

这样的组织架构和权利责任划分，使回收系统既能在 NVMP 基金的管理下专业化高效运行，又能在 NVMP 协会的监督下实现公开透明的原则，避免暗箱操作，保护各成员企业的利益。

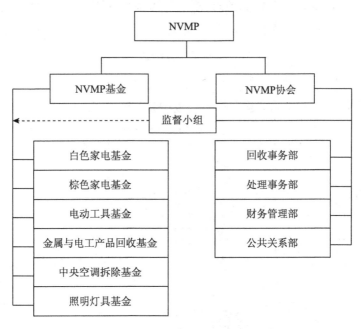

图 6.7 NVMP 的组织架构示意图

（2）回收流程。NVMP 负责协调荷兰境内废弃电子电气设备（包括"历史垃圾"和"孤儿产品"）的收集和运输。回收流程示意图如图 6.8 所示，图中虚线表示生产者延伸责任由此开始。可以看出，市政回收点收集的电子废弃物占 90%，占绝大部分；零售商收集占 8%，另有 2% 的电子废弃物直接由用户交至市政回收中心。通过这样的回收管理体系，荷兰近100%的电子废弃物均得到了有效回收。

在各个区域内，NVMP 通过招投标方式来选择与其合作的回收点、运输公司和处理商，并签订合同，规定各自履行的义务。

在 NVMP 体系下，生产商仅须登记注册，并说明有多少电气电子产品于荷兰境内上市。生产商无须为废弃物的清理提供财务上的担保，因为所需资金来源于对消费者的前置收费。另外，生产商有义务向环保署报告其对于再利用规定的履行情况。至于实际生产商的废弃物清理义务，在其加入 NVMP 体系之后，则由该体系承担实际的运输、再利用义务。NVMP 体系必须接受由独立鉴定人对其进行的年审，此外加入 NVMP 体系的生产商亦必须由独立鉴定人对其撰写的年度报告进行审查，并且取得该鉴定人的认证。同时，在 NVMP 体系与所属产品生产商间亦存有一套监督制度，NVMP 体系必须每三个月向生产商进行一次报告，以掌握废弃物进出该体系的情况。

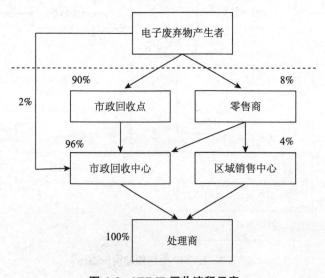

图 6.8　NVMP 回收流程示意

消费者须将其产生的电子废弃物直接移交给市政回收点、市政回收中心或零售商，无须支付任何费用。回收点或零售商必须无条件接收消费者所交付的电子废弃物，并通过自身的物流体系或签约运输商将电子废弃物集中送往签约的处理商。之后，由处理商对这些电子废弃物进行无害化处理和再循环利用。在处理电子废弃物方面，处理工厂还必须要保证达到不同产品的再循环率目标：冷却和冷冻设备为 75%，大型的白色家电为73%，电视为 69%，其他种类的设备包括小家电为 53%。

2001 年，荷兰共有 600 个市政收集设施，69 个地区收集和 WEEE 分类中心。NVMP 系统共收集了大约 350 万件 WEEE，重量约 6.6 万吨，相当于每年每人收集了 4.13 千克。

（3）费用机制。NVMP 回收体系所采取的费用机制是"前置收费"（up-front fee），也被称为"养老金"模式。它是一种可见的预付费模式，即在新产品销售环节向消费者收取一定数额的可见回收处理费（visible re-cycling fee，VRF），用于产品废弃后的回收、运输和处理等开支。VRF 只与产品种类和数量有关，而与品牌、规格、型号和产地等因素无关。荷兰对废弃电气电子设备征收费用的标准如表 6.6 所示。该费用也会根据回收管理系统的运营状况做定期调整。

表 6.6　荷兰对废弃电气电子设备征收费用的标准

类别	总成本（欧元/千克）			NVPM 标准
	最低	最高	平均	
大型家电	0.20	0.42	0.31	0.30
含 CFC 制冷设备	0.61	1.28	0.86	0.61
小型家电	0.42	0.55	0.52	0.42!
信息与通讯设备	0.42	0.77	0.59	—
电脑显示器	0.63	0.79	0.73	—
消费型电器（TV 之外）	0.42	0.77	0.63	0.42!
电视机	0.62	0.79	0.69	0.62!
照明设备	—	0.88	—	—
电动工具	0.42	0.55	0.50	0.42!
玩具、休闲与体育设备	0.42	0.74	0.63	0.42!
医疗设备	0.36	0.72	0.54	—
自动售货机	—	0.42	—	—

注："!"表示最高值。

NVMP 回收管理体系的资金流向如图 6.9 所示。

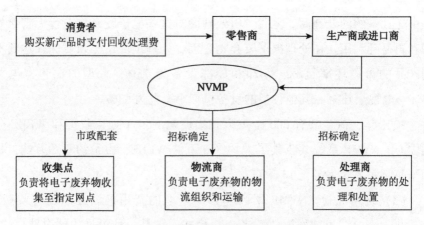

图 6.9　NVMP 回收管理体系的资金流向示意

资料来源：阎利，刘应宗．荷兰电子废弃物回收制度对我国的启示。

2. ICT 环境系统（ICT Milieu）

ICT 系统于 1998 年由 160 家生产商和进口商共同出资建立，主要针对的是 IT 产品、办公用品和通信产品等。

与 NVMP 系统不同，ICT 系统的费用机制没有采用可见回收费 VRF，而是采用间接回收处理费（Invisible Recycling Fee，IRF），每个会员企业按照实际发生的回收成本付费，并且内部消化这些成本，原因主要在于两个方面：

其一，在 ICT 系统中，所收集的 IT 和通信产品中含有附加价值较高的贵金属等材料，经再生处理后可获得较高收益，足以维持系统运行，因而在销售环节和废弃时均不向消费者收取任何费用；

其二，ICT 产品的处理费较难确定。2002 年底前，IRF 的计算是基于处理废旧家电的质量。但由于"孤儿产品"和逃避责任的企业生产的产品占到了 32%，自 2003 年开始，ICT 采纳了爱立信、惠普、飞利浦等公司的建议，将 IRF 的计算改为根据各个生产商的市场份额分摊回收费用。现在生产商负责收集和处理所有"灰色"产品，而不仅仅是自己品牌的产品，分类工作大为简化，创造了一个更为公平的收费体系。

ICT 系统下，废弃设备的收集渠道有三种：零售商、维修中心和市政当局。但大多数废弃设备通过"以旧换新"的方式收集，也就是说 ICT 系统的生产商和进口商每月支付一次回收处理费用，包括分担"孤儿产品"

以及逃避责任的企业生产的产品的处理费用。不同类型产品的处理成本不同，如打印机约为 2.75 欧元/台、PC 整机约为 15 欧元/台。如果生产商自行处理旧设备，需支付的费用将会降低，但需填写相应的声明表格（与回收发票一起发给会员）。

表 6.7 对荷兰的 NVMP 系统和 ICT Milieu 系统进行了比较。虽然针对的产品范围和采取的费用机制不同，但二者在电子废弃物回收处理方面都取得了显著成效。2001 年，NVMP 系统共回收处理 350 万台 WEEE，总重量 6.6 万吨，人均收集率为 4.13 千克/年，已经达到了欧盟 WEEE 指令规定的回收再生目标。2002 年，ICT 环境系统回收处理的 WEEE 总重量 9500吨，人均收集率为 0.59 千克/年。

表 6.7　荷兰 NVMP 和 ICT Milieu 回收管理系统比较

比较项目	NVMP	ICT Milieu
回收类别	废旧家电	IT 产品、办公设备、电信产品
费用机制	可见回收费 VRF	间接回收费 IRF
回收主要途径	市政设施	市政设施、零售商
回收效率	高	高
回收比例	高	高
是否做广告宣传	是	否

除此之外，荷兰的 Stichting Lightrec 系统也是针对电子废弃物的回收管理组织。它是于 2003 年 12 月由飞利浦、SLI Benelux、Cooper Menvier 等公司为履行废弃电子电气设备的回收义务，而成立的一个专门处理商用和家用废灯泡和照明器具（至少有一个灯泡的器具）的回收组织。该系统采用可见收费 VRF，并由 NVMP 承担其实际的产品回收和处理事务。

6.1.4.3　荷兰 EPR 制度的特色

在 EPR 实践中，废弃产品的回收处理责任，既可以由生产者各自单独承担，也可以由生产者联合组织集体承担。荷兰采取的是后一种模式，并且取得了显著成效，对我国的借鉴意义主要表现在两方面：

1. 生产者联合组织

首先，与生产者单独承担责任相比，生产者联合组织集体承担回收处理责任，能够整合社会资源，实现专业化分工，且易形成规模经济，从而降低成本和提高效率，并且便于政府管理。

其次，生产者联合组织通过市场化的运作手段，采用招投标方式来选择回收商、运输商和处理商，并与其签订合同，明确各自的权利和义务，各方互相进行约束和监管，既有利于降低回收体系的运行成本，又有利于提高服务质量，充分体现了效率和公平，值得我国学习和借鉴。

最后，为避免由众多生产者组成的电子废弃物回收管理组织在运作过程中出现统计数据、财务收支等方面弄虚作假和道德风险，生产者联合组织不仅建立了自身的监管机制（如在内部设置独立的监督小组、外聘权威的咨询公司进行财务审计等），而且政府主管部门也要求其将重要数据和财务状况定期上报审核，从而在制度上确保了回收管理体系能够受到政府和社会各界的有效监督，真正做到简单透明。

2. 价格附加模式（销售时付费模式）

目前国外废弃物处置费收费模式主要有两种：一是价格附加模式，即消费者购买新产品时付费（如荷兰）；另一种是产品废弃时再付费模式，消费者仅在丢弃产品时交费（如日本）。从表 6.8 的对比分析可看出，二者各有利弊，但结合我国国情，若采用后者即在电器废弃时再向丢弃者收费，多数居民主观上将难以接受，也不便于操作，居民可能仍倾向于将废旧电器出售给流动回收商贩或随意丢弃现象以逃避付费，市政回收网点的回收率将很低，电子废弃物处理设施仍将面临"无米下锅"的窘境。

相比而言，在新产品销售环节收费的模式虽然会略微加重消费者的经济负担，也可能发生部分生产厂商逃避回收处理责任"搭便车"的行为（free-riders，即既不独立回收也不参与生产者联合组织集体回收），但总体上可行性较强，便于操作实施，有利于增强我国居民的环保和资源节约意识，有利于规范我国电子废弃物的回收管理，值得决策者认真考虑。

表 6.8 电子废弃物回收处理费用支付模式比较

支付模式	主要特点	优点	缺点	代表国家或地区
价格附加模式	在新产品出售时将产品废弃后的回收处理费用附加至销售价格中；废弃时不需支付任何费用	以销售新产品收取的费用来处理现有全部废弃物；费率透明，便于生产者按其所占市场份额承担相应回收处理责任	易发生个别生产者"搭便车"现象以逃避回收处理责任；收费标准需根据回收处理成本的变化定期调整	荷兰中国台湾
废弃时付费模式	消费者在购买新产品时不需额外付费，但产品最终使用者在丢弃该产品时需交纳回收处理费用	有利于延长产品的使用寿命，促进二手产品的交易；有利于生产者改进技术以提高产品竞争力	易发生消费者非法丢弃现象以逃避收费；对现有废弃物的处理需注入较多启动资金	日本

6.2 日本的 EPR 实践

6.2.1 日本循环经济的发展历程

与德国相似，日本的循环经济发展道路并非一帆风顺。日本经济发展过程中经历了两次现代化，每一次现代化在给经济带来持续高速增长的同时，也带来了极其严重的环境问题。从明治维新到第二次世界大战的第一次现代化中出现了严重的"矿毒"。第二次世界大战后的第二次现代化又使得日本赢得了"公害国"的"殊荣"。之后的日本开始了 30 多年的探索和尝试，走出了一条新的可持续发展之路，实现了从单线型经济社会到循环型经济社会的蜕变，成为当今发展循环经济最好的国家之一。

日本循环经济发展可分为三个阶段。

（1）第一阶段：循环经济的萌芽和起步阶段（1955—1985 年）

第二次世界大战后，通货膨胀和失业导致了日本经济的全面崩溃。日本急于在短期内恢复经济，实施了"追赶型"（追赶欧美先进国家）和

"赶超型"（赶上并试图超过美国）的发展战略。到 20 世纪 50 年代后期，日本经济实现了全面恢复。从 50 年代后半期到 60 年代，日本重点发展重工业，在临海地带建立了多个钢铁、炼油、石化和发电等工业区。而这些企业在利益驱动下，大量生产大量排污，漠视环境保护，日本也因"四大公害事件"① 成了举世瞩目的"公害国"。

为了寻求解决环境问题的途径，日本开始从传统的线性经济模式向循环经济模式转变。20 世纪 70 年代开始，日本实施了《公害对策基本法》等一系列环保法律法规和严厉的防止公害措施，促使企业加大环保力度。然而这些措施和法规主要基于"末端治理"的思想。1973 年的"石油危机"后，日本采取了更为严格的环保措施，开始从高投入、高产出转向重视节能、降低消耗。当时日本制定了一项被认为是不可能达到的尾气排放标准，人们都担心这一标准会对日本汽车行业造成威胁。但事实上，这一标准不仅没有造成威胁，反而推动了日本汽车行业的技术革新。1974 年日本政府设立了阁僚级管理环境的环境厅，并逐步建立起以环境厅为核心的日本环境行政体系，主要负责制定相关环境保护的法令、政策、计划以及标准。

20 世纪 70 年代中后期，随着环保政策的日益完善，严重的环境公害事件减少，但环境问题的多元化（污染源种类和污染形式多样化）促使日本的环境保护战略从"末端治理"向"管端预防"转变。到 80 年代初，日本节约型的经济结构基本形成，这为建立循环型社会奠定了坚实基础，因此，该时间段被称为日本循环经济的萌芽和起步阶段。

（2）第二阶段：循环经济受阻和快速发展阶段（1986—2000 年）

20 世纪 80 年代后半期，日本大量项目重复建设，日本社会进入高消费阶段，经济陷入泡沫期。这一时期提交的《环境影响评价法》多次遭到议会否决，循环经济的发展受到阻碍。环境政策和立法出现停顿和倒退迹象，如提高了《公害健康受害补偿法》的救济准入门槛，原来大气污染严

---

① 四大公害事件：指 20 世纪 50 年代后到 70 年代发生在日本的熊本水俣病事件、富山骨痛病事件、新水俣病事件和四日市烟害事件。熊本水俣病事件和新水俣病事件的起因都是由有机水银导致的水污染；四日市烟害事件的起因是由硫氧化物导致的大气污染；富山骨痛病事件的起因是镉造成的水质污染。

重、哮喘病多发地区（被认定"第一指定地区"）在 1988 年被全面解除，《环境影响评价法》最终流产。

进入 90 年代，日本提出全面建设循环型社会的国家发展战略。1993 年日本通过了《环境基本法》，促进建立完善的循环体系。1994 年日本内阁提出"实现以循环为基调的经济社会体制"。1995 年以后，日本全社会共同努力，发展循环经济，从微观层面的清洁生产，到中观层面的静脉产业①再到整个社会层面的循环型社会，循环经济在日本全面快速地发展起来。1998 年日本制定了"新千年计划"，把推进"循环经济"作为构建 21 世纪日本社会发展的目标。1999 年 7 月，日本通产省产业结构审议会发表了一份《构筑循环型经济体系（循环经济展望）》报告，提出要建立物质循环型社会和制定循环型社会推进计划。2000 年 4 月 14 日，日本内阁通过了《促进循环型社会形成基本法》，2000 年因此被称为日本"循环型社会元年"，从此拉开了日本发展循环经济、建设循环型社会体系的序幕。同年日本国会还通过了其他五项法案：《废弃物处理法》（修订）、《资源有效利用促进法》（修订）、《建筑材料再生利用法》《可循环食品资源循环法》《绿色采购法》。

（3）第三阶段：循环经济的成熟与可持续发展阶段（2001 年至今）

2002 年初，日本环境厅升格为环境省，原来多部门执掌的废弃物管理职能被统一划归环境省。升格后的环境省突出了工作重点，一是从环境管理的角度出发，通过与相关省厅联合，开展综合性环境管理；二是在防止全球变暖等环境事务方面，加强国际合作。同年日本政府通过了《车辆再生利用法》。2003 年，日本政府根据《促进循环型社会形成基本法》，制定了《促进循环型社会形成基本计划》，不仅明确提出了到 2010 年建立循环型社会的总体目标，而且提出了各级政府、国民、企业、科研机构以及各类社会团体等应当采取的行动和措施计划。该计划作为国家基础性计划之一，对推进日本循环经济发展和建立循环型社会发挥了重要的指导作

---

① 把生产和消费活动中产生的废弃物（二次资源）转化为再生资源的产业，称为"静脉产业"；而把开采和利用自然资源进行生产制造的产业，称为"动脉产业"。

用。各地方政府也依据本地区实际情况，制订了相应的计划。2004年，环境大臣在内阁会议上提出"环境革命"的概念，强调应改变以牺牲环境为代价追求便利和舒适的观念，改变盲目消费把大量资源变为垃圾的社会现状。

进入21世纪，随着环境政策不断完善和管理机制逐渐健全，日本循环经济体制也趋于成熟，并走上了一条崭新的可持续发展之路。

6.2.2 日本EPR的实践——以电子废弃物为例

21世纪信息技术变革给家电行业带来了巨大影响，最突出的表现就是由于家电产品不断更新而导致电子废弃物数量的快速增长。如何处理这些电子废弃物成为一个棘手的问题。面对这一矛盾的不断深化，作为家电产品生产大国，日本于2001年4月出台了《特定家电循环利用法》（又称为《家电再生利用法》），这是继《容器和包装分类收集和循环利用促进法》（简称《包装循环利用法》）之后日本出台的第二个以EPR原则为指导的法律。该法实施后的十年间，日本累计回收废旧家电1亿3300万台，并且电视机、洗衣机和电冰箱等家电产品的回收比例也大幅度超过了法律规定的50%~60%的再生利用率。日本废弃家电回收再利用工作进展顺利，且取得了良好的环境效益、经济效益和社会效益。

6.2.2.1 《特定家电循环利用法》的基本内容

1. 立法目的

该法令的制定有两个目的：

（1）促使特定家电零售商和制造商等能适当且顺利地进行特定家电废弃物的收集、搬运以及再商品化①等；

（2）通过减少废弃物量及充分利用再生资源来确保废弃物的适当处理和资源的有效利用，进而有助于生活环境的保护和国民经济的健康发展。

---

① 家电的"再商品化"是指从家电废弃物中分离出有效零件和材料，自己通过再制造用作新产品零件或原材料的行为；或者，有偿或无偿转让给用作产品零件或原材料者的行为。

2. 基本方针

主管大臣①为了综合地、有计划地推进特定家电废弃物的收集、搬运以及再商品化等，应制定有关特定家电废弃物的收集、搬运以及再商品化等的基本方针。

基本方针包括以下事项：

（1）特定家电废弃物的收集、搬运以及再商品化等的基本方向；

（2）与制定抑制家电废弃物排除措施相关的事项；

（3）与促进特定家电废弃物的收集、搬运以及再商品化等措施相关的事项；

（4）与特定家电废弃物的再商品化等有助于环境保护的知识普及相关的事项；

（5）其他有关特定家电废弃物的收集、搬运以及再商品化等的重要事项。

主管大臣在制定或修改基本方针时必须立即公布。

3. 适用对象

本法令中"特定家电"是一般消费者日常生活用的电器，从废弃物数量最小化、循环利用的紧急性和必要性等角度出发应该被优先考虑且被视为回收难题的产品。由此，该法的适用对象应符合下述全部条件、政令规定：

（1）根据现有的废弃物处理相关设备和技术，成为废弃物时被认为难以再商品化的家电；

（2）在谋求资源的循环利用上被认为没有明显经济制约的家电；

（3）产品的再商品化在很大程度上依赖于产品设计和选料的家电；

（4）该家电由零售商售出，且在其变为废弃物时零售商能够确保顺利回收。

基于以上标准，该法所适用的 4 个目标对象分别为显像管电视机、洗衣机、冰箱、家用空调。

4. 责任分配

日本的《特定家电循环利用法》在产品的生产者、零售商、消费者、

---

① 该法案的主管大臣为日本的经济产业大臣以及环境大臣。

政府和被政府指定的法人（designated legal entity）之间分配特定家电的末端管理责任。

生产者的责任：制造商应努力通过改善特定家电的耐久性和完善售后维修服务来抑制特定家电废弃物的产生，同时必须努力通过研究特定家电的设计及其零件和原材料的选择来降低特定家电废弃物再商品化所需的费用。具体责任包括：设立并公布废弃家电的收集场所，以便接收由零售商和地方政府收集的废弃家电；生产者应回收自己所制造或政府所要求的特定废弃家电；生产者回收了特定家电废弃物后，必须立即对该特定家电废弃物进行再商品化；特定家电废弃物的再商品化应达到所规定的标准；生产者应预先公布特定家电废弃物再商品化所需的费用；按规定向政府监管部门报告特定废弃家电被运输和循环利用的情况。

零售商的责任：应向消费者提供可长期使用的特定家电所需的信息，同时必须努力协助消费者适当处置特定家电废弃物。首先，除非有正当理由，零售商在两种情形下必须承担回收义务：一是被要求回收自己过去售出的特定家电废弃物时；二是在销售特定家电时被要求回收同种类的特定家电废弃物时。其次，零售商还必须负责将回收的废弃家电运到生产者建立的收集场所或交给指定的法人。最后，零售商须按规定向政府监管部门报告废弃家电被收集和运输的情况。

企业及消费者的责任：应努力通过尽可能长期地使用特定家电来抑制特定家电废弃物的排出。同时在排出特定家电废弃物时，必须妥当地提交给特定家电废弃物的收集、搬运者或再商品化者，以使该特定家电废弃物的再商品化等能确实地实施。

5. 再生利用率指标

《特定家电循环利用法》还明确规定了生产者对废弃家电再处理时，必须达到规定的再生利用率。以重量为计量单位，电冰箱、洗衣机的再生利用率必须达到50%以上，电视机的再生利用率要达到55%以上，空调器的再生利用率要达到60%以上。

2009年日本政府对《特定家电循环利用法》进行了修订，调整了4种家电的再生利用率。电冰箱和洗衣机都从50%调整到了65%，电视机的再生利用率保持55%不变，而空调器从60%调整到了70%。另外，此次修订还扩大了该法的适用范围，增加了衣服干燥机、液晶和等离子电视机，并规定其再生利用率分别为 65%、50%、50%。

6.2.2.2 《特定家电循环利用法》的实施及成效

1. 实施措施

根据《特定家电循环利用法》所规定的生产者、零售商和消费者等的责任，废弃家电从弃置、收集和再利用以及费用分担的实施过程如图 6.10 所示。

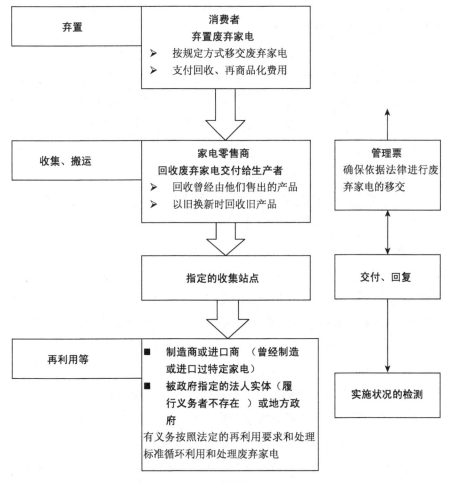

图 6.10 日本《特定家电循环利用法》实施流程

资料来源：日本运输株式会社网页。

（1）收集站点的设置。消费者可以直接将废弃家电送到生产者设立的区域性收集站点，也可以将废弃家电交给零售商、地方政府和被政府指定的法人，由它们进行收集。如采用前一种方式，消费者只需向生产者支付废弃家电的循环利用费（该费用包含生产者建立区域性收集站点和将到达站点的废弃家电运至循环利用厂的费用），如采用后一种方式，消费者还要向零售商、地方政府和被政府指定的法人支付一定的收集费。这部分收集费须由零售商、地方政府和被政府指定的法人事先声明。至于声明的方式，零售商一般在店内张贴告示，地方政府可以向居民发放宣传册，家电协会（AEHA）则通过网站发布。

生产者在设置指定收集站点时，须结合当地的交通条件和地理状况以及家电产品销售情况进行合理安排，以确保有效地对废旧家电回收再利用。例如，在东京、大阪等大都市，每一个收集站点的辐射范围以半径 30 千米为宜；而在乡镇，可在半径 50 千米之内设置一个回收点。

此外，按照家电生产企业自愿组合的方式，日本将废旧家电回收和再利用处理地点分为两组：A 组由松下、东芝组成；B 组由索尼、日立、夏普等其他电器生产企业组成。两组分别承担本组别产品回收处理的责任。而对于进口的家电产品，则由日本家电协会（AEHA）确定处理组别和再利用的费用。截至 2008 年，A、B 两组分别拥有 190 个家电废弃物接收地点，并且日本全国境内有近 7.5 万家零售店和上万家邮局可接收废弃家电。另外，A 组还有 30 个再利用处理地点，B 组有 16 个，A、B 共同管理的有两个，共有 48 个地点。这些地点会按照法律规定的再利用标准对废旧家电进行手动分解和处理工作，然后再循环利用。可以说，日本废弃家电的回收再利用处理网络已经有序地建立起来。

（2）费用机制及回收券制度。日本的废旧家电回收管理目前实行的是消费者付费制度。即消费者须将废弃家电移交给零售店或回收点，且同时交纳回收再利用费用和相关的运输费。征收的回收再利用费用用于废弃家电回收点和处理工厂的费用补助以及从回收点到处理工厂的运输，总费用的 5%用于费用的运营管理。而消费者到零售店、零售店到回收点的运输费由消费者按照零售店自行确定的标准，另行交纳。

为了保证消费者所交纳的回收再利用费能够被合理合法地使用，日本专门成立了一个审核《特定家电循环利用法》执行效果的机构，即"家电产品协会"。该机构设立了一个家电回收券中心（RKC）（又被称为特定家电废弃物管理票），负责四类家电回收再利用费用的运营管理。RKC依照法律要求发行家电回收券。家电回收券为五联单形式，记载着消费者、生产厂家、零售商和回收的运输公司等方面的信息。回收券在消费者废弃家电并把它交给回收者（零售商、回收点等）时，贴在废旧家电上，回收券相关页联随着废旧家电回收、运输、处理等环节，分别交由相关单位和个人，信息最后汇集到RKC。RKC根据回收券的信息，再将规定的资金补助发放给相关回收点和处理厂。当零售商从消费者那里接收废旧家电时，要向消费者交付家电回收券的复印件，随后零售商将废旧家电交给生产商，并向生产商交付家电回收券的原件。消费者可以在支付再利用费用之后通过回收券的编号，随时查询交付的废旧家电的处理情况。回收券分为两种：一种是直接由零售店接收再利用费用，另一种是通过邮局邮寄再利用费用。家电回收券规定的保存时间为3年。

（3）监督管理。日本对废弃家电除了利用回收券监督管理外，整个回收流程的监控还有两种办法。一是信息公布，包括生产者和处理工厂向有关部门汇报其回收和再利用的实施情况；家电产品协会会主动收集并公布相关实施信息。二是社会媒体的参与。日本国内媒体都设定了专门的环境版块，对废弃物治理都有实时的追踪和报道，为妥善处理电子废弃物起到了监管作用。

2. 实施成效

通过立法推动，日本特定废弃家电的回收体系趋于完善，并取得了明显的效果。

从2001年《特定家电循环利用法》的确立至2009年，九年期间日本废旧家电回收量逐年增加，如表6.9所示。2009年日本废弃家电的再利用率已经远远超过了2008年所修订的标准。其中，空调的再利用率达到88%（法定值为70%），显像管电视机达到86%（法定值为55%），薄型电视机达到74%（法定值为50%），电冰箱达到75%（法定值为65%），洗衣机、烘干机达到85%（法定值为65%），如图6.11所示。

表 6.9　日本各类家电回收交付情况　　　　　单位：千台

年度	家用空调	显像管电视机	电冰箱	洗衣机、烘衣柜	合计
2001	1334	3083	2191	1929	8537
2002	1635	3517	2563	2425	10140
2003	1585	3551	2665	2662	10463
2004	1814	3787	2802	2813	11216
2005	1990	3857	2820	2953	11620
2006	1828	4127	2716	2943	11614
2007	1890	4613	2725	2884	12112
2008	1968	5365	2748	2821	12902
2009	2154	10320	3007	3087	18568
总计	16198	42220	24237	24517	107172

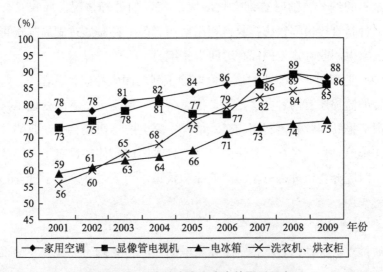

图 6.11　日本特定废弃家电的再利用率

资料来源：财团法人家电制品协会 . http：//www. aeha. or. jp/05/c. html. 朴玉 . 日本家电废弃物回收处理状况分析，现代日本经济，2012（1）。

6.2.3　日本 EPR 制度的特点

日本是亚洲最早接受 EPR 理念的国家。与德国一样，日本也经历了从"末端治理"到"管端预防"的转变。但与德国较为严苛的回收义务不同的是，日本更侧重于从源头预防。这种导向的不同使得日本在 EPR 实践中形成了一些特别制度。

1. 生产者废弃物循环利用的个体责任

日本的生产者重视自行建立循环利用工厂来履行"个体责任"，即便是加入集体循环利用体系的生产者也会同时发展个体系统。实力强大的生产者往往会选择自行建立循环利用工厂，对回收来的废弃物进行企业系统内的循环利用，或者由几个生产者共同组建一个集团内的循环利用工厂并与地方政府在循环利用方面进行合作，而其他实力较弱的生产者也会选择加入大企业组建的集团，以解决因自身回收技术不足而带来的成本过高问题。

最为典型的是日本电子废弃物循环再利用的分组模式（A、B 两组），每组内的生产者都自行承担废弃物循环利用的责任。在该模式下，产品在设计、制造、销售和再循环利用方面的信息能够及时共享，从而生产者可依据反馈的信息对产品设计进行调整，以适应环境和政策及再利用的要求。另外，该模式还有利于促进各组之间的竞争，推动家电产品环境设计和处理技术的发展。因为拥有较为先进处理技术的一组可确立具有竞争力的循环利用费，而这部分费用由消费者支付。因此，较低的循环利用费更能吸引消费者的购买，即在一定程度上构成对消费者的价格优势。

然而，与"集体责任"相比，个体模式存在一定的局限性。首先，该模式只适用于具有规模优势和实力雄厚的大型企业，而大批中小型企业无力构建自身的废弃物循环利用体系；其次，个体模式会导致大量的重复投入，造成资源配置的无效率。

2. 消费者付费模式

与德国的"污染者付费"模式不同，日本采取的是"消费者付费模式"，即消费者在移交其电子废弃物时须支付一定的再循环利用费。该模式旨在能够让消费者更深刻地认识到丢弃废弃物的成本，从而减少废弃物的产生。然而，"消费者付费模式"的实施并不容易。日本在 2001 年《特定家电循环利用法》出台之前就已经做了充分的立法和实施准备，但该法令起初的实施效果并不理想，回收量从之前的每月 100 万骤减至 27.5 万台，且非法丢弃现象比上一年同期上升了 25%，直至通产省采取相关措施后情况才有所好转。究其原因，主要有两方面，一方面消费者对废弃物处置不付费已经习以为然，立刻改变消费者的观念相对困难；另一方面将法律落到实处需要政府有效的监督和严格的执行，否则废弃物丢弃现象会时有发生。

经过了十几年的努力，日本废弃家电的回收再利用工作成效非常显著，非法丢弃的数量也趋于平缓，这说明消费者在一定程度上已经认可了消费者付费模式。

3. 回收券制度

回收券制度是日本《特定家电循环利用法》中的一项重要制度。它不仅记载了家电废弃物回收过程中的参与者及其责任，还为消费者追踪其废弃家电的处理状况提供了便利。虽然消费者向零售商移交废弃家电时，零售商必须向消费者发行回收券，但也存在禁止发行回收券的情形。第一种情形是零售商将消费者所移交的废弃家电以自用的形式进行二度使用；第二种情形是零售商本身是所谓的"Recycle-Shop"；第三种情形是零售商转让给所谓的"Recycle-Shop"。而在《特定家电循环利用法》中规定，零售商有义务向制造商等移交特定废弃家电。所以，禁止这三种情形的目的，主要在于防止制造商和零售商把从消费者手中回收的废弃家电作为二手货再次进行销售。总的来说，回收券制度是保证《特定家电循环利用法》能够被顺利执行和实施的基础，也是日本 EPR 实践的一大亮点。

6.2.4 日本废弃物治理的主要经验

纵观日本循环经济的发展历程，从 20 世纪 70 年代初期的"公害国"到现在的"世界上资源回收再利用率最高的国家"，在近 40 年里日本不仅解决了严重的污染问题，还建立了完善的法律体系和实施机制，完成了从传统经济到循环经济的转型，为其他亚洲国家循环经济的发展提供了实践经验。

1. 建立了一整套完善的废弃物治理法律法规体系

基于发展循环型社会的需要，日本建立了一套包含三个层次的法律法规体系。第一层次是基本法，即《促进循环型社会形成基本法》（2000

年）；第二层次是两部综合法，即《废弃物处理法》（1970 年）和《资源有效利用促进法》（1991 年）；第三层次是六部专项法，分别为《特定家电循环利用法》（1998 年）、《绿色采购法》（2000 年）、《容器包装再生利用法》（1995 年）、《建筑材料再生利用法》（2000 年）、《食品再生利用法》（2000 年）、《车辆再生利用法》（2002 年）。

其中，基本法处于核心地位，指明了日本废弃物治理的整体方向和主要目标；综合法进一步阐明了实现回收再利用目标的主要措施；而专项法则是更深层次的细化，针对特定产品设定了循环利用的标准。这三个层次的法律相互衔接，对有利于减少废弃物产生和废弃物处置等问题（如"废弃物产生者承担责任"、征收环境补偿费、建立废弃物处理中心系统和鼓励再循环产品使用等）都做了规范，有效地保证了日本废弃物的回收和再利用工作顺利进行。

此外，在制度建设方面，明确了中央政府、地方政府、企业和公众的责任。政府负责制定政策措施。企业和公众承担的是"生产者责任"和"垃圾产生者"的责任。同时各种专项法对回收比例和再生利用率都做出了具体的规定。

2. 建立了高效运行的回收处理体系

针对废弃物的回收处理，日本建立了两个回收渠道，并规定了责任承担者。首先，针对工业废弃物，由生产企业负责回收和再循环利用。生产企业可通过自行建立或与其他生产企业联合组建的回收系统来履行回收义务，也可选择将回收处理工作委托给第三方处理机构。如果企业自行建立再循环利用系统，那么政府会给予补助金、免税和低息贷款等多种帮助。其次，针对家庭生活垃圾，主要由各级政府负责回收，其回收费用主要来源于地方税收。除此之外，在日本，具体到各种产品的废弃物，未来也将会有不同的回收体系和路径。

3. 大力扶持废弃物再循环利用产业

为了促进循环型社会的发展，日本采取了一系列经济政策来扶持废弃物再循环利用产业，如资金投入和税收制度等。同时，在六个专项法中，日本都明确了详细的经济制度和措施，确保废弃物能够被正确地处理和循环利用。此外，日本还对生态工业园区实行补偿金制度，大力推进废弃物循环利用的技术研发工作。整合高校、政府和产业三方资源，开辟专门的实验研究区，共同研究废弃物处理和再生利用技术以及环境污染物质合理控制技术等，为企业和科研机构提供智力、资金和技术支持。

4. 重视公众环境意识的培养

为了培养公众的环境保护意识，日本将节能和环保知识纳入中小学教育范畴。同时，日本还通过编制一些通俗环保教材、建设环境教育馆和环境俱乐部以及成立民进环保组织等来提高公民的环保意识。此外，许多企业通过开展环保教育活动来鼓励其员工及全社会公民改变生活习惯，投入到减少环境负荷的实践当中来。目前，日本已经形成了"政府主导、企业治理、全民参与、根植基层、覆盖全社会"的资源环保网络系统。

6.3 美国的 EPR 实践

6.3.1 美国废弃物治理的发展历程

1. 起步阶段

美国废弃物的治理始于 20 世纪 60 年代中期。当时美国的重工业和电力工业的发展产生了大量废弃物，而废物的处置场地紧缺，导致环境污染非常严重。针对这一问题，美国于 1965 年颁布了《固体废物处置法》，首次将废弃物治理以法律形式确定下来。该法经过 5 次修订，于 1970 年被修订为《资源回收法》，又于 1976 年被修订为《资源保护再生法》，并明确规定固体废物不准任意弃置，必须作为资源循环利用。之后该法经过 3 次修订。目前这部法律是世界上比较详细和完整的有关废弃物治理的法律，在美国的固体废弃物管理中起到了举足轻重的作用。该法的修订过程也体现了美国对废弃物治理的理念从消极处置到积极利用的转变。

进入 80 年代，美国提出了发展循环经济的思想、理念和措施。针对废弃物的治理，从末端治理转变为从源头控制，从局部管理转变为全局控制，兼顾行政手段和市场机制。在这一阶段，美国大多数州都制定了相关的促进资源循环利用的法律法规，主要通过采用经济手段，促使对包装废弃物等垃圾的减量化和再生利用，例如，垃圾收费政策、押金返还政策、原生材料税、填埋和焚烧税等。

2. EPR 的发展阶段

20 世纪 80 年代后期，为了落实"产品责任延伸"理念，分摊产品整个寿命周期中的责任，减少产品对环境影响，美国开始了 EPR 的探索和实践。

（1）EPR 发展的第一阶段（1988—1992 年）。1990 年美国出台了《污染预防法》，提出"对污染尽可能地实行预防或源头削减"，并将污染预防分成了四个目标等级，如图 6.12 所示。第一目标等级为污染源削减，第二目标等级为废物再循环，而处理与处置分别为第三、四目标等级。其中，将废物再循环列为第二目标等级，受到了一些人的质疑。因为他们认为再循环仅仅是延迟了废物处置，所以再循环并不是真正的预防措施。唯一例外的是工艺流程内再循环，它允许物质在同一工艺流程内重复使用。

预计到环境立法与污染预防的发展趋势，一些有远见的企业开始采取更积极的措施，而不仅仅是遵守环境立法的规定。3M 公司是美国最先使用污染预防的企业之一，于 1975 年发布了自己的污染预防计划。3M 公司的大部分策略都是以技术改进为基础，如产品再生、工艺修正，设备重新设计和转售回收废物。

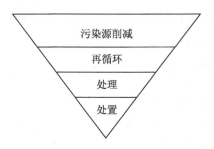

图 6.12 美国污染预防等级

之后美国环保局于 1991 年又制定了废弃物处理的优先顺序，即减量化—重复利用—循环再生—焚化—填埋。

（2）EPR 发展的第二阶段（1993—1998 年）。这一时期是美国 EPR 发展的重要时期，也是环境非政府组织转向与工业界合作进行自愿性实践的时期。1993 年由美国总统可持续发展委员会（The President´s Council on Sustainable Development，PCSD）① 专家制订了生态工业园区相关计划，将理论模型融入到实践当中，旨在有效地解决废弃物问题。

1994 年 11 月，田纳西州大学的清洁生产和清洁技术中心（Center for Clean Products and Clean Technologies）主办了美国首个关于"延伸产品责任"的研讨会。这次研讨会召集了诸多政策分析家和研究者，旨在探讨 EPR 在美国的适用问题。

1995 年，PCSD 也着手研究 EPR，并提出在可持续发展中应采取自愿性的产品责任延伸系统。此后，1996 年 PCSD 在一份关于生态效率的报告中对 EPR 的概念进行了修正，即"延伸产品责任是一项新兴的实践，它从产品的整个生命周期（从设计到最终处置）出发，寻求实现资源保护与污染预防的机会。在延伸产品责任下，制造者、供应者、使用者（不管是公共的还是私人的）和产品处置者共同负责产品及废弃物对环境所造成的影响……。产品责任延伸的目标，就是识别那些在特定产品的产品链上最有能力降低产品环境影响的行为主体。在有些情况下，该主体可能是原材料的生产者，但在其他情况下，该主体也可能是最终用户或其他"。

在美国，伴随着 EPR 的理论研究，一些自愿性的实践也逐渐多了起来。例如，1994 年"便携式可充电电池协会"（Portable Rechargeable Battery Association）成立了一个"可充电电池循环利用公司"（Rechargeable Battery Recycling Corporation，RBRC），专门管理镍镉电池的循环利用。RBRC 实际上是一个生产者责任组织（PRO），也是美国首个实行全行业回收的项目。尽管该公司因最终未能达到预期的镍镉电池回收目标而成为一个失败的尝试，但人们还是认可该项目的有效性。

---

① 该委员会是授克林顿的行政命令于 1993 年 6 月成立的。它是一个联邦咨询委员会，为总统提供可持续发展方面的建议，并为实现经济发展、环境保护和社会公平的目标提供一些新举措。

（3）EPR 发展的第三阶段（1999—2004 年）。自 2000 年以来，美国的 EPR 发展进入到了活跃期，并相继开展了诸多行动。例如，2001 年 6 月在旧金山，由部分电子产品制造业者、政府机构及环保团体共同草拟了一份"全国电子产品管理倡议"（National Electronics Product Stewardship Initiative），该倡议旨在期望能有效回收及重新使用旧电视及计算机等电子产品；同样，2002 年 1 月，由部分地毯制造业者、经销商、民间团体及政府机构共同签署了一份自愿性的"全国地毯回收协议"（National Carpet Recycling Agreement），该协议的目标是预期用十年时间增加地毯回收量及减少地毯废弃量；此后，2002 年参议员吉姆·杰夫德提出了"全国饮料生产者责任法案"（National Beverage Producer Responsibility Act），该法案规定美国饮料业必须自行回收 80% 以上的饮料包装容器；同年，美国环保局设立废弃运输工具包装挑战计划（Waste Wise Transportpaekaging Challnege），鼓励行业成员以自愿性伙伴合作方式，参与交通工具包装减量工作。

与此同时，联邦政府和一些州政府一方面继续以自愿和谈判的方式来实施 EPR，另一方面又基于 EPR 的理念提出了适合本国发展的"产品全程服务"的概念。据美国环保署（U. S. Environmental Protection Agency, EPA）网站的介绍，"产品全程服务"是一种以产品为中心的环境保护理念，它与"延伸产品责任"一样，要求生产商、零售商、消费者和处理商共同分担减少产品对环境影响的责任。但与其他国家及地区以生产者为中心的 EPR 制度所不同的是，"产品全程服务"认为减少产品对环境的影响，不单单只是生产者的责任，还需要零售商、消费者和处理商在产品销售、使用和回收阶段的共同努力。

"延伸产品责任"与"产品全程服务"都是派生于 EPR 的概念。二者在强调责任应被分担方面完全相同，且它们对责任分担的暗示要强于 EPR，所以更受美国人青睐。其中，"产品全程服务"更带有自愿性的色彩，该概念如今在加拿大和澳大利亚也常被使用。

3. 完善阶段

在美国，政府更倾向于利用市场的力量实施延伸生产者责任制度。因而没有全国性的生产者责任延伸的法律，而是由州政府各自推行一些相关法规。

目前，在联邦层次上鼓励实施 EPR 的相关政策主要有：伙伴协定、自愿性产品环境咨询、强制性公开环境咨询、强制标识产品内容等。而各州政府通过制定一些强制性的条例，确保有再生成分的产品在政府采购中占据优先地位，以此推动包括废旧家电在内的废弃物的回收利用。如美国加利福尼亚州于 2004 年 7 月 1 日颁布了《电子废弃物回收再利用》法案；新泽西州和宾夕法尼亚州，通过征收填埋和焚烧税来促进有关企业回收利用废弃物；马萨诸塞州则禁止私人向填埋场或焚烧炉扔弃电脑显示器、电视机和其他电子产品。

在此阶段，美国治理废弃物的模式基本形成，并在各州都取得了积极成效。同时，由 PCSD 于 1993 年提出的生态工业园区计划也已落成。目前，美国已经有至少 20 个不同类型的生态工业园区。典型的有：

改造型的 Chattanooga 生态工业园区，该园区以杜邦公司的尼龙线头回收为核心，推行企业零排放改革，不仅减少了污染，而且还带动了环保产业的发展；

全新型的 Choctaw 生态工业园区，该园区充分利用俄克拉何马州大量的废轮胎资源，采用高温分解技术将这些废轮胎资源化而得到炭黑、塑化剂和废热等产品，并进一步衍生出其他不同的产品链条；

虚拟型的 Brownsville 生态工业园区，根据园区原有的产业特点，通过向上下游不断增加新成员来担当工业生态链的"补链网"角色，如引入新的热电站，废油、废溶剂回收厂等。

这些园区内的企业，通过市场交易行为，将对方生产过程中排出的副产品或废弃物作为自己生产过程中所需的原材料，这不仅减少了废弃物的排放量和处理的费用，还节省了生产成本，产生了很好的经济效益，形成了经济发展和环境保护的良性循环。

在过去的几十年里，美国联邦及各州政府不断以法律的形式强化 EPR 理念，同时也对 EPR 的发展模式不断地进行探索和创新。现在，美国大部分州都形成了各自 EPR 发展的运行体系。

6.3.2　美国 EPR 的主要实践

6.3.2.1　美国电子废弃物的 EPR 实践

美国是世界上最大的电子产品生产国和消费国，同时也是电子废弃物排出量最大的国家。据统计，北美地区每个家庭拥有 2.6 台电视机，半数以上的家庭拥有至少一台电脑，手机在美国 2000 年的普及率达到 41%。美国虽然没有出台联邦层面的统一电子废弃物的管理法，但各州政府建立了许多相关的法规，如加州的 2003 年《电子废弃物再生法案》，缅因州的《通过回收和循环再利用电子废弃物保护公共健康和环境法》和《有害废物管理条例》等。

1. 加州电子废弃物回收系统

加州于 2003 年 9 月 24 日颁布了《电子废弃物再生法案》（SB20），该法案建立了一套资金系统用来支撑整个电子废弃物回收系统的运转。适用范围为带有 4 英寸以上的阴极射线管、液晶、等离子的零售设备。由于该法案规定了视频显示设备中限制物质要求，因而也被称为"加州 RoHS"。2004 年 9 月 29 日，加州修订了该法案（SB50），扩大了其适用范围，涵盖了被制造商整修后用于零售的产品，并对生产者、零售商、消费者、收集者和回收处理者的义务做出了规定。

加州电子废弃物回收再利用的主管部门是加州整合废物管理委员会（California Integrated Waste Management Board，CIWMB），其回收体系（见图 6.13）所采取的费用机制是一种可见的预付费形式。

消费者购买产品时须先支付电子废弃物的回收处理费用，这部分费用通常由零售商或生产商代收。在有些情况下，消费者还需向收集者支付报废费。

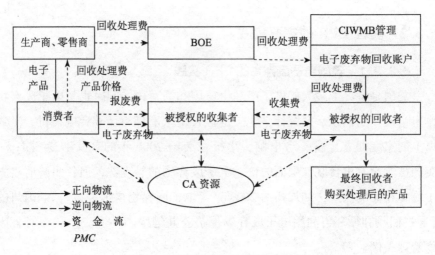

图6.13　加州电子废弃物回收体系

零售商代收回收处理费一般是将这部分费用附加在产品价格中。根据消费者购买的产品不同，费用收取也不同。如表6.10所示。

表6.10　加州电子废弃物回收处理费

屏幕对角尺寸大小 l（英寸）	回收处理费（美元/台）
l < 15	6
15 ≤ l < 35	8
35 ≤ l	10

零售商每个季末将消费者交纳的回收处理费用按相关流程送达到州税章审查委员会（Board of Equalization，BOE）。零售商也可以保留回收费的3%作为收集过程中的开支。之后，BOE 将这些资金存入一个专门的电子废弃物回收账户，由加州政府管理，用于支付政府授权的收集者和处理者费用，以及相关宣传及管理成本；另外，在费用的拨付上，收集商、处理商向 CIWMB 提出申请，成为政府授权机构后，才能申请支付相关费用。其中，被授权的回收者须向被授权的收集者支付每磅0.2 美元的收集费；而 CIWMB 向被授权的回收者支付每磅0.48 美元的回收处理费。

当消费者想要弃置电子废弃物时，可以求助 CA 资源（供加州消费者使用的一种网络信息资源）。CA 资源将记录下消费者名字和地址以及待回收电子废弃物的信息。之后，由被授权的收集者通过 CA 资源进行免费的收集服务。收集者将这些电子废弃物交付给被授权的回收处理者（包括已注册的生产商），回收处理者向收集者支付每磅 0.2 元的收集费。回收者支付的收集费和消费者支付的报废费是收集者维持网络系统开支（包括利润）的资金来源。其中报废费是由 CIWMB 制定的。

被授权的回收者接收到电子废弃物之后，必须进行回收处理工作，包括碾压、破碎、拆卸整个电子废弃物，并且保证处理后的残余物不能排放到土壤、大气和水中。同时，回收者还必须提供其处理电子废弃物的证据，从而得到由 CIWMB 支付的每磅 0.48 美元的回收费。

现在，除了加州政府建立的电子废弃物回收系统之外，不少大型 PC 制造商也已经着手解决废旧电脑的回收问题。例如，戴尔启动了回收废旧电脑和配件的 at-home 回收计划，并保证不会将废旧电脑在美国或其他发展中国家掩埋处理；2003 年初，惠普在美国开展了一个废旧电脑回收活动，并建立了两座进行旧电脑回收处理的工厂；施乐公司、柯达公司则对最新型号产品精心改进，使其废旧品成为可以回收利用的"绿色电子垃圾"。

2. 缅因州电子废弃物回收体系

2006 年 1 月缅因州正式出台了《有害废物管理条例》，该条例对家用电视机和电脑显示器实行强制回收措施。与加州不同的是，缅因州规定，由生产商承担指定电子废弃物的收集和处理费用，但没有规定具体的收费标准。其费用机制采取"处理时收费"模式，在生产商环节收取，为不可见收费。

生产商在收到电子废弃物回收商发票清单的 90 天内，必须向其支付法律允许的费用。回收商应同时提供电子废弃物收集数量以及处理再利用成本（由处理商确定）等记录。此外，缅因州还将回收处理的运行管理职能，从政府部门转为交由第三方组织。

缅因州要求，从 2007 年 1 月 1 日起生产商每年报告收集及回收其产品的情况。环保局必须在 2008—2014 年每半年向立法机关汇报一次电子产品的再循环情况。所有电子产品销售商必须提供报废的产品的接收和管理服务。国家采购优先考虑环保设计的电子产品。

6.3.2.2　美国包装废弃物 EPR 的实践

1. 美国包装废弃物管理法规及回收体系

美国是世界上塑料生产大国，早在 20 世纪 60 年代，美国一些州政府就已经以立法的形式强制回收包装废弃物。1970 年美国制定了《资源回收制度》。之后美国于 80 年代出台了《资源保护与回收法》（RCRA），旨在实现包装材料的减量化、再利用，并具体规定了塑料制品回收率为 65%，而 65% 的回收物中再生利用的比例必须达到 45%。然而，由于联邦政府不能将关于包装废弃物问题的意见强加于各州政府，而固体废弃物治理的主要推进者又在于州政府，因此，20 世纪 80 年代末各州政府相继制定了各自的包装废弃物管理法规。例如，佛罗里达州颁布的《废物处理预收费法》（ADF），该法令规定只要达到一定的回收再利用水平，即可申请免除包装废弃物的税收；加州于 1993 年制定的"饮料容器赎金制"，规定所有的硬塑容器再回收利用必须符合减少 10% 的原料用量，或必须包含 25% 的可回收物的要求。

在美国，包装废弃物管理法规一般都由州或地方政府来制定。这些法律法规的内容包括包装材料的限制和禁令、最小回收率要求、塑料树脂识码的使用以及减税政策等。其中，限制和禁令是防止包装废物因占用大量空间或对环境产生不良影响，禁止填埋则有利于包装废物的回收；最小回收率促使制造商更多关注包装设计和再循环利用；塑料树脂识码是由美国塑料工业协会（SPI）制订的塑料制品材质符号，被标记在容器底部，便于包装废物的分类收集和回收；减税政策和预付处理费则是州政府鼓励包装废弃物回收的经济手段。

在美国，包装废弃物一般通过路边回收、零散回收和分散回收系统来实现。

路边回收是个人、家庭或企业将废塑料、金属、玻璃等分类置于路边的回收容器中，由收集部门运往分离中心，经过分拣和整理后再送往相应的回收处理中心进行处理和再生利用。2006 年美国各州共建立了 8660 个路边回收点，标有"Recycle"的回收垃圾桶在纽约随处可见。此外，各州政府明确规定家庭应将各类废弃物分门别类，并在其投放至回收垃圾桶时应对废弃物进行必要的包装和整理。例如，玻璃瓶、塑料瓶、饮料和牛奶纸盒、金属罐等，应用透明塑料垃圾袋或专用回收垃圾桶盛载，放在指定地点，等待卫生人员收取。若住户将各类废物和回收物混合堆放，将受到罚款处理。

零散回收成本与路边回收成本相差不多，但因为不太方便，通常只有较少的人参加。而分散回收主要针对一些不能在路边收集的聚合物以及其他材质的废物进行收集，如瓦楞纸板等。

此外，美国一些大型塑料生产公司也参与废塑料回收。由阿莫科、莫比尔、波利萨、赫茨曼、阿尔科、雪弗隆和道芬娜等 8 家最大的 PS 生产商成立的 PS 回收中心，总投资为 1600 万美元，主要回收发泡 PS，而再生的塑料则用于制造磁带盒、办公和家庭用具等。

目前，美国的废旧塑料回收网络和回收设施遍布全国，覆盖了大多数人口，回收率和再生利用率也在过去十几年得到了显著提高。

2. 美国包装废弃物实施成效

（1）包装废弃物的总产生量。表 6.11 显示了美国从 1960—2005 年各类包装废弃物的总产生量。从中可以看出，在过去 45 年期间，总包装废弃物只增加了 1.8 倍，而塑料包装废弃物增加了 113 倍，是所有包装废弃物中增长最快的。

表 6.11　包装废弃物总产生量　　　　　　　　单位：万吨

年份	1960	1970	1980	1990	2000	2003	2004	2005
玻璃包装	619	1192	1397	1183	1104	1057	1086	1092
铁质包装	466	538	361	289	287	284	269	237
铝制包装	17	57	127	190	195	191	192	190
纸和纸箱	1411	2140	2635	3268	3994	3858	4040	3903
塑料包装	12	209	340	690	1186	1288	1396	1365
木制包装	200	207	394	818	812	833	843	852
其他混合包装	12	13	13	15	24	25	29	28
总包装废物	2737	4356	5267	6453	7602	7536	7855	7667

资料来源：周炳炎. 美国包装废物管理、回收体系及产生回收状况。

（2）包装废弃物的回收量及回收率。表 6.12 显示了美国从 1960—2005 年各类包装废弃物的总回收量。从中可以看出，废纸包装的回收量一直占总回收量的最大比例。而 2005 年塑料包装废物的回收量仅占总回收量的 4%。

表 6.12　包装废弃物回收量　　　　单位：万吨

年份	1960	1970	1980	1990	2000	2003	2004	2005
玻璃包装	10	15	75	262	288	265	273	164
铁质包装	3	8	20	69	169	172	166	150
铝制包装	—	1	32	101	86	69	71	69
纸和纸箱	274	311	721	1207	2104	2189	2216	2295
塑料包装	—	—	1	26	103	107	124	128
木制包装	—	—	—	13	124	128	129	131
总包装废弃物	287	335	849	1678	2874	2930	2979	3051

资料来源：周炳炎．美国包装废物管理、回收体系及产生回收状况。

表 6.13　包装废弃物回收率　　　　%

年份	1960	1970	1980	1990	2000	2003	2004	2005
玻璃包装	1.6	1.3	5.4	22.1	26.1	25.1	14.9	15.0
铁质包装	—	1.5	5.5	23.9	58.9	60.6	61.7	63.3
铝制包装	—	1.8	25.2	53.2	44.1	36.1	37.0	36.3
纸和纸箱	19.4	14.5	27.4	36.9	52.7	56.7	54.9	58.8
塑料包装	—	—	—	3.8	8.7	8.3	8.9	9.4
木制包装	—	—	—	1.6	15.3	15.4	15.3	15.4
总包装废弃物	10.5	7.7	16.1	26.0	37.8	38.9	37.9	39.8

资料来源：周炳炎．美国包装废物管理、回收体系及产生回收状况。

表 6.13 显示了各类包装废弃物的回收率。以 2005 年为例，铁制包装和纸包装废物回收率最高，分别达到了 63.3% 和 58.8%。而塑料包装回收率仅为 9.4%。所有包装废弃物的平均回收率只有 39.8%，这说明美国包装废弃物的回收利用率还是相对较低的。最主要的原因是在现行技术下塑料包装仍难以得到有效的回收再利用。

6.3.3 美国 EPR 制度的特色及废弃物治理经验

美国废弃物的循环再利用实践有不同于欧盟的特点。第一，只有产品责任而无生产者责任。第二，城市生活固体废弃物循环问题被高度重视。第三，废弃物循环再利用的相关管制措施主要体现在州政府的立法上，各州通过自己的立法满足联邦要求。

1. 强调产品责任

1996 年 5 月，克林顿总统签署了《含汞可充电电池管理法规》，该法规开创了对镍镉可充电电池的一套全国资源回收系统。这是延伸产品责任的一个例子，但美国并没有一个类似于欧洲的对制造商生产者责任延伸的正式制度。而且在废弃物的回收上，美国更强调生产者以及与产品制造、流通和使用各环节有关的各方都要对产品的处置和其他环境影响负责。

1996 年美国可持续发展总统议会（PCSD）就延伸生产者责任进行了修订，改为"延伸产品责任"，主张应将产品链各阶段所产生的环境冲击由政府、消费者和生产者共同分担。虽然美国也建立起了 EPR 制度，但它是唯一没有国家 EPR 政策的发达国家。美国的 EPR 制度实施十分注重市场自发的力量，依靠企业的自愿行动，用创新理念鼓励企业发挥自身的竞争优势。例如，IBM 公司有偿从个人和小企业回收任何品牌的计算机，消费者必须将自己的计算机包装好送往指定回收公司。回收公司将可用的计算机通过非盈利机构捐献出去，不可再用的废弃计算机则进行回收材料处理。

2. 针对生活废物循环利用的激励

20 世纪 80 年代后期，美国各级政府对城镇固体废弃物问题给予了重点关注。当时美国城镇固体废弃物的数量上升，由于地方的反对，许多垃圾填埋场关闭，新的垃圾填埋场和焚化设施建设的选址变得越来越困难。再加上环境保护主义思潮抬头，导致公众对废弃物循环再利用项目产生兴趣，特别是生活废弃物的循环利用。各级政府的政策选择包括：利用税收阻止原生材料的使用；利用补贴鼓励和要求废弃物的循环利用；针对饮料容器、电池和其他商品的押金返还制度；预付的处理费用，这相当于对消费品征税；类似于"生产者责任延伸"的"产品责任延伸"。

押金返还是一项针对居民家庭所产生固体废弃物循环再利用的重要制度。押金返还是对不适当处置产生的潜在危害提前收费，如果消费者采取措施避免危害，政府在产品循环结束时将偿还其所缴纳的保证金。1994年，众议院提出一项关于押金返还制度的议案，即《全国饮料容器重复使用和回收法案》。这个议案要求饮料容器回收率达不到70%的州对所有瓶子和易拉罐收取10美分的押金。

表 6.14   美国各州实施押金返还制度的情况

州	产品	保证金（美元）
亚利桑那	电池	5.00
阿肯色	电池	10.00
加利福尼亚	饮料	24 盎司以下 0.025 24 盎司以上 0.05
康涅狄格	电池	5.00
	饮料	最低 0.05
特拉华	饮料	0.05
依阿华	饮料	0.05
缅因	电池	10
	饮料	0.05～0.15
马萨诸塞	饮料	0.05
密歇根	饮料	0.05～0.10
纽约	饮料	0.05
俄勒冈	饮料	0.03～0.05
佛蒙特	饮料	0.05～0.15
华盛顿	电池	最低 5.00

资料来源：斯科特·卡兰，等（2006）。

3. 针对企业的激励：政府采购与再循环补贴

1991 年 10 月，乔治·布什总统签署了 12780 号行政命令，即联邦再循环和采购政策。该政策要求所有的联邦部门逐步增加再循环产品的采购比例，鼓励再循环产品市场的发展。1993 年 10 月，克林顿总统签署了美国 12873 号行政命令，即 "联邦机构纸张购买、回收与废弃物防止" 命令，该行政命令要求联邦机构只能购买可回收的复印纸，再生纸比例不低于 20%。该行政命令最后被 13101 号行政命令取代，13101 号行政命令将再生纸比例提高到 30%。

在美国，最常用的补贴形式是对诸如公共处理设施等项目提供联邦资助。联邦补贴还用于促进使用污染控制设备、鼓励使用和开发清洁燃料以及排污量较低的交通工具。联邦补贴的形式有很多，如拨款、折扣和税收减免。在州级水平上，环境补贴的主要应用是通过税收激励再循环活动。表 6.15 是美国一些州政府环境补贴要览。

表 6.15　美国再循环项目的州政府补贴

州	税收激励
加利福尼亚	对制造再循环产品的设备实行税收宽减 使用再循环材料进行生产的企业可以发行债券
科罗拉多	对塑料再循环技术投资宽减所得税
佛罗里达	1988 年 7 月 1 日以后购买的再循环设备减免销售税 减免税收鼓励把再循环物质从集散中心运输到处理厂
伊利诺伊	减免再循环设备的销售税
印第安纳	对用于再循环生产的建筑、设备和土地实行财产税减免
依阿华	减免销售税
肯塔基	对再循环行业减免财产税
缅因	对再循环设备宽减 30% 税 对市政当局运输废金属给予补贴
马里兰	对使用废油燃烧取暖以及购买、安装重复利用氟利昂的设备的支出免征所得税
新泽西	对再循环机动车和设备宽减 50% 的税 购买再循环设备减免 6% 的税
北卡罗来纳	对再循环设备和设施同时减免所得税和销售税
俄勒冈	对再循环设备和设施宽减所得税 对用于收集、运输和回收塑料的设备和机器实行税收特殊宽减
得克萨斯	对淤泥再循环公司免税
犹他	向重新使用旧轮胎或焚烧旧轮胎作为能源的厂商提供每吨 21 美元的补贴
弗吉尼亚	对处理再循环材料的设备减免 10% 的税收

州	税收激励
华盛顿	对运输回收物质的机动车减免机动车管理费
威斯康星	对减少废物和再循环设备减免销售税 对某些设备减免财产税

资料来源：斯科特·卡兰，等（2006）。

4. 公众意识的培养

实施循环经济不仅需要政府和企业的参与，更重要的是提高公众的参与意识。美国十分重视运用各种手段宣传循环经济，美国环保局与全国物质循环利用联合会专门开设网点，宣传有关再生物质的知识，并把每年的11月15日定为"美国回收利用日"。公众对于垃圾处理和回收等有任何问题，都可拨打"311"热线得到答复。

6.4 瑞士的 EPR 实践

瑞士是一个人口仅700多万，面积仅有4.1万平方千米并且自然资源贫乏的小国，但同时也是世界上废弃物循环利用做得最好的国家之一。早在20世纪50年代，瑞士联邦政府就开始通过废弃物资源的回收利用来发展循环经济。之后瑞士联邦政府提出了"垃圾处理三部曲"（垃圾分类、资源回收、垃圾无毒处理），以避免产生垃圾。同时，又相应出台了《瑞士联邦环保法》和《垃圾处理技术政策》等完备的环境法律法规，并有效地贯彻落实。经过几十年的努力，废弃物回收产业为瑞士的经济增长做出了重大贡献。

6.4.1 电子废弃物管理的法律法规

作为较早实行 EPR 制度的国家之一，瑞士于1998年颁布了《电器和电子设备归还、回收和处置条例，即 ORDEE》。该条例规定了生产商必须承担电子废弃物的回收处理责任，并由瑞士联邦政府负责监督。ORDEE 的立法宗旨包括：①防止电子废弃物进入城市生活垃圾；②对电子废弃物中含有危险物质的部件进行分类处理；③在经济、技术合理的前提下，最大限度地回收利用其中的材料。此外，由瑞士环境、森林和景观局（SAEFL）制定的与 ORDEE 相配套的技术指南，是对 ORDEE 的补充和说明，但不具有强制性。通常情况下，如果执法部门遵循了技术指南的要求，那么就可以认为他们以适当的方式执行了 ORDEE 条例。否则，执法部门必须证明他们的解决方式同样也能满足 ORDEE 的要求。

ORDEE 的主要内容分为 5 个部分：适用对象、责任分配、以"最佳技术"处置电子废弃物、处置许可证和电子废弃物的越境转移。

（1）适用对象：消费类电子设备；办公、信息和通信技术设备；家用电器；电动工具（不包括大型的、固定的工业用电动工具）；运动、休闲设备和玩具；照明设备（不包括荧光灯管）。与欧盟 WEEE 指令相比，ORDEE 不包括医疗设备、监控设备和自动售货机。

（2）责任分配：消费者必须免费将电子废弃物返回给零售商或电子废弃物收集点，不得将其丢入生活垃圾；零售商必须免费回收消费者所返还的与其销售的同类型的电子电器设备，并将收集到的废弃电子电器设备送往与 PRO 组织有合同关系的处理商；制造商和进口商必须免费回收由他们制造的或进口的电子电器设备，可以选择自行处理，也可交给与 PRO 组织有合同关系的处理商进行处理。针对被消费者非法丢弃的电子废弃物，ORDEE 规定市政部门有责任将它们送至销售商或者公共收集点。

（3）以"最佳技术"处置电子废弃物：ORDEE 规定，电子废弃物处理者必须保证采用最佳技术，以环境友好的方式再利用和处置电子废弃物。虽然 ORDEE 并没有对"最佳技术"做具体的说明，但与 ORDEE 相配套的技术指南将条例中的"最佳技术"细化为具体的、可操作的技术要求。

（4）处置许可证：电子废弃物处置者必须获得环保部门颁发的经营许可证，有效期最长为 5 年。另外，与 PRO 组织建立了合约关系的处理商也需要获得许可证，并且 PRO 组织至少每年一次对处理商进行现场监督检查，检查电子废弃物的输入和输出物质流，以及一些元器件、可再利用材料的去向等。

（5）越境转移：电子废弃物的出口必须获得联邦环保部颁发的废弃物越境转移许可证，许可证的有效期不超过1年。

6.4.2 电子废弃物回收体系的运作模式

瑞士的电子废弃物回收处理运作体系是典型的合作模式，由生产者责任组织（PRO）协调管理整个系统。

1. 瑞士的PRO组织及其技术支持

目前，瑞士共有4家PRO，较大的2家是废弃物管理基金会（SENS）与信息、通信和组织技术协会（SWICO），负责回收处理灰色、褐色、白色电子废弃物①。另外两个为SLRS和INOBAT，分别负责对照明设备和电池的回收处理。

SENS和SWICO都建立了回收处理和资金运作体系（图6.14表示了SWICO电子废弃物回收处理的运作流程），参与电子垃圾预付再生利用处理费（ARF）的定价、监督回收处理合同的招投标事宜，其中资金征收模式是固定费率制，对所有电子产品都预先征收处理费用，并包括在产品的零售价中，处理费用的多少，通过自愿达成的行业协定来确定。此外，每两年PROs和合同处理商更新合同，通常采用竞标的形式。

此外，SWICO和SENS都有自己的技术支持机构，为他们提供相关的技术服务。瑞士联邦材料科学与技术研究所（EMPA）是SWICO唯一的技术支持机构，但SENS除了将EMPA作为自己的技术支持机构外，还同时有其他的技术支持机构提供服务。

---

① 白色家电指可以减轻人们的劳动强度，提高和改善物质生活水平的家电产品，如空调、洗衣机和电冰箱。褐色家电是为了不让人产生视觉反差，并出于散热和搭配的考虑，外壳往往被设计成黑色或褐色，于是就把提供娱乐和休闲的家电称为黑色或褐色家电，如电视机、录像机等。灰色家电指电脑等智能信息产品。

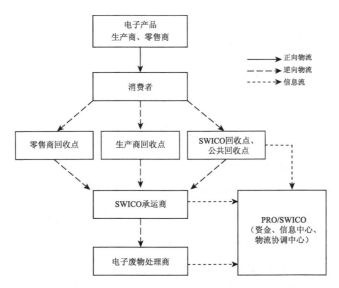

图 6.14　SWICO 电子废弃物回收处理的运作流程

2. ARF 系统

瑞士电子废弃物回收体系的财务管理模式是由 SWICO 和 SENS 以基金方式建立的"预付再生利用费（ARF）"系统。该系统是在废弃电子电器产品相关法规规定的义务基础上自愿组成的，并通过合并物质流分析（Material Flow Analysis，MFA）和生命周期评价（Life Cycle Assessment，LCA）来评估环境保护政策要达到的整体目标，使产品生产者对产品的整个生命周期负责，特别是产品寿命终期的管理。

在瑞士，预付再生利用费 ARF 由消费者承担，当消费者购买电子产品时，需要支付一定数额的 ARF。通常零售商将 ARF 附加在产品价格中。也就是说，消费者购买产品所付出的的费用分为两部分，一部分是产品的实际价格，另一部分是与该产品相对应的 ARF 费用。之后，生产商、进口商和零售商将消费者所缴纳的 ARF 存入到 PRO 管理的 ARF 基金中，并由生产商、进口商和零售商共同组建的 PRO 管理委员会负责 ARF 基金的使用。其主要用途有四方面，一是公共收集点的运行费；二是把电子废物从回收点运至处理厂的运输费；三是电子废物的处理和再生利用费；四是管理费。

ARF 的资金流和废物流如下图 6.15 所示。需要说明的是，废物流中的电子废弃物还包括 ARF 系统成立之前的历史遗留的废弃电子电器产品。另外，ARF 系统全程透明，没有利润。

瑞士电子废物回收处理费用的计算方式为

$$ARF = \frac{r \times o + R}{S}$$

其中，r 为补贴费用（按单位质量千克计算），在考虑回收业者和运输业者报价的基础上估算处理费用；o 为预估废弃量（kg），由 SWICO 核定；R 为预估安全存量资金，由 SWICO 核定；S 为销售量（统计部门与海关进出口统计），进一步利用电子产品的使用年限来预估将来的报废量。表 6.16 给出了 2006 年瑞士废弃电子产品的 ARF。

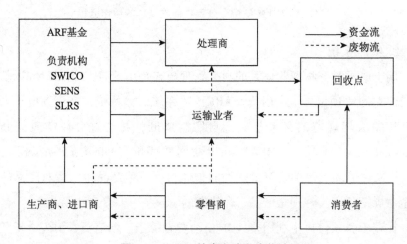

图 6.15　ARF 的资金流和废物流

表 6.16　2006 年瑞士电子废弃物的 ARF（含税）

产品类型	ARF	
	瑞士法郎	人民币（元）
游戏玩具	1~7	6.32~44.24
家庭电动工具	1~40	6.32~252.8
照明设备	1.5~8	9.48~50.56
消费类电子产品	1~20	6.32~126.4
办公、IT 和绘图设备	2~1000	12.64~6320

续表

产品类型	ARF	
	瑞士法郎	人民币（元）
灯具	0.5	3.16
照相机	1	6.32
录像机类	5	31.6
轻便型消费类电子产品	2	12.64
电视机、DVD 机	10~20	63.2~126.4
电动刮胡刀	0.5	3.16
吸尘器、电饭煲	2	12.64
微波炉、咖啡炉	5	31.6
燃气灶、洗衣机、洗碗机	25	158
冰箱	40	252.8

6.4.3 瑞士 EPR 制度的特色

1. 充分发挥了 PRO 组织的作用

PRO 组织作为逆向物流中的第三方机构，在消费者、零售商、生产商和处理商之间起到了很好的桥梁作用，使中小企业履行 EPR 制度的责任难度大大降低，EPR 制度能够得到更加有效地执行。此外，瑞士最大的两家 PRO 组织 SENS 和 SWICO 负责领域不同，各有侧重点，这样同类产品的回收往往会形成一定的规模效应，极大地降低了产品的回收成本。

2. 建立了 ARF 系统

大部分欧盟国家都采用了 ARF 模式，这种模式也被大多数学者所推崇。因为 ARF 模式可以较好地解决许多国家面临的电子废弃物回收和处理的资金问题。

截至 2005 年 1 月，瑞士废旧物品管理基金会有 250 个伙伴成员，覆盖 98%的家电市场，对于其他产品群的市场份额在 70%~80%。总之，所有利益相关者（消费者、零售商、生产商、进口商和处理商）都非常满意这种回收处理系统，因为其物流、资金流的运作公开透明。

6.5 发达国家废弃物治理的经验总结

在本章，我们详细考察了欧盟 3 个成员国（德国、英国和荷兰）、日本、美国以及瑞士这 6 个国家在废弃物治理方面的实践。虽然每个国家实施 EPR 制度的具体措施各不相同，但他们取得成功的原因基本相同。概括起来，这些国家废弃物治理的成功经验主要有：

（1）完备的环境保护法律体系，保证了各项治理措施的有效实施。为减少废弃物对环境的影响，各国都建立了一套完备的环保法律体系，既有综合性法律，又有相对应的细则条例，使各法之间相互协调和衔接。更重要的是，这些国家的环保法规并不是一成不变的，而是适时进行调整，这种灵活性安排保证了针对某项产品的治理措施能够得到有效的实施。同时，这些法规不仅对生产者、消费者、经销商以及其他相关主体的责任进行了明确界定，还规定了相应的指标和目标，促使责任主体履行其义务。

（2）基于 EPR 原则的责任分担机制，突出了市场的主导作用。基于 EPR 原则的责任分担机制不仅强化了政府部门的权利和责任，还规定了生产者需从源头上减少废弃物数量和对末端产品管理的责任，以及引导消费者形成环保的消费习惯和生活方式。作为一种环境政策，EPR 制度突出了市场的主导作用，以经济利益驱动政策的执行，鼓励将产品环境性能的改善作为企业竞争的重要因素，迫使生产者开发环境友好产品，这不仅实现了降低产品环境影响的目标，还间接促使了商业和产业目标的实现。

（3）利用经济手段，制定奖惩措施，进一步提高废弃物治理的效率。从经济学角度来讲，环境污染问题是负外部性的典型表现。要消除外部性，实现资源配置的帕累托最优，除了利用强制性的法律法规，各国也纷纷采取了经济手段来解决环境问题，目的在于降低废弃物治理成本，激励生产者可回收性设计（DfR），减少废弃物产生，实现资源再利用，提高废弃物治理效率。欧盟、美国、日本和瑞士采用的最主要经济手段有：第一，庇古税，包括产品税、生态税和排污费等。庇古税是一种解决环境污染问题应用最广泛的方法，它主张对产生负外部性的生产者课征其所造成的外部边际成本的税收，将外部成本内在化，促使生产者缩减产量并采取有效措施控制污染；第二，押金返还制度，即通过征收押金对产生环境外部性的行为征收费用，之后又通过退还押金的方式对有益环境的行为提供收益，从而从源头上减少固体废弃物对环境的影响。第三，预付处置费（ADF），指政府基于产品在废弃处置阶段所需成本耗费而提前向生产者收取一定金额的废弃产品回收与处置费用。生产者支付这部分费用是因为他们从国家那里取得了环境资源（包括环境纳污能力资源以及各种自然资源）这一特殊商品的所有权（特别是使用权）或者从公共环境服务的提供者获得了服务，它通过价格机制发生作用，可以发挥筹资、再分配和经济刺激功能。同时激励生产者通过改变产品的材质或降低产品的重量等方式尽可能生产清洁产品。

（4）生产者责任组织是发展循环经济的重要实践形式。在各国固体废弃物管理实践中，生产者责任组织 PRO 发挥着至关重要的作用。这种由生产者自愿建立的、为生产者提供回收处理废弃物服务并将回收业务转交给回收企业的非营利的第三方组织，是实施 EPR 制度的一个重要举措。为了追逐经济效益最大化，企业更看重以最小的成本来履行自身的回收责任。因此，通过加入生产者责任组织 PRO，由 PRO 代为履行责任，成了许多企业的首选。生产者责任组织整合各方资源，组建系统、全面的回收再生体系，制定规范的行业标准和技术标准，采取各种有效的再生利用手段对废弃物进行治理，减少不可再生资源的消耗，提高可再生资源的利用效率，实现可持续发展。

（5）倡导自愿性行动，积极推进社会公众共同参与环境治理。自 20 世纪 90 年代开始，以环境标志、ISO14000 认证以及各种环境计划等为形式的自愿性环境保护行动，成为发达国家环境管理中的一种新兴趋势。这种行动既有利于企业树立良好的环保形象，又有利于增强公众的环保意识，同时也弥补了强制性管制手段的不足。因此，自愿性行动是 EPR 制度的首选方式。此外，在发达国家，社会公众在环境保护和废弃物治理方面起着举足轻重的作用。一方面公众对政府和企业的行为进行监督，另一方面又通过自身的消费行为间接影响企业的环境行为。为使公众能有效参与环境保护工作，发达国家不仅通过公开有关环境和政策信息保证公众的知情权，而且通过听证会和说明会等形式接受公众质询，征求意见和建议，为制定、实施环境保护相关规划和政策提供舆论基础。

第七章　我国 EPR 制度的立法现状及实践

改革开放以来，我国的经济持续高速运行达 30 多年，经济总量增长了约 17 倍。与此同时，生产过程中资源和能源消耗强度大、污染物和温室气体排放强度高的重化工产品的消耗量增长近 15 倍。这种"高污染、高能耗、高排放"的经济发展模式所引发的一系列环境问题（如大气污染、水污染和固体废弃物污染）给政府部门敲响了警钟。"生态赤字"① 倒逼经济战略转型已刻不容缓。尤其是进入 21 世纪后，资源枯竭现象越发严重，成为了我国新型工业化发展进程中的"瓶颈"。因此，发展以资源再生利用为核心的循环经济是实现"绿色工业化"的必由之路。而作为新型工业化道路的具体实践模式，EPR 制度是发展循环经济的制度保障之一。

在本章，我们将探讨我国 EPR 制度的立法现状及实践模式，针对 EPR 实践中存在的问题提出相应的改进建议和措施。首先，对我国 EPR 制度的立法现状进行深入地分析；其次，从实施对象、实施方式和实施模式三个方面阐述我国 EPR 制度的实施现状；再次，基于实施范围广、实施效果好以及实施进度快的原则，选取废弃电器电子产品和报废汽车两个行业深入研究，总结目前我国 EPR 实践所面临的困境；最后，针对我国 EPR 制度的进一步完善提出建议。

---

① 生态赤字：一个国家或地区人均消费所需的生物生产型土地面积超出该国或该地区生态承载力范围内所能提供的足迹量。生态足迹是由 William Rees 和 Mathis Wackernagel 提出的一种定量评价可持续发展的方法，它是指一定生产技术水平下，生产产品以及吸收产品消费产生的废弃物所需要的生物生产型土地面积，用来测量人类对资源、环境的利用程度。

7.1 我国 EPR 制度的立法现状

随着工业化进程的不断加快，传统的末端治理模式不能从根本上有效地解决快速增长的废弃物及其对环境所产生的负面影响，鉴于欧盟成员国实施 EPR 制度所取得的成效，我国于 2002 年开始了 EPR 制度研究。虽然目前我国还没有建立起较为系统的 EPR 制度，但在相关立法中已经体现了 EPR 的原则。

7.1.1 我国 EPR 制度的立法沿革

结合我国环境治理的发展历程，我国 EPR 制度的立法沿革大致可分为三个阶段：

（1）第一阶段：从"三废"利用到防治结合——萌芽阶段（1990 年以前）。1972 年 6 月，我国政府代表团参加了联合国人类环境会议，并在会议上提出"综合利用、化害为利"的环境保护工作方针，环境保护开始摆上国家议事日程。1973 年 8 月国务院召开第一次全国环境保护工作会议，审议通过了以上环境保护方针和我国第一个环境保护文件《关于保护和改善环境的若干规定》，该项规定提出了防治污染措施必须与主体工程同时设计、同时施工、同时投产的"三同时"原则，成为我国环保事业的第一个里程碑。至此，我国环境保护事业正式起步。在相关政策法规的指导下，我国开始了废弃物的综合回收与利用，大中城市政府机构中均设有"三废办公室"，负责城市废气、废水、废物的回收和处理，以及农村沼气生产的推广与应用工作。

1979 年，我国颁布了《中华人民共和国环境保护法（试行）》，从此，环境保护工作正式步入法制轨道，加快了环保事业的发展。1983 年第二次全国环境保护工作会议召开，明确了"预防为主、防治结合""谁污染、谁治理"和"强化环境管理"的环境保护三大政策。1989 年国务院召开了第三次环境保护会议，提出积极推行深化环境管理的环境保护目标责任制、城市环境综合整治定量考核制、排放污染物许可证制、污染集中控制和限期治理 5 项新制度和措施。同年，当时的国家建筑材料工业局、物资部、财政部和建设部共同颁布了《旧水泥纸袋回收办法》，明确要求水泥厂对废旧水泥袋负责回收，并规定了回收比例、押金制度等，被看作是我国最早体现 EPR 制度理念的法律规章。

尽管 1990 年以前国内尚未形成循环经济的概念，但对废旧物资的再使用和再生利用的做法，实际上就是我国早期贯彻循环经济理念的实践活动。在这一阶段，生产力落后所引起的商品供给短缺迫使民众利用一切可再利用的资源，包括废弃物。因此，这一时期我国的循环经济处于一种以资源导向为战略的循环利用废弃物阶段。

（2）第二阶段：从"末端治理"到全过程控制——探索阶段（1990—2002 年）。20 世纪 90 年代初，随着工业化进程的推进，我国也迈上了发达国家传统工业化的技术经济范式轨道，即大规模的生产和消费，并产生大量废弃物，致使环境急剧恶化。主要表现为：一方面大规模的生产导致自然资源日益枯竭；另一方面大规模的消费导致废弃物排放过多，远远超过环境的自净能力。因此，为了减少废弃物的排放以减轻环境污染，末端治理成为 90 年代初经济发展的重要任务。

在末端治理模式下，按照《中华人民共和国环境保护法》的要求，环境保护系统的主要任务是对企业的废弃物排放是否达标进行监督。但在当时经济增长优先的大环境下，许多地方政府实际上对企业的废弃物排放持消极态度，致使废弃物排放成本很低，从而大规模排放废弃物的局面并未得到彻底地改观。另外，末端处理不仅需要较高的资金投入，而且使一些可回收的资源得不到有效的回收利用而流失，直接引致产品成本的增加和经济效益的下降，抑制了企业治污的积极性和主动性。

为了突破末端治理模式的局限和弊端，我国政府系统借鉴和吸收国际经验，加快推进环境保护的各项战略措施，全面参与相关国际合作。1992年 5 月国家环境保护局与联合国环境规划署工业与环境办公室联合举办了中国第一次国际清洁生产研讨会，会议推出了《中国清洁生产行动计划（草案）》。同年 8 月，里约联合国环境与发展会议之后，制定了《环境与发展十大对策》，首次提出转变传统经济发展模式，走可持续发展道路。1993 年 10 月成立了中国国家清洁生产中心。紧接着国务院常务会议通过了《中国 21 世纪议程——21 世纪人口、环境与发展白皮书》，其主要内容之一就是"开展清洁生产和生产绿色产品"，这表明清洁生产已成为我国可持续发展战略的重要组成部分。

虽然 20 世纪 90 年代初我国已经引入了"清洁生产"① 概念，但由于民众的环保意识较弱，工业企业布局、技术路线选择和资源配置基本上还是沿用传统模式，所以该阶段的清洁生产政策并没有得到很好地落实。但值得一提的是，这一探索阶段对我国循环经济发展起着至关重要的作用，尤其是积累了环境与经济相互协调的发展经验。

20 世纪 90 年代中期，针对固体废弃物环境影响日益严重的问题，我国制定了《固体废物环境污染防治法》（于 2004 年修订）。该法规定，产品生产者、销售者、消费者应当按照国家有关规定对那些列入强制回收目录的产品包装物和容器等进行回收利用。这一法案体现了 EPR 制度的原则，被认为是 EPR 理念在我国固体废物回收方面实践的雏形。随后，1996年我国发布了第一个独立的、并有明确数量目标（如总量控制目标）的环境保护 5 年计划，即《国家环境保护"九五"计划和 2010 年远景目标》，该计划确立了我国环境保护工作的新思路，即由污染防治为主向污染防治和生态保护并重转变；由末端治理向源头、全过程控制以及依靠产业结构调整转变；由浓度控制向总量控制和浓度控制相结合转变；由控制工业污染为主，向控制工业和生活污染并重，兼顾农业污染控制转变。与此同时，为了加强对废弃物的治理，加大环境保护力度，1998 年国家环境保护局升格为国家环境保护总局，行政级别也从副部级单位上升为正部级单位，扩大了执法权，增加了人员编制，加大了经费投入。

此后，2002 年我国第一部以污染预防为主要内容的循环经济立法《清洁生产促进法》出台，该法案对生产者承担生态设计责任、产品的环境信息披露责任以及产品废弃后的回收、利用及处置责任都做出了相应的规定。此外，还规定了生产者必须履行的延伸责任，并涵盖了许多鼓励措

① 联合国环境规划署在总结各国开展的污染预防活动的基础上，把"清洁生产"定义为："清洁生产是一种新的创造性的思想，该思想将整体预防的环境战略持续应用于生产过程、产品和服务中，以增加生态效率和减少人类及环境的风险。"

施，引导、促使生产者自觉履行延伸责任，实质上初步确立了我国的生产者责任延伸制度。该法案是我国全面推行清洁生产的里程碑，标志着我国环境污染治理模式由末端治理开始向全过程控制转变。至此，我国的清洁生产开始进入了法制化轨道。

（3）第三阶段：从"清洁生产"到现代循环经济的"5R"原则——全面推进阶段（2003 年至今）。从"末端治理"到"清洁生产"，是环境保护战略由被动反应向主动行动的一种转变。这一观念的转变为我国循环经济发展的全面推进铺平了道路。

自《清洁生产促进法》颁布之后，"清洁生产"理念持续渗入到各个领域和行业。与"末端治理"模式相比，各部门的资源利用效率都得到了显著提高。然而，我国在清洁生产的实践过程中却遭遇了瓶颈期。主要表现为：一是清洁生产较少关注产品的设计、消费和使用以及回收利用对环境所造成的影响，而偏重于生产工艺的改进对环境绩效的改善；二是清洁生产的实施标准要求企业改进现有技术体系，从而增加了企业的生产成本，导致企业缺乏积极性；三是清洁生产的实施主要面向企业，而单个企业难以做到对其所产生的所有废弃物进行回收利用和无害化处理。因此，在区域层面和社会层面建立起物质循环利用网络以及清洁生产与资源节约的联动机制，克服单一清洁生产政策的弊端，成为能否实现区域内总体废弃物的减排和环境保护目标的关键。

从 2002 年，我国逐步推进区域层面和企业层面产业园区试点的建设。在区域层面，主要以建设生态工业园区、生态省（市或县）、循环经济试点为主；在企业层面，依靠产品生命周期评价和生产全过程控制等手段，结合清洁生产理念，建立企业的工业生态系统。截至 2013 年底，共有 16 个省（区、市）开展生态省建设，1000 多个县（市、区）开展生态县建设，全国累计建成国家级自然保护区 363 个、国家级生态市（县）55 个、国家级生态乡镇 2986 个。此外，全国还通过了 76 个国家生态工业示范园区的建设规划，其中 20 家已通过验收并正式得到了国家生态工业示范园区的命名，已命名和正在创建的国家生态工业示范园区已覆盖我国东中西部的 21 个省份。

生态工业园区依据生态学原理、循环经济理念和清洁生产要求构建了产业间的物质流闭合体系，通过资源节约和高效利用减少废弃物的产生，对产生的废弃物最大限度地循环利用，并对不能再利用的废弃物进行生态化安全处理，最终实现资源的可持续性供给，改善生态环境。

当前，我国的生态工业示范园区主要分为三种类型：一是行业类生态工业园区，以造纸、化工、钢铁、冶金和制糖行业为主，园区通过企业之间的产品、中间产品和废物相互交换，使资源得到最佳配置，废弃物也得到了有效利用，环境污染降到较低水平、经济效益大幅度提高，从而拉动地区经济的发展；二是综合类生态工业园区，不同行业的企业共同建设信息服务和管理平台，实现资源和基础设施共享，不同行业的企业间进行物质交换，形成资源循环利用网络，实现废弃物规模化再生利用，较为典型的有天津经济技术开发区和大连经济技术开发区；三是静脉产业类生态工业园区，其特点是以废弃物再生利用为核心，运用先进的技术，将生产和消费过程中产生的废弃物转化为可重新利用的资源和产品，最具代表性的是青岛新天体"静脉"产业园区。

除了从区域和社会角度构建物质流闭环体系以减少废弃物的产生，我国从 2003 年开始对特定行业的废弃物污染开展全面管理控制，制定、颁布了一系列政策、法律、法规和条例，这些政策法规均包含了 EPR 制度的原则和理念（见表 7.1）。

表 7.1　2003 年以来我国有关 EPR 制度的相关法令和政策

法令和政策	法令内容及生产者责任
2003 年 10 月 9 日《废电池污染防治技术政策》	（1）对电池产品的源头预防责任 （2）对电池产品的环境信息披露责任 （3）废弃电池的回收、处置与循环利用责任 （4）鼓励与支持生产者承担延伸责任 备注：缺少监管措施，对污染者的责任处罚难以落实
2004 年 12 月 29 日《固体废物污染环境防治法》（修订版，于 1995 年制定）	（1）对固体废弃物的源头预防责任 （2）对固体废物的回收、处置与循环利用责任 （3）强制生产者承担法定的延伸责任 备注：新《固体废物污染环境防治法》进一步明确了生产者的责任，但依旧没有对生产者所负有的产品环境信息披露责任进行规定

法令和政策	法令内容及生产者责任
2006 年 2 月 《汽车产品回收 利用技术政策》	（1）对汽车产品的源头预防责任 （2）对汽车产品的环境信息披露责任 （3）报废汽车的回收、处置与循环利用责任
2006 年 2 月 28 日 《电子信息产品污染 控制管理办法》	（1）对电子信息产品的源头预防责任 （2）对电子信息产品的环境信息披露责任 （3）强制生产者承担法定的延伸责任 备注（1）：该法案中的电子信息产品并不包括所有家用电器产品 备注（2）：该法案被称为"中国的 RoHS"，这表明我国有关生产者 责任延伸制度的法律规定已初步与国际接轨，并已开始在不同经济 的特定领域进行有关生产者责任延伸制度的相关立法
2007 年 5 月 1 日 《再生资源回收管理办法》	（1）对再生资源回收行业实施管理 （2）对再生资源回收经营者的再生资源回收行为实施规范 （3）如果生产者通过自建专用回收体系承担废弃产品回收、处置与 循环利用责任，则应受《再生资源回收管理办法》调整 （4）对发展改革、工商、建设、公安、环境、城乡规划的相关责任 做出了明确规定，明确了监管责任，有助于形成合力
2008 年 8 月 20 日 《废弃家电及电子产品 回收处理管理条例》	（1）对废弃家电及电子产品的源头预防责任 （2）对废弃家电及电子产品的环境信息披露责任 （3）废弃家电及电子产品的回收、处置与循环利用责任 （4）强制生产者承担法定的延伸责任
2008 年 8 月 29 日 《循环经济促进法》	（1）对列入强制回收名录的产品或者包装物承担延伸责任 （2）承担生产中的源头预防责任、回收处置与循环利用责任 备注（1）：该法规定了以生产者为主的责任延伸制度，阐明了我国 承担生产者延伸责任的主体是生产者 备注（2）：该法标志着我国已初步建立起了生产者责任延伸制度

国家层面 EPR 制度的相关立法颁布后，各个地方相继出台了地方性法规和章程，并对生产者应承担的延伸责任做出了不同程度的规定。例如，2011 年 11 月 18 日北京市出台了首部地方垃圾管理法《北京市生活垃圾管理条例》，该条例规定生产者应减少包装材料的过度使用和包装性废物的产生，并对列入国家强制回收目录的产品和包装物按照规定予以标注，并进行回收。

纵观我国 EPR 制度的立法沿革，不难看出，与发达国家相比，虽然我国有关 EPR 制度的立法起步较晚，但经过"三废利用"——"末端治理"——"清洁生产"——"现代循环经济"这一探索和实践的过程，不仅积累了环境与经济建设相互协调的经验，而且也初步形成了我国的EPR制度（尽管没有明文确定）。

7.1.2 我国 EPR 制度的立法缺陷

尽管我国近年来出台的诸多环保法案体现了 EPR 制度的理念，但这些法律条文只是对生产者责任进行了原则性规定，普遍缺乏可操作性，实践中难以落实。梳理我国有关 EPR 制度的相关法律，发现存在以下立法缺陷：

（1）立法体系不完整，缺乏层次性。目前，我国关于 EPR 制度的立法散见于多部法律法规或规章中，这些法律条文之间缺乏充分地协调和有效地衔接，并且大都是原则性的规定，缺少详细的操作细则，没有形成完整统一的规制体系。即使《循环经济促进法》确立了 EPR 制度，但该法仍然以原则性规定居多，实践中必须有相关的专项法律支撑。然而，我国立法中针对具体领域施行的单项法律却很少，致使整个 EPR 制度体系缺乏层次性。

（2）责任主体范围的界定不够明确。构建 EPR 制度的首要任务就是确定责任承担的主体。如果责任主体模糊，则法律实施过程中就会出现相互推诿或责任主体缺位的现象。需要指出的是，EPR 制度中的"生产者"并不等同于经济意义上的生产者。根据废弃产品所处行业的不同，其所指向的"生产者"也会有所差异。通常情况下，废弃产品的生产者一般为产品的制造商，但是如果是包装废弃物、进口废弃产品，则其生产者就应该分别是包装物的使用者和进口商，即不同产品的回收利用工作需要由不同的责任主体来完成。而在我国目前的相关 EPR 制度立法中，仅有《废电池污染防治技术政策》与《电子信息产品污染防控制管理办法》对责任主体做出了具体规定，其他多部法律对"生产者"概念均未明确界定。

（3）EPR 制度的内容规定不够全面。虽然发达国家对生产者延伸责任的规定各不相同，但其共同点是延伸责任涵盖了消除废弃产品对环境影响的全部责任。而我国目前的法律法规只是纲领性地规定了源头预防、信息披露和回收处理及循环利用的责任，对生产者具体的延伸责任的规定、对消费活动的规范以及对末端产品的有效管理都有所缺失。更为重要的是，我国截至目前并未出台系统的和完整的强制回收目录。因此，EPR 制度的实施对象，废弃产品的处置费标准，产品整个生命周期内责任的分摊机制以及回收系统的运作等问题都无章可循。例如，我国民间存在大量的回收点和回收网络，但很多都缺乏专业回收和拆解技术，如果政府不给予正确的引导，那么就会导致大量的废弃物不能得到有效回收，反而会对环境造成二次污染。再如，消费者作为末端产品的直接排放者，在 EPR 制度的运行中也起着重要的作用，但我国现在仍未出台任何针对消费者行为的规章制度。

（4）配套制度不完善，缺乏执行机制。目前，我国有关 EPR 制度的立法并不少，但缺少相应的配套措施，如废弃产品的回收体系、强制回收目录、押金制度、处置费标准以及政府的绿色采购制度，等等。配套机制的缺失必然引起 EPR 制度得不到有效地执行和落实。虽然我国已经在此方面做出了一些尝试，如 2012 年 5 月 21 日由财政部、环境保护部、国家发展改革委、工业和信息化部、海关总署和国家税务总局颁布的《废弃电器电子产品处理基金征收使用管理办法》，但这只适用于特定行业，其他类型的废弃产品还需另行制定配套措施。因此，制定有针对性的废弃物回收再用管理办法是当前 EPR 制度有效实施的关键所在。

7.2 我国 EPR 制度的实践

7.2.1 我国 EPR 制度的实施现状

长期以来，由于未能建立起健全的生产者责任延伸的分摊、保障机制和高效回收模式，我国 EPR 制度的实施力度始终赶不上相关立法的进度，从而不能有效地抑制日益严峻的资源环境问题，EPR 制度在我国遭遇了实施的瓶颈。

1. 我国 EPR 制度的实施对象

作为一种预防性环境政策，EPR 制度并非适合所有的废弃产品。因此，确定适用对象是实施 EPR 制度的首要问题。根据产品回收价值和废弃物对环境的影响，OECD 工作组提出了判断产品是否适合实施 EPR 制度的决策矩阵，如图 7.1 所示。

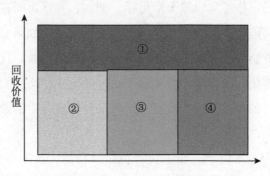

图 7.1　EPR 制度决策矩阵

（1）产品回收价值高，对环境的影响不确定，可以自发地形成市场驱动的回收再生体系，无须刻意地对其实施 EPR 制度；

（2）产品回收价值低，对环境的影响低，主要依赖于企业的责任和消费者的行动，是一种自愿行为；

（3）产品回收价值低，对环境的影响一般，政府应该对其采取相关的措施，与企业协议解决对该部分产品的回收问题；

（4）产品回收价值低，对环境的影响大，缺乏回收再生的商业潜力，需要政府政策的强制干预，是实施 EPR 制度的首选。

从发达国家的相关实践来看，EPR 概念被提出之后，德国率先将其应用于包装废弃物的管理，如德国的 DSD 系统，之后扩展到废弃电子产品和报废汽车领域等。而日本最初则是将 EPR 制度应用于废旧家电，然后逐渐推广到其他行业。从我国 EPR 制度的立法沿革来看，我国 EPR 制度的实施对象主要为包装废弃物、废弃电子电器产品及报废汽车。

包装物的特点是数量巨大且寿命短，属于一次性消费品，且因材质的多样性导致其对环境的影响也各不相同。大多数包装废弃物（如纸板纸箱、金属和 PET 瓶）的回收价值高，对环境的影响较低。我国大中城市对这类包装废弃物的收集主要依赖于消费者或企业的自发行为，回收处置工作则集中进行。然而，这并不能从源头上预防包装废

弃物的产生。包装废弃物是我国 EPR 制度的首个实施对象。早在 1989
年出台的《旧水泥纸袋回收办法》中已经将 EPR 制度应用于包装废弃
物。之后随着包装废弃物数量的急剧增长，我国相继出台的《固体废
物环境污染防治法》《清洁生产促进法》和《循环经济促进法》都明
确规定企业对列入强制回收名录的产品或包装物承担延伸责任。此外，
地方政府也纷纷出台了包装废弃物管理的细则和条例。例如，《北京市
限制销售、使用塑料袋和一次性塑料餐具管理办法》（1999 年）、《青
岛市防治一次性塑料餐具和塑料包装袋污染环境管理规定》（2000 年）
以及《上海市一次性塑料饭盒管理暂行办法》（2000 年）。

　　废弃电器电子产品具有高增长性、高危害性、资源性和难处理性等特
点。虽然电器电子产品的回收价值高，但高危害性和难处理性的特点使回
收再利用的效益并不可观。随着我国电子电器产品的大量生产和消费，废
弃电子产品的处置压力也越来越大。为了解决这一问题，2003 年 12 月，国
家发展改革委确定了浙江省、青岛市为国家废旧家电回收处理试点省市，
同时将浙江省、青岛市试点项目以及北京市、天津市废旧家电示范工程纳
入第一批节能、节水、资源综合利用项目国债投资计划。但是，由于相关
回收标准、规范和管理的规章条例未能出台，以及现有废旧家电处理体系
（二手市场、私人小作坊）的冲击，废旧家电回收市场秩序仍然处于混乱、
不规范的状态。2009 年 6 月 28 日，国家发改委和商务部等多部门联合颁
布了《家电以旧换新实施办法》（于 2010 年 6 月 21 日修订），该法确定了
先从北京、天津、上海、江苏、浙江、山东、广东、福州和长沙等 9 省市
试行再推广至全国的实施流程，用于衔接于 2011 年 1 月 1 日正式实施的
《废弃电器电子产品回收处理管理条例》。与《条例》配套的《废弃电器
电子产品处理目录（第一批）》将电视机、电冰箱、洗衣机、房间空调器
和微型计算机作为首批产品纳入《条例》管理范围，成为我国 EPR 制度
在废弃电器电子行业的实施对象。

　　废旧汽车具有高能耗、高物耗和高污染的特点，且其回收价值较高。
我国推进汽车行业的生产者延伸责任的相关法律、法规经历了三个阶段：
2001 年出台的《报废汽车回收管理办法》不仅规定了对报废汽车进行回收

利用，还明确了汽车回收拆解的资格要求；2006 年的《汽车产品回收利用技术政策》进一步明确了汽车回收利用的主体，确定了汽车制造业实施 EPR 制度，并规定了分阶段的报废汽车回收利用率；2008 年发改委出台的《汽车零部件再制造试点管理办法》确定了包括一汽、江淮和奇瑞等 14 家首批试点，对五类汽车零部件（发动机、变速箱、发电机、起动机和转向器）进行再制造。这三个阶段是一个富有条理性的渐进过程。从回收到研发（信息反馈）、从设计到制造（源头预防）、从生产到再制造和再利用（再循环利用），逐渐延伸汽车生产者的责任，从而实现以 EPR 理念和原则来指导报废汽车的回收再利用。

2. 我国 EPR 制度的实施方式

通过第六章发达国家 EPR 制度的实践综述不难发现，发达国家实施 EPR 的方式主要有三种：强制方式、自愿方式和其他经济手段，我国 EPR 制度的实施同样也不例外：

（1）强制方式主要包括法律、法规、制度和相关条例，如《电子信息产品污染控制管理办法》禁止或限制某些有毒有害物质的使用；

（2）自愿方式不仅包括企业建立自身产品的专用回收体系，还包括企业联合发起的回收废弃物的环保活动，如"绿箱子环保计划"。该计划是于 2005 年 12 月由中国移动联合摩托罗拉、诺基亚公司共同发起的一项"废弃手机及配件回收联合行动"。截至 2009 年底已累计回收废旧手机及配件 530 万件，实现覆盖所有的县以上移动自有营业厅；

（3）其他经济手段作为法规性工具的补充，在我国并没有发挥其应有的作用。虽然我国在诸多领域已经运用预付处理费用、回收补贴及押金返还制度等经济手段来改善废弃物对环境的影响，但整体上对生产者、消费者或回收处理商的激励并不明显，效果一般。

从我国目前 EPR 的实践来看，强制方式占主导地位，经济手段用于辅助，而自愿方式则较少。

3. 我国 EPR 制度的组织模式

EPR 制度的实施不仅需要法律法规的指导，还需要运用具体的组织模式（废弃产品的回收模式）来操作执行。结合发达国家 EPR 的实践，废弃产品的回收模式主要有 4 种：企业自营模式、外包模式、联合运作模式及政府回收模式。我国在 EPR 制度的实施过程中对这四种模式都有所尝试。

（1）企业自营模式。自营模式是生产者建立自身的废弃产品回收体系，该模式适用于产品总量达到一定规模、产品专业性强、回收再利用价值较高和拥有雄厚资金的大型企业，或者是法律规定企业必须回收处理或召回的。目前，由于大多数中小企业难以承受自营模式需要的经济成本，国内只有少数几家大型企业着手自身废旧产品回收处理系统的开发和研究。例如，2002 年 6 月诺基亚与国家环保总局共同开展的"绿色环保回收大行动"是手机制造商首次在中国大范围进行废旧手机、配件及电池的回收活动，在全国 98 个城市设置了 160 多个专门的回收箱，截止 2007 年 10 月初，已回收 3 万多部废旧手机。又如，位于成都"节能环保产业功能区"的长虹废旧家电回收处理基地于 2011 年初建成投产，四川长虹利用清华的科研成果建成了国内唯一具有完全自主知识产权的废旧 CRT 电视机处理关键设备及生产线，实现了良好的成果转化。目前长虹还将扩建废旧电子电器再资源化生产线，用于处理废旧电视、冰箱、洗衣机、空调等，并逐步向汽车、手机等产品的拆解处理发展，同步开发废旧塑料和机板的处理项目，进行相关产品转化，开展高价值深加工、金属提取和危险废弃物处理等业务。值得注意的是，这些自营回收体系不仅回收本企业的废弃产品，也对其他企业的同类产品进行回收，这主要源于废弃产品本身所蕴含的经济利益。

（2）外包模式。外包模式是生产者通过市场合约将其末端产品的回收处理责任以付费的方式交由第三方（专业的回收处理商）代为履行，适用于资金有限的中小企业。在我国相关的 EPR 制度的立法中都对外包模式进行了明确规定，如我国《废弃电器电子产品回收处理管理条例》第十一条规定，国家鼓励电器电子产品生产者自行或者委托销售者、维修机构、售后服务机构、废弃电器电子产品回收经营者回收废弃电器电子产品。在实践中，联想为电子电器制造商树立了良好的典范。为了最大限度地控制产品生命周期的环境影响，加大对可再利用产品和配件的回收，尽可能地延长产品的使用寿命，联想于 2008 年 12 月在中国大陆地区全面推出了资产回收服务（Asset Recovery Service, ARS），帮助商家和消费者回收包括硬盘、内存、LCD 显示器、平板电脑、手机、打印机等各种废旧电子产品。对于有再利用价值的产品，联想对其进行全面修整，并将残值返还给客户；对于报废产品，联想委托第三方机构按照国家环保标准进行处理，自 2005 年以来，联想指定第三方认证工厂已回收废旧电子产品 40823 吨。

（3）联合运作模式。联合运作模式是指生产相同或相似产品的生产者以合资的形式成立联盟组织，建立共用的回收处理系统，负责对联盟企业的废弃产品回收处置，同时也对非联盟企业的废弃产品提供回收和处理服务。我国目前只在少数行业开展了联合运作模式的尝试和探索。例如，在废旧电子电器行业，2003 年三星、诺基亚、摩托罗拉和海尔等 7 家国内外手机制造商及相关机构联合发起"移动电话环境保护行动"，呼吁手机制造商开发环境友好产品，并主动承担废弃手机及配件的回收责任。又如，在金属包装行业，2012 年 7 月 4 日由中国包装联合会金属容器委员会牵头，骨干企业带头参与，上下游联动构建成立的"金属包装回收与再生利用联盟"，旨在让金属包装废弃物不再降级使用，做到"从罐到罐、从罐到盖"的循环使用，减少资源浪费和碳排放。金属包装上下游企业，如宝钢、红牛和中粮等纷纷参与，成为联盟的首批成员。联盟成立后在怀柔启动了"中国青少年回收教育基地"，之后，以怀柔为试点，选择有代表性的小区、超市、政府办公地设置铝罐回收机，开展金属包装回收与再生利用尝试。此外，联盟还设立金属包装循环利用研究专项基金，开展金属罐回收利用技术攻关，提升金属包装行业整体科技水平，助推金属包装行业稳健增长。

（4）政府回收模式。政府回收模式分为政府公共服务系统和委托政府回收。政府公共服务系统作为连接生态系统和经济系统的纽带，理应承担相关回收处理工作。例如，我国各地环卫部门对生活垃圾的收集、运输和无害化处理以及监督管理。其次，委托政府回收是生产者通过向政府缴纳废弃产品处理费，将延伸责任转移给政府，再由政府通过政府公共回收网络体系对废弃产品进行回收处置和循环利用。这种回收模式中，政府的作用与发达国家 EPR 实践中的 PRO 组织类似，在生产者与回收处理商之间充当桥梁作用，并制定相应的回收标准。例如，我国《废弃电器电子产品处理基金征收使用管理办法》明确规定电器电子产品生产者、进口电器电子产品的收货人或者其代理人应按照规定履行基金缴纳义务，并用于废弃电器电子产品回收处理费用的补贴。

7.2.2　我国电子废弃物的 EPR 实践

2010 年联合国环境规划署发布的报告显示，据不完全统计，中国每年生产超过 230 万吨电子垃圾，仅次于美国，成为世界第二大电子垃圾生产国。该报告还指出，到 2020 年，中国的废旧电脑将比 2007 年翻一番到两番，废弃手机将增长 7 倍。而电子废弃物作为一种特殊的再生资源，虽然污染巨大，但也具有很高的回收利用价值，是一座价值可观的"城市矿山"，管理这座"城市矿山"的核心是建立起完善的 EPR 制度。

7.2.2.1　我国现行电子废弃物的 EPR 立法

我国对电子废弃物回收处理的管理包括再生资源和环境保护两大部分，涉及电器电子产品的绿色设计与制造、再制造、回收、处理和资源综合利用和处置等多个环节。经过多年的努力，从人大立法、国家标准到地方法规，我国针对废弃电器电子产品的回收处理已经形成一个至上而下的较为完善的管理体系，如图 7.2 所示。

其中，以《废弃电器电子产品回收处理管理条例》（以下简称《条例》）和《废弃电器电子产品处理基金征收使用管理办法》为主线贯穿了我国电子废弃物管理的全过程。此外，我国还出台了回收处理电子废弃物的国家标准，如表 7.2 所示，用于规范废弃电器电子产品的处理和处置环节，避免二次污染。

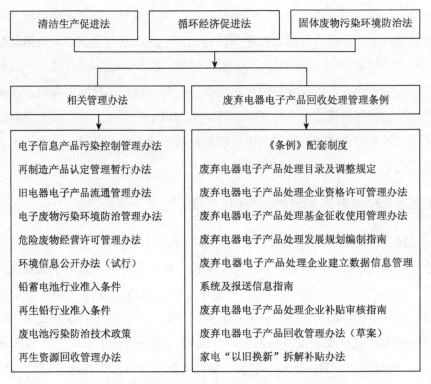

图 7.2　我国废弃电器电子产品回收处理管理体系

资料来源：《中国废弃电器电子产品回收处理及综合利用》（行业白皮书 2013）。

表 7.2　我国已公布的废弃电器电子产品回收处理相关国家标准

标准号	标准名称	实施日期
GB/T21097.1—2007	家用和类似用途电器的安全使用年限和再生利用通则	2008-05-01
GB/T 20861—2007	废弃产品回收利用术语	2007-09-01
GB/T 20862—2007	产品可回收利用率计算方法导则	2007-09-01
GB/T 21474—2008	废弃电子电气产品再使用及再生利用体系评价导则	2008-08-01
GB/T 21667—2008	二手货品质鉴定通则	2008-10-01
GB/T 23384—2009	产品及零部件可回收利用标识	2009-12-01
GB/T 23685—2009	废电器电子产品回收利用通用技术要求	2009-12-01
GB/T 26572—2011	电子电气产品中限用物质的限量要求	2011-08-01
GB/Z 26668—2011	电子电气产品材料声明	2011-12-01
GB 50678—2011	废弃电器电子产品处理工程设计规范	2012-08-01

标准号	标准名称	实施日期
GB/T 28555—2012	废电器电子产品回收处理设备技术要求 ——制冷器具与阴极射线管显示设备回收处理设备	2012-11-01
GB/T 29769—2013	废弃电子电气产品回收利用术语	2014-02-01
GB/T 29770—2013	电子电气产品制造商与回收处理企业间回收信息交换格式	2014-02-01

资料来源：《中国废弃电器电子产品回收处理及综合利用》（行业白皮书 2013）。

7.2.2.2 《废弃电器电子产品回收处理管理条例》 的基本内容

1. 立法目的

《条例》于 2008 年 8 月 20 日国务院第 23 次常务会议审议通过，并于 2011 年 1 月 1 日起施行。其立法目的旨在规范废弃电器电子产品的回收处理活动，促进资源综合利用和循环经济发展，保护环境，保障人体健康。

需要指出的是，《条例》中所称的废弃电器电子产品的处理活动，是指将废弃电器电子产品拆解，从中提取物质作为原材料或者燃料，用改变废弃电器电子产品物理、化学特性的方法减少废弃电器电子产品数量，减少或者消除其危害成分，以及将其最终置于符合环境保护要求的填埋场的活动，不包括产品维修、翻新以及经维修、翻新后作为旧货再使用的活动。

2. 适用对象

根据社会保有量大、废气量大、污染环境严重、危害人体健康、回收成本高、处理难度大、社会效益显著、需要政策支持的原则，国家发改委同环境部和工信部共同制定了《废弃电器电子产品处理目录（第一批）》，将电视机、电冰箱、洗衣机、房间空调器和微型计算机这五种产品纳入《条例》管理范围。

3. 回收处理体系

《条例》第五条规定国家对废弃电器电子产品实行多渠道回收和集中处理制度。

在《条例》颁布之前，我国就已经自发形成了相对固定的回收渠道，包括销售时的"以旧换新"、二手货市场、城市垃圾回收系统及小作坊回收等多条渠道。《条例》在维持现行多渠道回收体系的同时，由商务部等多部门采取措施对这些回收行为予以引导和规范。

针对已回收的废弃电器电子产品，《条例》设定了废弃电器电子产品处理资格许可制度，规定由取得电器电子产品处理资格的企业对其拆解、提取原材料和按照环保要求最终处置，即实行集中处理制度。此外，对目前不规范的手工作坊式的拆解处理活动，一方面进行取缔和制止，或者引导较大的家庭作坊企业转化为符合处理资格的企业；另一方面逐渐引导这些作坊企业从分散拆解处理向地域化集中，再向企业化集中。

4. 责任分配

《条例》对废旧电器电子产品回收处理的各责任主体应承担的责任做出了明确规定。

生产者的责任：《条例》中的"生产者"包括电器电子产品的生产商、进口商以及国外产品在国内的代理商，并规定生产者需承担两种责任：一是源头预防责任。生产者在符合国家有关电器电子产品污染控制规定的条件下必须尽量做到"绿色设计和生产"，即采用有利于资源综合利用和无害化处理的设计方案，使用无毒无害或者低毒低害以及便于回收利用的材料。二是信息责任。按照规定生产者应当在其产品包装或说明书上提供有关有毒有害物质含量、回收处理提示性说明等信息。

销售者、维修机构和售后服务机构的责任：应当在其营业场所显著位置标注废弃电器电子产品回收处理提示性信息。回收的废弃电器电子产品应当由有资格的处理企业处理。

回收经营者的责任：回收经营者应当采取多种方式为电器电子产品使用者提供方便、快捷的回收服务。废弃电器电子产品回收经营者对回收的废弃电器电子产品进行处理，应当依照《条例》规定取得处理资格；未取得处理资格的，应当将回收的废弃电器电子产品交给有资格的处理企业处理。经过修复后销售的回收电器电子产品，必须符合保障人体健康和人身、财产安全等国家技术规范的强制性要求，并在显著位置标识为旧货，具体管理办法由国务院商务主管部门制定。

处理企业的责任：从事废弃电器电子产品处理活动，应当取得废弃电器电子产品处理资格。处理废弃电器电子产品，应当符合国家有关资源综合利用、环境保护、劳动安全和保障人体健康的要求，禁止采用国家明令淘汰的技术和工艺处理废弃电器电子产品。此外，处理企业不仅应当建立废弃电器电子产品处理的日常环境监测制度，还应建立废弃电器电子产品的数据信息管理系统，按照规定向所在地的环境保护主管部门报送基本数据和有关情况，基本数据的保存期限不得少于 3 年。

5. 回收利用标识及可再生利用率

为了帮助消费者和回收处理企业了解产品的回收利用特性，便于废弃电器电子产品能够得到有效的处理处置，我国于 2009 年 12 月 1 日起开始实施《产品及零部件可回收利用标识》。回收利用标识由废弃电器电子产品制造商置于产品或其包装上，用文字、符号、标志、标记、数字和图案等描述产品的回收利用特性。其图例以默比乌斯循环为基础，并标注产品可再生利用率指标以及明示出含有超过有毒有害物质限量要求的元素。标识分为两种：一种是表示不含有毒有害物质或所含有毒有害物质符合限量要求的产品，采用绿色图标；另一种是含有的有毒有害物质超过有关限量要求的则采用红色图标。

$$R_{cyc} = \frac{\sum_{i=1}^{n} m_{cyci}}{M_v} \times 100\%$$

式中，

R_cyc：产品可再生利用率（%）；

M_cyci：第种零部件和（或）材料可再生利用的质量；

M_v：产品整机质量；

n：零部件和（或）材料的类别总数。

图 7.3　产品可再生利用率的计算公式

产品回收利用标识中的可再生利用率指标依据国家标准《电工电子产品可再生利用率限定值和目标值 第 1 部分：房间空调器、家用电冰箱》和《电工电子产品可再生利用率限定值和目标值 第 2 部分：洗衣机、电视机、计算机》来计算。该系列标准不仅给出了可再生利用率的计算公式，如图

7.3 所示，还规定了这五种电器电子产品的再生利用率限定值和再生利用率目标值，如表 7.3 所示。

表 7.3　废弃电器电子产品可再生利用率限定值和目标值

产品类别		可再生利用率限定值（%）	可再生利用率目标值（%）
房间空调器		87	90
家用电冰箱		85	88
电视机	阴极射线管	77	80
	液晶、等离子	80	85
计算机	便携式	75	80
	台式主机、显示器	80	85
洗衣机	波轮	74	77
	滚筒	74	78

注：再生利用率限定值是指按照现有技术和手段所确定的废弃产品再生利用率的最小允许值；再生利用率目标值则是指本标准实施 5 年后，按照当时技术和手段所确定的废弃产品再生利用率的最小允许值。

以上产品再生利用率标准作为强制性标准，对生产企业提出了硬性要求，促使其在产品设计时选用环境友好型和可再生利用的材料，尽量不用或少用有毒有害物质材料。此外，我国标准化研究院也制定了针对废弃电器电子产品回收处理企业的再生利用标准，旨在实现资源利用最大化和环境污染最小化。该标准规定，冰箱、空调、洗衣机的最低再生利用率分别为 65%、70%、65%。

7.2.2.3　《废弃电器电子产品回收处理管理条例》的实施

为了提高能源资源利用效率，减少环境污染，国务院于 2009 年出台了针对汽车和家电的"以旧换新"政策，一方面通过财政补贴来促进消费，另一方面将换回的旧产品送往回收处理企业进行拆解和再循环利用。"以旧换新"政策开始实施就取得了较好的成效。据相关部门初步测算，截止 2009 年底，可更新老旧汽车 100 万辆，家电约 500 万台，可回收利用各种资源近 230 万吨，其中包括废钢铁 150 万吨，废有色金属 17 万吨，废塑料 20 万吨，废橡胶 20 万吨。事实上，作为推动扩大内需的政策，"以旧换新"在刺激消费方面必然功不可没。与此同时，作为废弃电器电子产品回收处理的实践，该项政策也是我国 EPR 制度体系中经济激励机制确立的一次成功尝试。

2011 年底，"以旧换新"政策终止。为了衔接废旧家电的回收工作，我国于 2012 年设立了废弃电器电子产品处理基金。该项基金是国家为促进废弃电器电子产品回收处理而设立的政府性基金。基金全额上缴中央国库，纳入中央政府性基金预算管理，实行专款专用，年终结余结转下年度继续使用。

基金的征收对象为电器电子产品生产者（包括自主品牌生产企业和代工生产企业）、进口电器电子产品的收货人或者其代理人。电器电子产品生产者在销售或"视同销售"应征基金产品时就产生了缴纳基金的义务，以产品的销售量为依据，按照确定的每一类产品费率计提该基金，按季申报缴纳基金，并由国税局按照税收征收管理规定负责征收；进口电器电子产品的收货人或者其代理人在货物申报进口时缴纳基金，由海关按照关税征收缴库管理的规定负责征收。

同时，针对采用"绿色设计和生产"的电器电子产品，实行减征基金。对电器电子产品生产者生产用于出口的电器电子产品实行免征基金。此外，《废弃电器电子产品处理基金征收使用管理办法》还对基金的征收标准、使用范围和补贴标准等做出了规定。基金征收使用的具体流程如图 7.4 所示。

《条例》规定了回收渠道和处理体系以及各方的责任，《基金征收使用管理办法》借鉴发达国家"生产者责任制"的做法，对电器电子产品在整个生命周期内伴随物质流而产生的资金流做出了详细说明和规定。此外，我国还引入了信息流管理，建立起废弃电器电子产品回收处理的监督机制，以保证专项基金收取和使用的公平性和透明度。

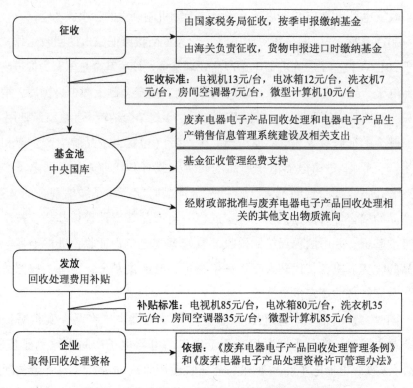

图 7.4 废弃电器电子产品处理基金征收使用流程

资料来源：中国经济时报数字报纸（http：//jjsb. cet. com. cn/articleContent2. aspx？ articleID = 139711）。

信息流分为两条，一条是单向信息流，指电器电子产品的生产者、进口商或经销商应当分别向国家税务局、海关报送电器电子产品销售和进口的基本数据及情况，并自觉接受国家税务局、海关的监督检查；另一条是双向信息流，即处理企业按照规定所建立的数据信息管理系统，应当与由财政部、环保部和工信部等多部门所建立的实时监控废弃电器电子产品回收处理和生产销售的信息管理系统（简称"监控系统"）实现对接。处理企业的数据信息管理系统跟踪记录废弃电器电子产品接收、贮存和处理，拆解产物出入库和销售，最终废弃物出入库和处理等信息，全面反映了废弃电器电子产品在处理企业内部运转流程，并如实向环境保护等主管部门报送废弃电器电子产品回收和拆解处理的基本数据及情况。同时，环保部门一方面会通过数据系统比对、书面核查、实地检查等方式对处理企业所报送信息进行核查，防止弄虚作假；另一方面也会将有关核查结果反馈给处理企业。信息流管理以双向信息流为主，其运作流程如图 7.5 所示。

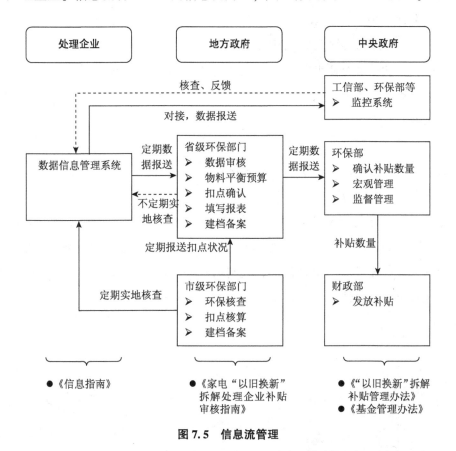

图 7.5 信息流管理

资料来源：李博洋．废弃电器电子产品回收处理管理条例配套政策研究．环保部污防司固体处。

7.2.2.4 《废弃电器电子产品回收处理管理条例》 的实施成效

在"以旧换新"政策所取得成绩的基础上，《废弃电器电子产品回收处理管理条例》自 2011 年初实施以来，随着条例配套制度的不断完善，我国在电子废弃物管理方面实现了快速发展，并取得了显著成效。

（1）第一，行业规模逐渐显现，回收处理收效显著。根据财政部 2014 年中央政府性基金收入和支出预算表显示，2013 年废弃电器电子产品处理基金总收入 28.11 亿元，基金支出 7.53 亿元。其中，补贴处理企业 6.29 亿元、信息系统建设 0.30 亿元、基金征收管理经费 0.89 亿元、其他 0.05 亿元。

此外，2013 年我国废弃电器电子产品处理企业实际拆解的电子废弃物超过 4000 万台，处理总重量达 88 万吨，比 2012 年有了大幅提高。同时，基金补贴的处理企业也由 2012 年的 43 家增至 91 家，覆盖了全国 27 个省、自治区和直辖市。处理企业的年处理能力超过 1 亿台，与 2012 年相比增加约 25%。

处理企业规模化的日益显现，不仅推动了我国电子废弃物回收及再循环利用的健康发展，还为整个行业带来了显著的规模效应、环保效益和资源效益。

（2）回收处理量大幅增加，资源再利用效益显著提升。如图 7.6 所示，2009—2013 年我国废弃电器电子产品总实际处理量呈增长态势。在首批《条例》适用的五类产品中，废空调机处理量约占总处理量的 0.01%，废电视机处理量约占 94%，实施效果最佳。

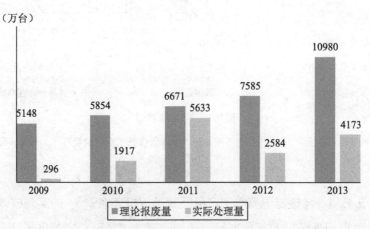

注：2013年理论报废量数据是在社会保有量系数法测算的基础上，按照电器电子产品报废高峰期的正态分布进行理论报废量的测算。2013年实际拆解数量是在环保部公布的第1和2季度拆解处理数据的基础上，根据处理企业处理能力预测得出。

图 7.6　废弃电器电子产品理论报废量和实际处理量

数据来源：《中国废弃电器电子产品回收处理及综合利用》（行业白皮书 2013）。

此外，根据中国家用电器研究院测算，2013 年处理企业共回收铁 9.63 万吨、铜 1.98 万吨、铝 0.52 万吨、塑料 14.81 万吨。从图 7.7 中可以看出，除了保温材料和压缩机，其他资源的回收重量相对 2012 年同比都有不同程度的增幅。其中，CRT 玻璃的增幅最大，其次是塑料和钢铁类。

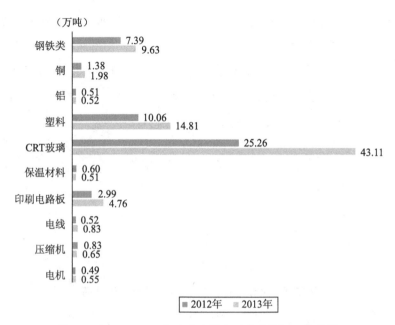

图 7.7 2012—2013 年废弃电器电子产品资源回收重量

数据来源：《中国废弃电器电子产品回收处理及综合利用》（行业白皮书 2013）。

电子废弃物的回收、拆解及再生利用等流程的规范化减少了电子垃圾中有毒有害物质对环境的影响，也大幅度减少了温室气体的排放。例如，根据中国家用电器研究院测算，2013 年废电冰箱累计拆解处理 71.12 万台。以 200 升电冰箱制冷剂平均重量 160 克计算，可理论减少 113.8 吨电冰箱制冷剂排放（R12 的 ODP=1，GWP=8500[①]），相当于减少 96.7 万吨 CO_2 的排放量。

（3）处理企业规模扩张，竞争越发激烈；纵深发展，拆解水平不断提升。

———————————

[①] R12（二氯二氟甲烷）：一种制冷剂，广泛应用于冰箱、冰柜及空调等制冷系统中。由于对臭氧层有破坏、并且存在温室效应，已经被国际和我国列为禁止使用的冷媒物质。ODP 代表制冷剂对大气臭氧层破坏程度的指数。GWP 代表制冷剂产生温室效应的指数。

截至 2013 年底，我国规范化的处理企业已达 91 家，是 2012 年的 2.1 倍，且都在废弃电器电子产品处理基金补贴名单之列。2014 年 1—4 月，中国家用电器研究院电器循环技术研究所对这 91 家处理企业进行了调研，结果发现，处理企业的处理规模呈现"两头小，中间大"的纺锤形态势，如图 7.8 所示。其中，处理规模 100 万~199 万台的企业占比 40%，其次是 50 万~99 万台，占比 26%。而 300 万台以上的仅占 6%。调研还显示，目前我国处理企业的数量和规模分布表现为全国以沿海地区和中部地区为主，西部地区以四川省为主。基本实现了全面覆盖，为我国废弃电器电子产品回收处理行业的稳步和均衡发展奠定了基础。值得注意的是，未来我国规范化处理企业的数量还将不断增加，废弃电器电子产品回收处理企业的竞争也将日趋激烈。

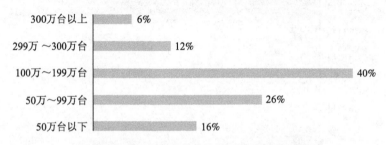

图 7.8　废弃电器电子产品处理企业处理规模

数据来源：《中国废弃电器电子产品回收处理及综合利用》（行业白皮书 2013）。

此外，在横向扩张的同时，我国处理企业也不断向纵深发展。原来以单纯地拆解为主的处理企业开始向深加工方向发展。处理企业一方面着手于拆解工艺的创新和拆解技术的升级，推动拆解工作的高效化和清洁化；另一方面也尝试延伸其产业链，进行原材料或中间产品的生产。

（4）推动了我国 EPR 制度的建设。2014 年 2—4 月，中国家用电器研究院电器循环技术研究中心针对国内知名电器电子产品生产企业开展生产者责任延伸实施现状进行调研。调研显示，随着《条例》的实施，关注生产者责任延伸的企业数量在增加。在政策的支持下，由生产企业参与建立的处理企业的数量在增加。此外，EPR 不仅与生产企业密切相关。随着网络信息技术应用的发展，由第三方建立的基于互联网的回收体系蓬勃发展，例如，香港的俐通等，为生产者履行 EPR 提供了高效低成本的逆向物流服务。

案例研究

<h3 style="text-align:center">格林美的"武汉模式"</h3>

格林美作为我国废旧电池、电子废弃物回收利用的发动单位和国家循环经济试点企业，率先提出"开采城市矿山"的思想以及"资源有限、循环无限"的产业理念，以废旧电池、电子废弃物、钴镍钨工业废弃物和稀贵金属废弃物为主体，在深圳、武汉、荆门和南昌等20多个城市分层建立了以"回收箱、回收超市相结合"的废旧电池、电子废弃物回收体系，形成了我国最完整的资源化循环产业链，为我国"城市矿山"资源的大规模开采提供了示范模式。

2008年以来，格林美以武汉城市圈和荆门为中心，通过建设废旧电池回收箱、电子废弃物回收超市、电子废弃物中心店，构建了多层次、跨区域的回收体系，建立了与全省居民、企业、政府机关事业单位和大中小学的良性回收合作关系，被誉为中国电子废弃物与废旧电池回收的"武汉模式"。其中，"阳光交易、规范收集、安全储运、环保处理"最能体现"武汉模式"的特点。

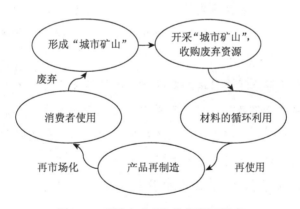

图7.9　"城市矿山"资源循环示意

● 阳光交易：首创电子废弃物回收超市，建立了以斤论价的公正计价体系，并根据市场变化颁布各种电子废弃物的回收定价体系，按照公布价格进行交易，做到相互无欺，公平交易。

● 规范收集：建立严密组织、配置专业队伍、制定严密的信息管理系统，对每一件电子废弃物赋予信息管理，从收货、储存、运输、销毁处置到循环利用，实现全过程跟踪。

●安全储运：建立从回收车辆、运输车辆、转运、中转仓库到中心仓库的安全储存与运输管理系统，使电子废弃物在储存与运输过程中不产生二次污染。

●环保处理：采用先进的技术与先进的装备，对电子废弃物进行绿色分类拆解，同时进行高技术循环再造，生产高级资源化产品。

"武汉模式"的回收途径有五条：一是以电子废弃物回收超市为载体的自建回收体系，将市民和小商贩收集的购买过来；二是通过以旧换新渠道，向商业流通企业收集；三是向工业企业回收其生产中所产生的电子废弃物；四是帮助政府部门义务回收处理电子废弃物等废弃资源；五是通过垃圾分类，回收处理废弃资源。

多年以来，格林美先后安装了近 10000 余个回收箱，设置了 30 多个电子废弃物回收超市，覆盖了武汉城市圈 60% 的面积；300 多所大中小学以及 500 多个政府机关参与其中，直接参与的政府官员、市民、学生达 1000 万人次以上。从社会各渠道累计回收废旧电池已达 3000 吨以上，保护水源 1 亿立方米以上，保护土壤近 1000 平方千米以上，使武汉市废旧电池回收率达到 30% 以上。

除了在武汉建立了多渠道的回收体系，格林美还建立了自身的处理和生产体系，对电子废弃物进行绿色再造。在几年的实践中，格林美创建了电子废弃物拆解分类的标准，并依照标准组织流水线分类拆解生产，在国内第一个完成了电子废弃物分类拆解的标准化作业流程。在此基础上，格林美先后牵头试验并制定了 10 多项国家标准，涉及电子废弃物拆解、储存和运输各个环节，初步形成了电子废弃物规范拆解的标准体系。在格林美的生产线上，他们自主开发的专利技术与工装设备体系，将冰箱、电视机等各种家电分类和自动化快速拆解。电子废弃物被"吃干榨尽"，实现了无废水、废渣排放的绿色拆解；电子废弃物中各种金属与塑料的有效快速分离，使资源的分离率达 95% 以上，资源的综合利用率达 98% 以上。此外，格林美首创低碳资源化模式，创立了电子废弃物中废旧塑料到塑木材料的高技术、高附加值循环再造模式，成为世界先进的低碳产品制造模式，为中国数以千万吨的电子废弃物的绿色循环与资源化提供了一种示范模式，建立了电子废弃物高附加值循环利用的盈利模式。

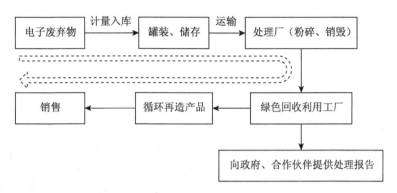

图 7.10　格林美电子废弃物"绿色回收再造"流程

格林美探索的"武汉模式"是一个城市、政府、市民联动的开采模式，不仅开创了电子废弃物以斤论价的阳光定价、规范集中的先河，也唤起了社会分类回收体系的建立，形成了一种以"电子废弃物回收超市—电子废弃物回收中心店—安全储运—绿色处理"为核心的循环产业链的新型商业模式，为我国电子废弃物由分散无序、游击队式的回收方式向定点集中、定价回收的方式转化树立了典型。这是一种对现有资源模式与制造方式的变革，是对城市矿山资源开采模式、低碳制造技术方式和循环再造产品方式的实践与创新。

7.2.3　我国报废汽车的 EPR 实践

据汽车工业协会数据显示，截至 2013 年底，我国汽车保有量已超过 1.37 亿辆，并以年均 7% 的速度增长。而我国汽车的平均保有年限为 3.23 年。庞大的保有量和不断增长的需求规模，意味着我国汽车市场逐渐进入更新换代的高峰期，报废汽车的回收拆解在汽车行业和循环经济发展中的地位将显得越发重要。目前，在国家有关政策引导和市场发展推动下，我国报废汽车回收拆解行业已经得到了稳步发展。然而，随着未来报废汽车数量的快速增长，我国报废汽车的 EPR 实践也面临着诸多挑战。

7.2.3.1 我国现行报废汽车的 EPR 立法

汽车从生产到报废的全过程，每个阶段都对环境有不同程度的影响。根据全过程控制原则，我国相继出台了针对汽车环保设计、汽车尾气排放、零部件再制造、能源消耗以及报废汽车回收和处置等一系列法律法规，为我国 EPR 制度在汽车制造业的顺利实施奠定了法律基础。

表 7.4　我国报废汽车的 EPR 立法及标准规范

法规名称	发布部门	发布时间	相关规定
报废汽车回收管理办法	国务院	2001 年	汽车回收拆解的资格要求
汽车产业发展政策	发改委	2004 年	发展轻型、可回收、环保材料
汽车贸易政策	商务部	2005 年	报废汽车回收拆解
汽车产品回收利用技术政策	发改委科技部	2006 年	生产者责任延伸制度、分阶段实施报废汽车回收利用率的目标
汽车零部件再制造试点管理办法	发改委	2008 年	14 家汽车零部件再制造试点企业对五类汽车零部件开展再制造试点
报废汽车回收拆解企业技术规范	质检总局	2008 年	对报废汽车回收拆解企业的资格、作业流程做出了详细规定
报废机动车回收拆解管理条例（征求意见稿）	国务院	2010 年	是对《报废汽车回收管理办法》的修订，重新确立了报废汽车回收拆解企业资格许可制度
机动车强制报废标准规定	商务部	2012 年	国家对达到报废标准的机动车实施强制报废
汽车产品限制使用有害物质和可回收利用率管理办法（草案）	工信部	2013 年	减少汽车产品有害物质使用和提高可回收利用率

《报废汽车回收管理办法》（国务院 307 号令）（以下简称"办法"）于 2001 年正式实施，是目前我国规范报废汽车回收业的主要法律依据。《办法》的实施对规范我国报废汽车回收活动，防止报废汽车和拼装车上路行驶，维护道路交通秩序，保障人民生命财产安全，保护环境，发挥了积极作用。然而，随着拆解技术的发展，《办法》关于报废汽车回收企业

拆解的报废汽车"五大总成"① 应当作为废金属交售给钢铁企业作为冶炼原料的规定，已经不能适应开展汽车再制造的需要。此外，报废汽车回收企业资格认定制度于 2002 年我国在清理行政审批时从《办法》中撤销，但为了从源头上加强管理，国务院决定于 2010 年修订《办法》，重新确立报废汽车回收拆解企业资格许可制度。虽然国务院于 2010 年起草了《报废机动车回收拆解管理条例》（征求意见稿），但在作者截稿时，该条例还未出台，仍处于修订之中。所以，当前我国对报废车辆的政策指导思想是继续贯彻《办法》，执行报废汽车回收企业总量控制方案。

《办法》实施已近 14 年，与之配套的制度和措施也逐步完善和更新。将来我国还会出台《汽车产品限制使用有害物质和可回收利用率管理办法》（以下简称"管理办法"）。从"2013 中国汽车回收利用国际论坛"获悉，《管理办法》已达成行业共识，正处于征求意见阶段。《管理办法》主要包括六项内容：要求汽车生产企业开展生态设计、汽车产品中限制使用有害物质、对汽车产品可再利用率和可回收利用率提出要求、汽车企业要及时提供拆解技术信息、审查和审核制度以及管理模式。《管理办法》将从源头上加强汽车产品有害物质的管控，鼓励汽车生产企业开展生态设计，把限制使用有害物质作为汽车产品进入市场的一个前提条件，制造商要承担起制造和回收的双重职责。同时《管理办法》还分阶段提出了汽车产品可回收利用率的指标要求，确保法规施行之日起，M1 类、N1 类汽车新车型的可回收利用率要达到 90%，其中可再利用率达到 80%。两年内，M1 类、N1 类汽车新车型的可回收利用率要达到 95%，可再利用率不低于 85%。

7.2.3.2 《报废汽车回收管理办法》的基本内容

1. 立法目的和适用对象

《办法》于 2001 年 6 月 16 日正式公布并开始实行。其目的旨在规范报废汽车回收活动，加强对报废汽车回收的管理，保障道路交通秩序和人民

---

① 五大总成：指报废汽车发动机、方向机、变速器、前后桥和车架。

生命财产安全，保护环境。

《办法》的适用对象是报废汽车。衡量标准是达到国家报废标准，或不符合国家机动车运行安全技术条件或国家机动车污染物排放标准的机动车（包括摩托车和农用运输车）。需要注意的是，《办法》中所称的拼装车，是指使用报废汽车发动机、方向机、变速器、前后桥、车架（以下统称"五大总成"）以及其他零配件组装的机动车。

2. 回收制度及各方责任

国家对报废汽车回收业实行特种行业管理，对报废汽车回收企业实行资格认定制度。报废汽车回收企业在满足《办法》所规定的条件下，经地方人民政府经济贸易管理部门审核通过，方可取得《资格认定书》，随后应向公安机关申领《特种行业许可证》，"一书一证"备齐后向工商部门登记，领取营业执照，才可从事报废汽车回收业务。报废汽车的拥有者须及时向公安机关办理机动车报废手续，并取得《机动车报废证明》，凭借该证明将报废汽车交由报废汽车回收企业进行回收处理后，再凭报废汽车回收企业所开具的《报废汽车回收证明》向公安机关办理注销登记。

报废汽车回收企业的责任：对回收的报废汽车应当逐车登记；不得拆解、改装、拼装、倒卖有犯罪嫌疑的汽车及其"五大总成"和其他零配件；必须按照国家环境保护法律法规拆解回收的报废汽车，其中，回收的报废营运客车，应当在公安机关的监督下解体。拆解的"五大总成"应当作为废金属，交售给钢铁企业作为冶炼原料；拆解的其他零配件能够继续使用的，可以出售，但必须标明"报废汽车回用件"；自觉接受人民政府经济贸易管理部门、公安机关、工商部门的监督管理。

报废汽车拥有者的责任：应当及时将报废汽车交售给报废汽车回收企业；不得将报废汽车出售、赠予或者以其他方式转让给非报废汽车回收企业的单位或者个人；不得自行拆解报废汽车。

《办法》还规定了报废汽车拥有者和回收企业的共同责任：禁止任何单位或者个人利用报废汽车"五大总成"以及其他零配件拼装汽车；禁止报废汽车整车、"五大总成"和拼装车进入市场交易或者以其他任何方式交易；禁止拼装车和报废汽车上路行驶。对违反《办法》规定的企业或个人将追究法律责任。

3. 可回收利用率目标

虽然《办法》中没有明确规定报废车辆回收的责任主体和可回收利用率目标，但与其配套的《汽车产品回收利用技术政策》则对此做了详细说明和补充。该政策文件的第七条明确规定"加强汽车生产者责任的管理，在汽车生产、使用、报废回收等环节建立起以汽车生产企业为主导的完善的管理体系"，确定了我国在报废汽车方面实施 EPR 制度。此外，引入了"适用时间段"的概念，分阶段制定报废汽车的可回收利用率，逐步推进我国报废汽车的回收再利用工作，力争在 2017 年达到国际先进水平。

（1）第一阶段目标：自 2010 年起，所有国产及进口的 M2 类和 M3 类、N2 类和 N3 类车辆的可回收利用率要达到 85% 左右，其中材料的再利用率不低于 80%；所有国产及进口的 M1 类、N1 类车辆的可回收利用率要达到 80%，其中材料的再利用率不低于 75%；同时，除含铅合金、蓄电池、镀铅、镀铬、添加剂（稳定剂）、灯用水银外，限制使用铅、汞、镉及六价铬。自 2008 年起，汽车生产企业或销售企业要开始进行汽车的可回收利用率的登记备案工作，为实施阶段性目标做准备。

（2）第二阶段目标：自 2012 年起，所有国产及进口汽车的可回收利用率要达到 90% 左右，其中材料的再利用率不低于 80%。

（3）第三阶段目标：自 2017 年起，所有国产及进口汽车的可回收利用率要达到 95% 左右，其中材料的再利用率不低于 85%。

7.2.3.3 《报废汽车回收管理办法》的实施

根据《汽车产品回收利用技术政策》第十五条规定，"2010 年起汽车生产企业或进口汽车总代理商要负责回收处理其销售的汽车产品及其包装物品，也可委托相关机构、企业负责回收处理其生产、销售的汽车及其包装物品。"然而，从我国报废汽车行业的回收实践来看，汽车制造商履行其延伸责任的主要方式是委托回收拆解企业。回收流程如图 7.11 所示。

为进一步提升报废汽车回收拆解行业的环保、资源利用水平，促进汽车产业可持续发展，2009 年，财政部协同商务部决定开展报废汽车回收拆解企业升级改造示范工程试点。升级改造工程分为四大内容：一是指导和监督回收拆解企业按照《报废汽车回收拆解企业技术规范》的要求，对拆解车间、拆解设备、拆解流程及拆解手段等进行改善；二是规范作业流程，强化拆解企业的回收处理能力；三是改善拆解作业的环境和条件，提升安全作业系数，避免造成二次污染；四是建立报废汽车回收拆解管理信息系统，及时录入报废车辆的各种信息，规范企业管理。经过一年多试行，14个试点省、区、市的60家试点企业中有51家完成了升级改造，其中河北、黑龙江、安徽、河南、湖南、广东、云南、陕西等省的试点企业全部完成。同时，一些非试点企业在示范工程的带动下也积极行动起来，按照《报废汽车回收拆解企业技术规范》的要求开展达标活动。

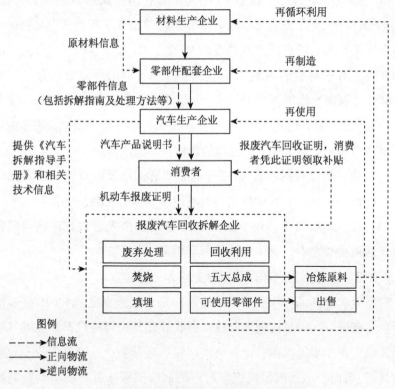

图7.11　我国目前报废汽车回收处理流程

目前，升级改造示范工程仍然在推进。但为了进一步实现回收拆解业务的信息网络化管理，中国汽车技术研究中心于2013年成立了中国汽车绿色拆解系统（China Automotive Green Dismantling System，简称 CAGDS）。CAGDS 是为汽车生产企业满足国家法规要求，落实生产者责任，面向报废汽车回收拆解企业提供技术支持和指导而建设的信息化平台。借助该系统，整车企业可以轻松便捷地完成车型拆解信息的填报与发布并导出完全符合《编制规范》的《报废汽车拆解指导手册》，应对相关法规标准的要求。后期，CAGDS 也将根据《编制规范》等法规标准的要求及时更新，做到与法规标准的无缝对接。作为国内首个汽车拆解信息发布交互及管理系统，CAGDS 成为实现我国报废汽车精细化拆解，提高我国报废汽车资源综合利用水平的重要的信息化支撑平台。

除此之外，为了激励报废汽车的拥有者参与到报废汽车回收的实践当中，国家对老旧汽车报废实行补贴制度。2013 年由财政部和商务部印发了《老旧汽车报废更新补贴资金管理办法》，从车辆购置税中安排用于老旧汽车报废更新补贴的专项资金。2014 年两部门进一步明确了老旧汽车报废更新补贴范围及标准：2014 年 1 月 1 日至 12 月 31 日期间交售给报废汽车回收企业的满足补贴条件的老旧汽车车主可申领每辆车 18000 元人民币的补贴。同时，针对报废汽车回收拆解企业，政府也给予其税收优惠。例如，自 2009 年 1 月 1 日起，对符合规定条件的销售再生资源企业的增值税，实行先征后退政策。其中，2009 年按 70% 的比例退税给纳税人，2010 年按50% 的比例退税给纳税人。

以上措施主要是针对汽车消费者和下游的回收拆解企业，而针对上游零部件制造商和整车生产企业的源头预防责任的落实，我国一方面规定了零部件和整车所含有害有毒物质的限值，从源头上减少汽车产品对环境所造成的负面影响；另一方面确定了汽车零部件再制造首批试点企业（一汽、江淮和奇瑞等 14 家汽车生产企业），并启动了汽车零部件再制造产品标志，以此推进我国汽车零部件再制造产业的发展，形成"资源—产品—废弃物—再生资源"的循环经济发展模式。

截止 2010 年底，我国汽车零部件再制造产能为：再制造发动机约 11万台，再制造变速器约 6 万台，再制造发电机、起动机共 100 万台左右，总产值不到 25 亿元，与发达国家还有很大的差距。其中主要原因在于各项配套措施不完善，如汽车零部件再制造企业市场准入制度和资质管理、再制造产品认证和标识等信息管理系统、再制造产品质量监督管理体系等还有待建立和完善。同时，我国废旧汽车管理缺少对上游零部件制造商和整车生产企业的激励机制也是影响报废汽车回收效率的重要原因。

7.2.3.4 《报废汽车回收管理办法》的实施成效

在相关政策引导和市场推动下，当前我国报废汽车回收拆解行业回收量平稳增长，市场集中度有所提高，行业规模逐渐显现。

1. 行业规模稳中有升

截至 2012 年底，全国报废汽车回收拆解企业达到 522 家，从业人员 2.6 万人，资产总额 103 亿元。2012 年，实现销售总额 78.5 亿元，回收报废机动车 115 万辆，同比增长 0.5%，回收废钢铁、废有色金属、废塑料、废橡胶等各类资源约 200 万吨。

表 7.5　2011—2012 年我国报废汽车回收拆解行业基本情况

单位：家、人、个、万平方米、万辆、亿元

类别	企业数量	从业人员	回收网点	场地面积	报废机动车回收量	销售额	拆解后二手件销售额	资产总额
2011 年	511	26257	2431	1220	114.23	82.89	4.32	88.61
2012 年	522	25799	2237	1434	114.78	78.52	3.98	102.65
同比/%	2.2	-1.7	-8.0	17.6	0.5	-5.3	-7.9	15.8

数据来源：《报废汽车回收拆解行业统计分析报告》，商务部市场体系建设司中国物资再生协会。

2. 回收量小幅增长、资产总额较快增长

2012 年全国回收报废机动车共计 114.78 万辆，同比增长 0.5%。其中，回收报废汽车 60.04 万辆，同比增长 6.1%；报废摩托车 54.74 万辆，同比下降 5%。除三轮低速货车和摩托车回收量减少外，其他车型车辆的回收量都有不同程度增长。

2011 年我国报废汽车回收拆解企业资产总额为 88.61 亿元，2012 年达到 102.65 亿元，同比增长了 15.8%。此外，2009 年以来，约有 40% 的回收拆解企业已经完成或正在进行以清洁环境、安全生产、节约资源、推动

技术进步和现代化管理为重点的技术改造，行业固定资产投资有所增加。

表 7.6 2011—2012 年我国报废机动车回收量

类别	报废汽车（万辆）						报废摩托车（万辆）
	小计	轿车	客车	载货车	专项作业车	三轮汽车低速货车	
2011 年	56.62	19.13	17.6	15.37	1.37	3.15	57.61
2012 年	60.04	19.67	20.03	16.35	1.56	2.44	54.74
同比/%	6.1	2.8	13.8	6.4	13.9	−22.5	−5.0

数据来源：《报废汽车回收拆解行业统计分析报告》，商务部市场体系建设司中国物资再生协会。

3. 企业兼并重组初见成效、市场集中度有所提升

表 7.7 报废汽车回收量排名前 50 家企业相关指标

单位：个、人、万平方米、万辆、亿元

时间	前 50 家企业	回收网点数	从业人员	场地面积	汽车回收量	摩托车回收量	销售额
2012 年	数 值	387	6446	328.32	24.78	24.35	24.53
	占全国比重/%	17.3	25.0	22.9	41.3	44.5	31.2
	同 比/%	−6.3	−1.3	33.3	18.5	4.7	74.9
2011 年	数 值	413	6534	246.33	20.92	23.26	14.02
	占全国比重/%	17.0	24.9	20.3	36.9	40.4	16.9

数据来源：《报废汽车回收拆解行业统计分析报告》，商务部市场体系建设司中国物资再生协会。

为推动企业做大做强，解决企业小而散、效率低、无序竞争等问题，天津、成都等地区有多家报废汽车回收拆解企业通过政府引导、市场运作进行整合，规模效益逐步显现。一些具有资金技术实力的企业通过兼并、控股、参股、设备投入等方式，与现有回收拆解企业优化重组，加强合作，为行业发展注入了新活力。

此外，如表 7.7 所示，2011 年我国报废汽车回收量排名前 50 家企业共回收报废机动车 44.18 万辆，2012 年这一数据为 49.13 万辆，同比增长

11.2%。其中，2012 年前 50 家企业共回收报废汽车 24.78 万辆，同比增长 18.5%，占全国报废汽车总回收量的 41.3%，比上年提高了 4.4 个百分点；回收报废摩托车 24.35 万辆，占全国的 44.5%，比上年提高了 4.1 个百分点；销售额 24.53 亿元，同比提高了 74.9 个百分点，占总销售额的 31.2%，比上年提高了 14.3 个百分点，市场集中度明显提升。

7.2.4 我国 EPR 制度的实施困境

目前我国 EPR 制度的实施仍然处于探索阶段，尽管在废弃电器电子行业和报废汽车领域已经取得了不菲的成效，但必须认识到，这仅限于特定行业或区域的成就，从我国 EPR 制度实施的全局来看还远远不够。另外，还需注意的是，即使在报废汽车和废弃电器电子产品方面，我国 EPR 制度的实施也暴露出了诸多问题，如单纯依靠基金补贴处理企业，难以形成良性的回收处理机制。

梳理我国废弃物管理的 EPR 实践，可以发现存在以下问题与障碍：

（1）经济激励机制不健全，难以调动起生产者、消费者和处理企业的积极性。

当前我国 EPR 制度的实施是以政府主导机制为主，生产者、消费者和处理企业因法律法规的强制性而被动参与进来。然而，仅仅依靠法律法规的约束或政府的补贴和优惠，并不能形成一种长久的良性的市场运行机制。因为企业追求的是自身利益最大化，基于成本效益的考虑，如果能以较少的成本履行法律所规定的延伸责任，并从自身产品的回收再利用中获得更多的效益，那么企业就会主动参与 EPR 的实践活动。然而现实是承担延伸责任往往给企业带来了更多的成本负担，再加上我国目前 EPR 制度立法还不健全，趋利避害的天性导致企业不会积极投身于源头预防、绿色产品设计和末端产品管理等各项实践活动上。以我国推行清洁生产为例，主动要求进行清洁生产审核的企业不多，搞过审核的企业其成果也很难持久，归根结底在于经济激励机制的缺乏。

尽管我国先后实施了一系列财政、信贷和税收等激励政策，如调整资源税、固定资产投资方向调节税及行业处理费用标准等，但由于激励机制协调性较弱，造成了"上有政策、下有对策"的局面，导致激励的有效性减弱。此外，这些激励机制缺乏层次性，大多只针对生产者或处理企业，而没能调动起末端产品的直接排放者（即消费者）的积极性。最为重要的是，建立激励机制的目的是引导生产者主动参与到 EPR 制度的实施中来，而不是直接给予其补贴。因此，引入价格机制、消费机制、建立完善有效的激励政策、回收处理体系和相关费用机制才能调动各方参与的积极性。而目前我国不论在资源价格和环境产权方面、或垃圾分类回收和再生资源循环利用方面、或押金制度、绿色采购和绿色税收制度等方面都还亟须完善和健全。

（2）生产者责任组织或回收联盟先天不足，使得生产者承担延伸责任处于无序、混乱的状态。

发达国家在 EPR 制度的实践中，PRO 组织（即生产者责任组织，如德国的 DSD 系统）或回收联盟（如日本本土电子电器产品制造商成立的两组回收联盟组织）都发挥着非常巨大的作用。在德国，DSD 系统几乎代替生产者履行了《包装法令》所设置的一切生产者责任。

PRO 组织或回收联盟作为逆向供应链中的第三方社会团体，为生产者和处理企业搭建了一个沟通的桥梁，不仅解决了中小企业履行生产者延伸责任难的问题，而且也解决了处理企业所面临的废弃物"货源"紧张的问题，从而使 EPR 制度得到了有效地执行。反观我国，目前并不存在这样成熟的 PRO 或回收联盟的运作体系，即使存在，也是处于启动阶段，如2012 年我国金属包装行业成立的"回收再利用"联盟。因此，未来我国一方面要深入发展已有的回收联盟组织，争取做大做强，成为行业回收模式的典范；另一方面还需在其他领域，如废弃电器电子产品行业，尽快成立 PRO 组织，改善目前我国生产者履行责任所面临的无序、混乱的局面。

（3）政府监管不到位，导致生产者偷排、推卸责任，致使环境受到严重影响政府监管的不到位表现为两个方面：一是监管缺少法律依据，二是政府动力不足。

从全局来看，我国有关 EPR 制度的立法多为原则性规定，缺乏可操作性，尤其对生产者、消费者及处理企业的具体义务的设定还存在大量空白，导致政府对末端产品的环境监管缺少法律依据，针对源头预防、生产过程和消费行为及回收处理等各环节的行政干预机制就无法形成，从而不能有效地约束生产者、消费者和处理企业的各项活动，生产者偷排、消费者非环保的消费行为及处理企业不规范等现象不能得到彻底改观，这将必然导致 EPR 制度无法有效实施。

此外，尽管近年来国家层面一直秉承"科学发展观"的理念，着手转变经济增长方式，但不可否认的是，长期以来"保增长"的思想已经深入到了地方各个层面，地方政府也将"经济增长"与自己的政绩挂钩，仍以单纯的总量增长作为首要目标，再加上基于地方财政的考虑，往往对生产者的偷排和漏排现象置若罔闻，导致国家层面一心致力于环境保护的政策往往在地方不能得到很好的落实。这也是现今我国 EPR 制度实施的最大阻力。

（4）公众参与机制和渠道的欠缺，为末端产品的回收和再循环利用增加了难度。

我国 EPR 制度实施的另一大困境就是公众参与机制的缺失和公众环保意识的欠缺。公众作为末端产品的直接排放者，是 EPR 制度实施的另一个重要主体。现阶段，我国 EPR 制度的实施主要集中于政府与企业之间的互动，公众参与机制和渠道的建设还很不完善，致使公众参与度很低。例如，现实中，很多消费者愿意将废弃产品卖给正规的回收处理企业，但苦于找不到正规的回收渠道，或回收点离家很远导致的不便利和交易成本高等原因，最终只好采取就近原则卖给街头回收的"游击队"，不规范的回收不但不能对废弃产品进行有效地处理和再循环利用，还会对环境造成二次污染。另外，我国公众的环保意识相对狭隘，并且环保行动力较低。据《2010 年中国公众环保指数》显示，我国公众环保目前仍处于初期阶段，并表现出两大内生性矛盾：一是环保意识和环保行动力的矛盾。虽然近年来随着雾霾严重影响到了人们的生活，相对于经济增长，公众越发关心环境保护，但公众的环保意识却较为片面，他们更多关注的是家庭生活层面的环保，如垃圾分类、节约水电，而对社会参与层面的环保意识相对较低。尤其是落实在环保行动力上，公众的参与度就更低；二是政府环保力度弱与公众对政府依赖性强之间的矛盾。对于环保问题的责任归属，大多数公众认为应由政府来负责。但公众对政府环保工作的认可度却很低。这一方面说明我国政府还需提高环保执行水平和环保效率；另一方面也说明了我国公众力行环保实践活动的匮乏，这两方面都严重阻碍了我国循环经济的发展和 EPR 制度的落实。

7.3 我国 EPR 制度的实践思考和建议

正如以上所述，EPR 制度是我国实现循环经济、走可持续发展的必由之路。而产生于我国法治大环境中的 EPR 制度与发达国家相比还有很大的差距，实施过程也陷入了种种困境。针对我国 EPR 实践中存在的诸多问题，结合发达国家 EPR 实践经验，提出一些完善 EPR 制度的建议供各方思考借鉴。

7.3.1 明确责任主体的定位

明确责任主体，合理界定各主体的责任，是 EPR 制度得到有效实施的先决条件。结合发达国家 EPR 制度的实践经验，EPR 制度的责任承担主体应该是产品整个生命周期链条上的各个参与者。例如，美国的"产品责任延伸制度"作为对 EPR 制度理念的演变，强调共担责任的必要性，实行的是典型的多责任主体模式，包含了制造商、销售商、政府、消费者和处理企业等。就我国目前情况而言，健全和完善 EPR 制度，首先要建立以政府为主导，制造商承担主要责任，零售商、消费者、行业回收联盟（未来也可能包括新成立的 PRO 组织）及处理企业承担相应辅助责任的主体体系。

1. 政府的责任

作为 EPR 制度的推动者，政府在 EPR 制度的实施中起着关键性作用。在 EPR 制度实施之前，我国公众传统的观念是政府应对环境问题负主要责任，并由政府处理解决。而 EPR 制度则颠覆了这一观念，即原本由政府承担的责任应由生产者来承担。但这并不意味着政府不承担任何责任。实际上，只有政府才能从宏观把控，从公共利益角度出发，从全局考虑，制定较为周密详细的实施措施和实施计划，并实行监督管理，保证 EPR 制度能够有效实施。

我国政府在 EPR 制度的推行中应履行以下主要责任：

（1）完善法律体系，突出立法的层次性和可操作性，保证生产者受到真正的约束，促使其将产品的环境影响纳入企业经营目标的考虑范畴，从而积极履行延伸责任；

（2）对不能穷尽的法律法规，应配套相应的实施措施和标准，包括产品回收目录、处理标准、拆解的技术规范，做到回收处置有法可依、有章可循。此外，还需根据行业发展情况适时对配套制度及相关税收标准进行更新，以满足当前的环保要求；

（3）充分发挥政府监管职能，对企业的环境绩效进行跟踪监督。对主动承担延伸责任的企业予以政策奖励；而对效率低、破坏和浪费资源以及严重污染环境的经济活动，坚决予以制止，并给予相应的惩罚；

（4）规范回收市场，合理布局再生资源回收网点，规范交易，构建回收网络体系，并通过政策和资金上的大力支持，帮助生产者建立再生回收信息系统；

（5）鼓励科研机构与企业进行循环经济的科学研究。通过政策扶持，促使企业走"产学研"一体化的道路；

（6）以身作则，实行绿色采购和绿色消费，引导公众转变消费观念，并从社会层面进行循环经济、绿色生活等环保教育的宣传，逐步引导公众投身于废弃物的分类、回收和处理等活动当中。

2. 制造商、进口商或代理商的责任

制造商决定了产品的生产过程，掌控着原材料的选择、产品的设计及相关产品信息等，贯穿了产品从投入生产到废弃后回收再利用的整个过程，是 EPR 制度实施的关键参与者。同时，随着经济全球化的发展，国内许多产品都是进口而来，所以国外产品的进口商或代理商也应被视为生产者，需承担与制造商同等地位的延伸责任。制造商、进口商或代理商的责任主要有：

（1）源头预防责任。制造商必须在产品研发设计阶段采用易降解、能耗少和便于回收的原材料。在满足有毒有害物质限制使用标准的前提下，

尽量少用或不用有毒有害物质；

（2）全过程控制责任。对生产过程进行优化，采用清洁能源和先进生产设备，对废料、废气、余热等进行综合利用，将生产过程对环境的污染降至最低；

（3）回收处置责任。制造商承担延伸责任的方式可分为两种：一是经济责任，即制造商通过支付废弃物的回收处置成本来履行延伸责任；二是行为责任，即制造商直接参与其末端产品的回收处理过程。行为责任可通过分责来完成，或者由政府组织回收，制造商负责循环利用，或者由制造商建立自身的回收处理体系来完成，还可以通过零售商来完成回收工作，最终交由制造商或与制造商有合约关系的处理企业来进行处置和再生利用；

（4）信息披露责任。制造商应向零售商、消费者及专业处理商提供有关产品对环境的影响，并标注出有毒有害物质的位置，以便于处理商进行合理规范的拆解和再循环利用。

3. 零售商和消费者的责任

零售商在生产者和消费者之间起着桥梁作用，是生产者和消费者之间信息沟通的媒介，一方面将产品信息（产品功能、产品原材料、产品质量和产品环保等）告知消费者，供消费者购买参考；另一方面将消费者的偏好告知生产者，方便生产者了解市场需求。因此，零售商在 EPR 制度的实施中也起着重要作用。对零售商的责任定位也应从以上两方面考虑。首先，零售商直接面向消费者，应尽量选择环境友好型产品。其次，零售商在销售产品时应告知消费者与产品有关的环境信息。再次，针对特定产品，如包装、废弃电器电子产品，零售商应该设置回收点或回收箱，承担废弃产品的回收义务，并及时与生产者或与生产者有合约关系的处理企业取得联系，使废弃产品能够快速地得到有效处理。

消费者作为废弃产品的直接排放者，能否自觉对废弃产品进行分类和收集，关系到 EPR 实施的成效。针对处于产品生命周期关键阶段的消费者而言，对其责任的规定包括：

（1）尽量延长产品使用期限，避免浪费和过度消费；

（2）消费者应对产生的废弃物进行分类和收集，特别是含有毒有害物质的废弃产品应事先包装好再按照要求送往指定的回收点；

（3）针对特定产品，为了抑制过度消费，还应采取消费者付费的模式来实现资源的有效利用。消费者付费模式的选择有两种，一是消费时付费，即消费者购买产品时，产品的价格已经包含了该产品成为末端产品时回收处理所发生的费用；二是废弃时付费，即消费者在丢弃废弃物时应向回收企业支付一定的费用。结合我国目前的现状以及公众传统的观念，废弃时付费的执行较为困难，而消费时付费的模式更容易让消费者接受，并且可操作性较强。

4. 处理企业的责任

在我国，废弃产品的回收和处置主要由专业的处理商来完成。其责任主要有：

（1）处理企业应按照规定取得废弃回收处理的资格；

（2）回收处理过程应当符合国家有关资源综合利用、环境保护、劳动安全和保障人体健康的要求；

（3）因产品的升级换代须对处理设备和处理工艺适时更新，以满足环保要求，避免造成二次污染；

（4）建立完善的信息管理系统，及时向有关环保部门和生产者报送相关数据和信息。

5. 生产者责任组织（PRO）的责任

PRO组织作为一种具有行业协会性质的公益组织，能够整合生产者和处理商的资源，是发达国家EPR制度实施的一种高效运行机制。凭借平台的优势，PRO可以代生产者履行延伸责任，并且负责"历史产品"和"孤儿产品"的回收处置工作，一方面能够减小政府的负担，另一方面也能积极地推动公众参与到回收实践中来。

目前我国在短期还很难建立一个全国性的PRO组织，因此政府需要发挥引导和调控作用，先在区域进行试点运行，然后再推广到全国。

7.3.2 健全激励机制和配套措施

EPR制度立法的强制性导致生产者履行延伸责任一直处于被动状态，缺乏积极参与的外源性动力，而建立有效的激励机制可以扭转这种被动局面。

1. 财政激励机制

财政激励是指针对积极履行生产者延伸责任（如改善工艺流程、绿色设计、建立废弃产品回收体系等）的企业，政府从财政上给予一定的补助或提供低息贷款等。而在我国财政激励的对象不只是生产者，还应包括处理企业和相关科研机构。针对积极研究和探索处理技术的处理企业和科研机构，政府都应给予资金扶持或提供低息贷款。

2. 税收激励机制

除了财政补贴和提供低息贷款，国家也可通过给予与 EPR 制度相关的实践活动税收上的优惠，鼓励生产者生产绿色环保产品、激励处理企业利用先进处理技术对废弃产品进行无害化处理。

虽然我国现行的《循环经济法》已经明确规定了"企业使用或生产列入国家清洁生产、资源综合利用等名录的技术、工艺、设备的产品，按照有关规定享受税收优惠"，但是缺乏可操作性。因此，在后续立法中规定有关 EPR 制度的税收优惠具体办法势在必行。例如，对国内不能生产的污染治理设备、环境监测和研究仪器以及产品废弃物回收利用技术等进口产品或技术减征进口关税；对购买循环利用产品、有环境标志和能源效率标志产品的消费者实行减征或免征消费税。这样才能有效地激励各主体更加关注废弃产品的回收再利用和环境保护。

此外，增开环保税种也能有效地推进 EPR 制度的实施。例如，征收新材料税，可以减少原材料的使用，促进循环利用；又如，向生产者征收生态税或填埋焚烧税，促使其从源头预防废弃物的产生，积极进行生态设计。

3. 绿色采购制度

绿色采购是指政府或企业凭借自身庞大的采购力量，优先购买对环境负面影响较小的环境标志产品，促使供货商或生产者环境行为的改善，为公众的绿色消费起到推动和示范作用。

政府的绿色采购行为一方面会提高供货商或生产者的技术创新水平，促使其节约资源能源和减少废弃物排放，另一方面还能培养扶植一大批绿色产品和绿色产业，促进环保产业和清洁技术的发展。此外，绿色采购行为还可以引导公众改变不合理的消费行为，促进绿色消费市场的形成。

企业的绿色采购主要是指对原材料的选择，传统的企业采购一般只考虑原材料的成本和利用等方面，而绿色采购更关注原材料的加工和废弃产品成分对环境的不良影响。发达国家对企业的绿色采购都有相应的规定和标准，如欧盟的 RoHS 指令和 ELV 指令，迫使企业尽量选择环境友好型材料，并取得了显著成效。因此，我国未来应大力推行绿色采购制度，突破目前绿色壁垒的困境。

4. 押金返还制度

押金返还制度实际上在我国已经施行很多年，但只应用于包装废弃物方面，并未涉及电器电子产品或有毒化学品等领域。押金返还制度在日本的家电行业已经运行很多年，消费者在将废弃家电送往指定回收点时领回押金，避免了因随意丢弃所造成的环境污染，也保证了公众的参与。可见，押金返还制度通过经济利益驱使实现防治污染的目的是十分可行的。

此外，由于押金制度一方面涉及回收的废弃物的处置，一方面涉及公众的财产，因而需要由国家统一设定回收废弃物返还押金的站点，实行严格的资格准入制度，并且及时进行监督抽查以规范管理。

5. 完善回收体系

鉴于目前我国废弃产品回收体系存在的障碍和困境，我国的废弃产品回收体系亟待制度创新。

（1）建立和完善废弃产品的管理机制。完善的管理机制是回收体系的关键，这就要求我国需出台详细的、系统的废弃物回收管理法律法规体系。通过立法明确生产者、消费者和回收企业等对废弃产品的回收处理和再利用的法律责任，编制强制回收产品的目录，并制定操作性强的具体实施措施，保证各利益相关者责任的履行有章可循。

（2）建立和规范废弃产品回收网络。回收网络的建设是回收体系建设的重要环节。我国传统的回收网络以个体户和走街串巷式为主，处于混乱无序的状态，这需要政府对其整顿、规范、引导和改编。回收体系的建设应引入市场机制，以回收基地为点，向外辐射，改造目前的个体回收户并建立新的回收站点，形成覆盖全区域的回收网络，引导废弃产品的回收和处理向集中化、专业化的方向发展。

（3）大力发展静脉产业。静脉产业是指以保障环境安全为前提，以节约资源和保护环境为目的，运用先进的科学技术，将生产和消费过程中产生的废弃物转化为可重新利用的资源和产品，实现各类废弃物的再利用和资源化的产业。它包括废弃物转化为再生资源和再生资源加工为产品两个过程。它实现了从传统的"资源—产品—废弃物"的线性经济模式到"资源—产品—再生资源"闭环经济模式的转变。静脉产业园，是我国废弃物回收网络的重要组成部分。它承担了区域废弃物的回收、处理和再循环利用的责任，让再生资源得以自由流通，提高了资源的利用率。

7.3.3 增强社会公众的环保意识

公众是环境保护的核心力量之一，是落实 EPR 制度的重要推动力。作为 EPR 制度的主要参与者，公众应该享有知情权、参与权和监督权。首先，政府的决策应充分考虑公众的诉求，听取不同利益主体的要求，以便完善和健全 EPR 制度的相关措施和对策。其次，政府应建立健全公众参与的渠道，包括座谈会、公民问卷调查、咨询委员会和听证会等，使公众参与制度化和法制化，广开言路，方便公众表达其意见和利益诉求，协调不同利益主体之间的利益关系，增强公共决策的合法性和正当性，预防社会纠纷的产生。再次，相关环保部门应进一步推进环境信息公开，建立环保公众监督机制，一方面及时向公众披露当地环境状况的信息，满足公众的知情权；另一方面也要接受公众的监督，保障 EPR 制度的相关措施能够得到有效落实。最后，政府还应加强环保宣传教育工作，如开展环保知识竞赛、环保校园行，努力提高广大市民的环保意识和参与意识，逐步实现全社会废旧物资的分类回收。另外，帮助消费者和公众了解产品的回收利用特性，引导公众进行绿色消费，促使广大消费者接受和使用资源再利用产品。

参考文献

［1］Lindhqvist T. "What Is Extended Producer Responsibility?". In Extended Producer Responsibility as a Policy Instrument–What is the Knowledge in the Scientific Community? ［R］. International Seminar, Lund, Sweden, 1998.

［2］Tojo N. Extended Producer Responsibility as a Driver for Design Change：Utopia or Reality? ［D］. Lund University, Lund：IIIEE, IIIEE DISSERTATION, 2004：2.

［3］钱勇．OECD 国家扩大生产者责任政策对市场结构与企业行为的影响 ［J］．产业经济研究, 2004 (2)：9-18.

［4］陈晨．欧盟电子废弃物管理法研究 ［D］．青岛：中国海洋大学, 2007 (6).

［5］吴季松．循环经济综论 ［M］．北京：新华出版社, 2006：31.

［6］王建明．城市固体废弃物管理政策的理论与实证研究 ［M］．北京：经济管理出版社, 2007：30.

［7］王建明．城市固体废弃物管理政策的理论与实证研究 ［M］．北京：经济管理出版社, 2007：185.

［8］郑云虹, 李凯．中国与日本废弃物管理模式的比较分析及启示 ［J］．东北大学学报 (社会科学版), 2008 (5)：404-409.

［9］Forbes McDougall．城市固体废弃物综合管理——生命周期的视角 ［M］．上海：同济大学出版社, 2006：2.

［10］徐惠忠．固体废弃物资源化技术 ［M］．北京：化学工业出版社, 2004：1-2.

［11］George Tchobanoglous, Frank Kreith. Handbook of Solid Waste Management ［M］. Chemical Industry Press, 2006.

［12］唐绍均．生产者责任延伸 (EPR) 制度研究 ［D］．重庆：重庆大学, 2007.

［13］孙曙生, 陈平, 唐绍均．论废弃产品问题与生产者责任制度的回应 ［J］．生态经济：72-76.

［14］王建明．城市固体废弃物管理政策的理论与实证研究 ［M］．北京：经济管

理出版社，2007：21．

［15］李国健，赵爱华，张益．城市垃圾处理工程［M］．北京：科学出版社，2003．

［16］郑云虹，武姗．推动循环经济发展的政策体系［J］．经济纵横，2003（10）．

［17］王守兰，武少华，万融．清洁生产理论与实务［M］，北京：机械工业出版社，2002：26~27，50，141．

［18］丁敏．固体废物管理中生产者责任延伸制度研究［D］．北京：中国政法大学，2005．

［19］马东姣．我国固体废物管理模式与法律制度的构建［D］．哈尔滨：东北林业大学，2003．

［20］辜恩臻．延伸生产者责任制度法学分析［M］．北京：法律出版社，2004：603，621．

［21］颜丽辉，银彪．城市生活垃圾处理带来的二次污染问题［J］．中国环保产业，2003（4）．

［22］Lindhqvist T, Lidgren K. Models for Extended producer Responsibility：From the Cradle to the Grave-six Studies of the environmental impact of Products［J］. *Swedish Ministry of the Environment* , 1990：7-44.

［23］Davis G A. Extended Producer Responsibility：A New Principle for a New Generation of Pollution Prevention. See：C. A. Wilt, & G Davis, Extended Producer Responsibility：A New Principle for a New Generation of Pollution Prevention［R］. TN：Center for Clean Products and Clean Technologies. The University of Tennessee, Washington, D. C. Knoxville, 1994：1-15.

［24］Jonathan Lash, David Buzzelli. Institutions：The President′s Council on Sustainable Development［J］. *Environment Science & Policy for Sustainable Development* , 2010：44-45.

［25］U. S. Council for International Business. Shared Product Responsibility［R］. OECD International Workshop on Extended Producer Responsibility：Who is the Producer? Ottawa, Canada, 1997.

［26］Jobin B. Extended Producer Responsibility：who is the producer?［R］. OECD International Workshop on Extended Producer Responsibility：Who is the producer? Ottawa, Canada, 1997.

［27］Lindhqvist T，Ryden E. Designing EPR for product Innovation ［R］.OECD International Workshop on Extended Producer Responsibility：who is producer? Ottawa. Canada，1997.

［28］Lindhqvist T，Ryden E. Case study of the Swedish automobile take-back requirement ［R］. OECD International Workshop on Extended Producer Responsibility：who is producer? Ottawa，Canada，1997.

［29］Timone P. Consumers as Co-producers ［R］. OECD International Workshop on Extended producer Responsibility：who is Producer? Ottawa，Canada，1997.

［30］OFE Cooperation. OECD. Extended producer responsibility：A guidance manual for the governments ［Z］. OECD, Paris：2001.

［31］汪群慧. 固体废物处理及资源化 ［M］. 北京：化学工业出版社，2004.

［32］叶文虎，张勇. 环境管理学 ［M］. 北京：高等教育出版社，2006：168.

［33］蓝丹梅. 基于价值链的废弃物成本管理 ［D］. 厦门：厦门大学，2009.

［34］王守兰，武少华，万融等. 清洁生产理论与实务 ［M］. 北京：机械工业出版社，2002：26-27.

［35］唐绍军. 生产者责任延伸（EPR）制度研究 ［D］. 重庆：重庆大学，2007.

［36］彭玉兰. 废弃物的环境责任界定与治理机制研究 ［D］. 长沙：中南大学，2011.

［37］萨缪尔森. 经济学 ［M］. 北京：中国发展出版社，1992：194.

［38］王蓉. 中国环境法律制度的经济学分析 ［M］. 北京：法律出版社，2003：6-7.

［39］王金南. 环境经济学：理论·方法·政策 ［M］. 北京：清华大学出版社，1994：45.

［40］姚志勇. 环境经济学 ［M］. 北京：中国发展出版社，2002：21.

［41］赵晓兵. 污染外部性及其内部化研究 ［D］. 天津：南开大学，2001.

［42］高鸿业. 西方经济学（微观部分）［M］. 北京：中国人民大学出版社，2006：374.

［43］李桂林. 论生产者责任延伸制度 ［D］. 合肥：合肥工业大学，2007.

［44］傅京燕. 环境规制与产业国际竞争力 ［M］. 北京：经济科学出版社，2006：52.

［45］Lindhqvist T，Lidgren K. Models for Extended producer Responsibility：From the

Cradle to the Grave-six Studies of the environmental impact of Products [J]. *Swedish Ministry of the Environment*, 1990: 7-44.

[46] Davis G A. Extended Producer Responsibility: A New Principle for a New Generation of Pollution Prevention. See: C. A. Wilt, & G Davis, Extended Producer Responsibility: A New Principle for a New Generation of Pollution Prevention [R]. TN: Center for Clean Products and Clean Technologies. The University of Tennessee, Washington, D. C. Knoxville, 1994: 1-15.

[47] President's Council on Sustainable Development [R]. Eco - Efficiency Task Force Report, President's Council on Sustainable Development, Washington, D. C, 1996.

[48] Fullerton D, Wenbo Wu. Policies for Green Design [J]. Journal of Environmental Economics and Management, 1998 (2): 131-148.

[49] Lindhqvist T, Lidgren K. Models for Extended producer Responsibility: From the Cradle to the Grave-six Studies of the environmental impact of Products [J]. *Swedish Ministry of the Environment*, 1990: 7-44.

[50] Davis G A. Extended Producer Responsibility: A New Principle for a New Generation of Pollution Prevention. See: C. A. Wilt, & G Davis, Extended Producer Responsibility: A New Principle for a New Generation of Pollution Prevention [R]. TN: Center for Clean Products and Clean Technologies. The University of Tennessee, Washington, D. C. Knoxville, 1994: 1-15.

[51] President's Council on Sustainable Development [R]. Eco - Efficiency Task Force Report, President's Council on Sustainable Development, Washington, D. C, 1996.

[52] U. S. Council for International Business. Shared Product Responsibility [R]. OECD International Workshop on Extended Producer Responsibility: Who is the Producer? Ottawa, Canada, 1997.

[53] Lindhqvist T, Ryden E. Designing EPR for product Innovation [R]. OECD International Workshop on Extended Producer Responsibility: who is producer? Ottawa. Canada, 1997.

[54] Lindhqvist T, Ryden E. Case study of the Swedish automobile take - back requirement [R]. OECD International Workshop on Extended Producer Responsibility: who is producer? Ottawa, Canada, 1997.

[55] Timone P. Consumers as Co-producers [R]. OECD International Workshop on Ex-

tended producer Responsibility：who is Producer? Ottawa, Canada, 1997.

[56] OFE Cooperation. OECD. Extended producer responsibility：A guidance manual for thegovernments [Z]. OECD, Paris：2001.

[57] 彭玉兰. 废弃物的环境责任界定与治理机制研究 [D]. 长沙：中南大学, 2011.

[58] 吴知峰. 生产者责任和生产者延伸责任比较研究 [J]. 企业经济, 2007 (10).

[59] 卢代富. 企业社会责任的经济学与法学分析 [M]. 北京：法律出版社, 2002：30, 38-39.

[60] 曹凤月. 企业道德责任论 [M]. 北京：社会科学文献出版社, 2006：17, 23-26.

[61] 王保树. 商事法论集 [M]. 北京：法律出版社, 1997, 82.

[62] Dodd. For Whom Are Corporate ManagersTrustees [M]. Harvard Law Review, 1932：1160-1161.

[63] [美] 乔治·斯蒂纳, 约翰·斯蒂纳. 企业、政府与社会[M].北京：华夏出版社, 2002：132.

[64] [美] 理查德·T, 德·乔治. 经济伦理学 [M]. 北京：北京大学出版社, 2002：233.

[65] [美] 马乔里·凯利. 资本的权利是神圣的吗？ [M]. 沈阳：辽宁教育出版社, 2003：203.

[66] 郑少华. 从对峙走向和谐：循环型社会法的形成 [M]. 北京：科学出版社, 2005：107.

[67] 卢代富. 企业社会责任的经济学与法学分析 [M]. 北京：法律出版社, 2002：223-253.

[68] 唐绍均. 生产者责任延伸（EPR）制度研究 [D]. 重庆：重庆大学, 2007.

[69] Government Bill on Recycling and Waste Management [Z]. Stockholm prop, 1975：32.

[70] Backman M, Huisingh D, Lidgren K, Lindhqvist T. About a waste Conscious Product Development Report [R]. Solna：Swedish Environmental Protection Agency, 1988.

[71] Reijnders L. Expanding producer Responsibility for Reducing Environmental Impact [J]. *Environmental Liability Law Review* , 1993 (7)：69.

［72］李艳萍．论延伸生产者责任制度［J］．环境保护，2005（7）：14.

［73］OECD. Extended and shared producer Responsibility［R］. Framework Report. Paris：OECD（ENV/EPOC/PPC（97）20/REV2），1998.

［74］Business and Industry Advisory Committee（BIAC）. Shared product Responsibility ［R］. BIAC discussion Paper，OECD International Workshop on Extended Producer Responsibility：Who is the Producer? Ottawa，Canada，1997.

［75］Lindhqvist T. Extended Producer Responsibility in Cleaner Production Policy Principle to Promote Environmental Improvements of Product Systems［D］. Doctoral Dissertation，Sweden：Lund University，2000.

［76］钱勇．OECD 国家扩大生产者责任政策对市场结构与企业行为的影响［J］．产业经济研究，2004（2）：9-18.

［77］张晓华，刘滨．"扩大生产者责任"原则及其在循环经济发展中的作用［J］．中国人口资源与环境，2005（2）：19-22.

［78］童昕．电子废物处理中的延伸生产者责任原则［J］．中国环境管理，2003（1）：1-4.

［79］普智晓，李霞．国外执行延长生产者责任制度现状［J］．中山大学学报（自然科学版），2004（6）：247-250.

［80］李艳萍．论延伸生产者责任制度［J］．环境保护，2005（7）：13-15，38.

［81］温素彬，薛恒新．面向可持续发展的延伸生产者责任制度［J］．经济问题，2005（2）：11-13.

［82］祝融．生产者责任延伸制度立法的探讨［J］．环境保护，2005（10）：46-48.

［83］王干．论我国生产者责任延伸制度的完善［J］．现代法学，2006（4）：167-173.

［84］黄锡生，张国鹏．论生产者责任延伸制度——从循环经济的动力支持谈起［J］．法学论坛，2006（3）：111-114.

［85］刘冰，梅光军．在电子废弃物管理中生产者责任延伸制度探讨［J］．中国人口.资源与环境，2006（2）：120-123.

［86］王兆华．电子废弃物管理中的延伸生产者责任制度应用研究［J］．工业技术经济，2006（4）：57-59.

［87］Lindhqvist T. Towards an Extended Producer Responsibility analysis of experiences and proposals［R］. See：Products as Hazards_ background documents. Ministry of the Environment and Natural Resources，1992：82.

［88］OECD：Economic Aspects of Extended Producer Responsibility［M］. Paris：OECD，2004.

［89］Lindhqvist，Thomas. "Extended Producer Responsibility in Cleaner Production"［D］. Lund University，2000.

［90］叶敏，万后芬. 基于循环经济的产品生命周期分析［J］. 中南财经政法大学学报，2005（3）.

［91］鲍健强，翟帆，陈亚青. 生产者延伸责任制度研究［J］. 中国工业经济，2007（3）.

［92］郑云虹. 基于循环经济的制度分析［J］. 东北大学学报（社科版），2006（6）.

［93］周坷. 环境法［M］. 北京：中国人民大学出版社，2000.

［94］萨缪尔森. 经济学［M］. 北京：中国发展出版社，1992：194.

［95］王蓉. 中国环境法律制度的经济学分析［M］. 北京：法律出版社，2003：6-7.

［96］王金南. 环境经济学：理论·方法·政策［M］. 北京：清华大学出版社，1994：45.

［97］姚志勇. 环境经济学［M］. 北京：中国发展出版社，2002：21.

［98］赵晓兵. 污染外部性及其内部化研究［D］. 天津：南开大学，2001.

［99］高鸿业. 西方经济学（微观部分）［M］. 北京：中国人民大学出版社，2006：374.

［100］李桂林. 论生产者责任延伸制度［D］. 合肥：合肥工业大学，2007.

［101］傅京燕. 环境规制与产业国际竞争力［M］. 北京：经济科学出版社，2006：52.

［102］张嫚. 环境规制约束下的企业行为［D］. 辽宁：东北财经大学，2005.

［103］Porter ME. America's greenstrategy［J］. *Scientific American*，1991（4）.

［104］Porter ME，C. van der Linde. Toward a New Conception of the Environment-Competitiveness Relationship［J］. *The Journal of Economic Perspectives*，1995（9）：97-118.

［105］Porter ME，C. van der Linde. Green and competitiveness：ending the stalemate［J］. *Harvard business review*，1995（9）：120-134.

[106] 张嫚.环境规制约束下的企业行为 [D].辽宁：东北财经大学，2005.

[107] 郑云虹.基于循环经济的制度分析 [J].东北大学学报（社科版），2006（6）：418.

[108] 潘家华.持续发展途径的经济学分析 [M].北京：中国人民大学出版社，1993：151.

[109] 赵一平.面向 EPR 的政府及生产企业行为策略选择研究 [D].大连：大连理工大学，2007.

[110] 许颖.基于环境的废旧家电逆向物流博弈分析 [D].北京：北京交通大学，2006.

[111] 世界资源研究所.国际著名企业管理与环境案例 [M].北京：清华大学出版，2003：184.

[112] 阮和兴.基于核心竞争力的企业物流外包决策研究 [D].广州：暨南大学，2008.

[113] 阮略成，李杰.第三方汽车逆向物流模式浅析 [J].汽车工业研究，2006（12）：39-41.

[114] Imre Dobos, Knut Richter. An extended production recycling model with stationary demand and return rates [J]. *International Journal of Production Economics*, 2004（90）：311-323.

[115] Spicer A J, Johnson M R. Third-party remanufacturing as a solution for extended producer responsibility [J]. *Journal of Cleaner Production*, 2004（12）：37-45.

[116] 钱勇.OECD 国家扩大生产者责任政策对市场结构与企业行为的影响 [J].产业经济研究，2004（2）：9-18.

[117] 魏洁，李军，梁争柱.PRO 组织参与的逆向物流回收合作[J].系统管理学报，2007（2）：56-60.

[118] 约翰·伊特维尔，莫里·米尔盖特，彼得·纽曼.新帕尔格雷夫大辞典 [M].北京：经济科学出版社，1996（2）.

[119] 滕吉艳，林逢春.电子废物立法及其实施效果国际比较 [J].环境保护，2004（11）：10-14.

[120] 吴丹.基于 EPR 的报废汽车回收体系研究 [D].重庆：重庆大学，2007.

[121] D. A. 雷恩.管理思想演进 [M].北京：中国社会科学出版社，1982.

[122] Garud R, Nayyar P. R. Transformative Capacity: Continual Structuring by Inter Tem-

poral Technology Transfer [J]. Strategic Management Journalm, 1994 (15)：365-385.

[123] 赵勇. 企业核心能力理论研究与实证分析 [D]. 成都：西南交通大学，2003.

[124] Ulli Arnold. New Dimensions of Outsourcing：A Combination of Transaction Cost Economics and the Core CompetenciesConcept [J]. *European Journal of Purchasing & Supply Management*，2000 (6)：23-29.

[125] 迈克尔·波特. 国家竞争优势 [M]. 北京：华夏出版社，2002, 38.

[126] Coase R. H. The Nature of theFirm [J]. *Ecinimica*，1937 (4)：386-405.

[127] Williamson O. E. Transaction Cost Economics：the Governance of ContractualRelation [J]. *Journal of Law and Econonics*，1979 (22)：53-61.

[128] 刘璠. 基于供应链管理的物流外包研究 [D]. 武汉：武汉理工大学，2006.

[129] 田海峰，刘智艳，王凤萍，等. EPR 政策工具的激励原理与适用条件分析 [J]. 生态经济，2013 (12)：86-88.

[130] 赵锦辉. 庇古税：理论与应用 [J]. 湖南科技学院学报，2008 (10)：111-126.

[131] 王海鹏. 促进循环经济发展的税收政策研究 [J]. 北京：中央民族大学，2008 (8).

[132] 田海峰，黄祎，孙广生. 供应链纵向结构对 EPR 政策激励效果的影响研究 [J]. 运筹与管理，2017 (04)：47-53.

[133] 马明阳. 环保补贴与排污费的激励效果比较 [J]. 大连：东北财经大学，2016 (06).

[134] 邓可祝. 环境补贴研究 [J]. 特区经济，2007 (5)：135-137.

[135] 闫杰. 环境污染规制中的激励理论与政策研究 [J]. 青岛：中国海洋大学，2008 (2).

[136] 李欣. 环境政策研究 [J]. 财政部财政科学研究所，2012 (1).

[137] 田海峰. 基于产业链视角的 EPR 政策激励机制与有效性研究 [J]. 沈阳：东北大学，2013 (7).

[138] 王丰娟. 基于绿色化理念的押金返还制度 [J]. 绿色科技，2015 (12)：302-305.

[139] 嵇欣. 建立押金返还制度述评 [J]. 探索与争鸣，2007 (4)：57-59.

[140] 李英伟. 论独立型环境税开征的若干问题 [J]. 湖北经济学院学报（人文

社会科学版），2016（11）：84-86.

[141] 赵绘宇．欧盟环境法中的循环经济趋势谈［J].上海交通大学学报（哲学社会科学版），2006（1）：42-46.

[142] 王建明．污染产品税在城市垃圾管制中的应用［J].税务研究，2008（8）：48-50.

[143] 谢天帅，张菊．中国电子废弃物押金返还政策分析框架研究［J].科技管理研究，2015（17）40-46.

[144] 李伟伟．中国环境政策的演变与政策工具分析［J].中国人口资源与环境，2014（S2）：107-110.

[145] 杨洪刚．中国环境政策工具的实施效果及其选择研究［J].上海：复旦大学，2009（4）.

[146] 钱勇．OECD 国家扩大生产者责任政策对市场结构与企业行为的影响［J].产业经济研究，2004（2）：9-18.

[147] 陈晨．欧盟电子废弃物管理法研究［D].青岛：中国海洋大学，2007（6）.

[148] 王春婕．欧盟环保指令的最新发展及我国的因应策略［J].山东社会科学，2011（12）：64-67.

[149] 江维．新版 RoHS 法规解读及企业应对方案［J].电器，2011（11）：46-47.

[150] 郭振华．WEEE、RoHS 及 ELV 指令对中国内地和香港业界的影响［J].电镀与涂饰，2006（12）：1-5.

[151] 林晖．循环经济下的生产者责任延伸制度研究［D].青岛：中国海洋大学，2010.

[152] 彭玉兰．废弃物的环境责任界定与治理机制研究［D].长沙：中南大学，2011.

[153] 孙广生．循环经济的运行机制与发展战略［M].北京：中国经济出版社，2013.

[154] 周昱．生产者延伸责任（EPR）制度法律研究［D].上海：复旦大学，2008.

[155] 周炳炎，金雅宁，李丽．英国包装废物管理、产生和回收经验［J].再生资源与循环经济，2008（3）：40-44.

[156] 王敏．英国包装材料的回收再生状况［J].湖南包装，2005（1）：17-18.

[157] 阎利，刘应宗．荷兰电子废弃物回收制度对我国的启示 [J]．西安电子科技大学学报（社会科学版），2006（4）：60-66.

[158] 国家发展改革委环资司．荷兰电子废弃物回收处理立法及实施情况 [J]．中国经贸导刊，2006（15）：36-36.

[159] 李杨．电子废弃物领域管理体系的中日比较研究 [D]．武汉：中国地质大学，2011.

[160] 环资．美国、加拿大电子废弃物回收再利用的法律要求 [J]．节能与环保，2007（1）：6-8.

[161] 周炳炎．美国包装废物管理、回收体系及产生回收状况 [J]．再生资源与循环经济，2008（4）：42-45.

[162] 李桂林．论生产者责任延伸制度 [D]．合肥：合肥工业大学，2007.

[163] 徐成，林翎，陈利．瑞士电子废物法规和技术标准研究 [J]．环境科学与技术，2008（2）：152-154.

[164] 王兆华．逆向物流管理理论与实践——以电子废弃物回收为研究对象 [M]．北京：科学出版社，2013.

[165] 唐绍均．生产者责任延伸（EPR）制度研究 [D]．重庆：重庆大学，2007.

[166] 姜爱林，钟京涛，张志辉．美、德、日等国城市环境治理措施及经验 [J]．淮南职业技术学院学报，2008（1）：41-46.

[167] 齐建国．中国循环经济发展报告（2009—2010）[M]．北京：社会科学文献出版社，2010.

[168] 中投顾问．2014—2018 年中国生态工业园区深度分析及发展规划咨询建议报告 [M]．北京：中国经济出版社，2014.

[169] 潘峰．我国生产者责任延伸制度研究 [D]．长沙：湖南大学，2012.

[170] 张海燕．生产者责任延伸制度研究 [D]．上海：华东政法大学，2011.

[171] 联想（中国）企业社会责任报告 2009—2010（环境部分）[J]．世界环境，2011（2）：68-73.

[172] 李鹏．废弃电器电子产品回收处理管理条例 [J]．电力信息与通信技术，2009（4）：10-12.

[173] 中国再生资源有限公司．空调冰箱再生利用国标制定完毕[N].中国消费者报，2009（12）.

[174] 上海证券报．家电以旧换新 [DB/OL]．中国新闻网，http://

www. chinanews. com/it/it-jdxw/news/2009/12-01/1992549. shtml，2009.

［175］中国废弃电器电子产品回收处理及综合利用（行业白皮书2013）［D］. 北京：中国家用电器研究院，2014.

［176］格林美官方网站［DB/OL］. http：//www. gemchina. com/cn/index. html，2017.

［177］2013 年末我国汽车保有量超 1.37 亿辆［DB/OL］. 中国行业研究网，http：//www. chinairn. com/news/20140419/114926417. shtml，2014.

［178］商务部市场体系建设司关于印发李文明同志在全国报废汽车回收拆解企业升级改造经验交流现场会上讲话的通知［DB/OL］. 商务部，http：//vip. chinalawinfo. com/newlaw2002/slc/slc. asp？gid＝140875，2010.

［179］中国汽车绿色拆解系［DB/OL］. http：//www. cagds. org/gdis_ zh/，2017.

［180］汽车零部件再制造产业发展之路有多远？［DB/OL］. 慧聪汽车配件网，http：//info. qipei. hc360. com/2010/03/010829187094. shtml，2010.

［181］孙广生. 循环经济的运行机制与发展战略［M］. 北京：中国经济出版社，2013.

［182］2010 中国公众环保指数发布　公众环保行为无突破［DB/OL］. 新浪环保，http：//green. sina. com. cn/2010-10-12/144521259694. shtm l，2010.

［183］刘林. 生产者责任延伸法律制度研究［D］. 哈尔滨：黑龙江大学，2011.

重要术语索引表

后 记

本书的完成得到了教育部人文社会科学项目（15YJA790093）、国家自然科学基金项目（71673041，71273045）的资助。在成书过程中，东北大学工商管理学院田海峰副教授、辽宁大学经济学院孙广生副教授提出了重要的建议。东北大学工商管理学院王磊宁硕士为本书的完成做出了重要的贡献，赵瑞、刘鑫月、高扬、李岩、刘思雨等硕士研究生为书稿的校对工作付出很多辛苦，在此，对他们表示衷心的感谢！

感谢远在英国学习的孙令希同学在英文文献的搜集与翻译工作中做出的努力。

本书中部分引用了孙广生副教授的研究成果，感谢他允许我使用这些材料。

本书的出版与东北大学"985"工程建设密不可分。特别感谢东北大学工商管理学院各位领导对本书出版提供的大力支持。

感谢所有引用文献的作者。